Meikuang Gaoti Chongtian Lilun Yu
Liaojiang Shusong Guanjian Jishu

# 煤矿膏体充填理论
# 与
# 料浆输送关键技术

孟毅 张新国 曹忠 闫玉岗 张洪鹏 鲁建国 赵龙 权佩胜 柴俊虎 著

中国矿业大学出版社
China University of Mining and Technology Press

## 内容简介

本书基于我国充填开采现状,介绍了我国煤矿膏体充填开采相关理论和管道输送关键控制技术,研究了矸石膏体充填材料配比、工艺系统、充填体-围岩作用机理及地表变形特征;分析了矸石膏体在长距离管路输送过程中的流变特性、堵管机理及管道磨损特性及相关的管道高效输送控制技术,研发了矸石膏体输送防堵管压力在线监测系统和相关管道配套关键技术及设备;基于极限强度理论、地表岩移、充填体应力-变形实测数据对膏体充填效果进行了评价。本书研究成果对"三下"压煤开采、矿井保安煤柱回收及固体废弃物的综合利用具有一定的现实意义。

本书可供采矿工程、安全工程、环境保护工程、非煤矿床开采相关专业本科生、研究生及相关领域的科研工作者使用,也可供矿山工程技术人员参考使用。

**图书在版编目(CIP)数据**

煤矿膏体充填理论与料浆输送关键技术/孟毅等著.
—徐州:中国矿业大学出版社,2017.10
ISBN 978 - 7 - 5646 - 3726 - 2

Ⅰ.①煤… Ⅱ.①孟… Ⅲ.①煤矿开采—充填法—研究②填充物—矿山运输—研究 Ⅳ.①TD823.7②TD5

中国版本图书馆 CIP 数据核字(2017)第 250561 号

| | |
|---|---|
| 书　　名 | 煤矿膏体充填理论与料浆输送关键技术 |
| 著　　者 | 孟　毅　张新国　曹　忠　闫玉岗 |
| | 张洪鹏　鲁建国　赵　龙　权佩胜　柴俊虎 |
| 责任编辑 | 王美柱 |
| 出版发行 | 中国矿业大学出版社有限责任公司 |
| | (江苏省徐州市解放南路　邮编 221008) |
| 营销热线 | (0516)83885307　83884995 |
| 出版服务 | (0516)83885767　83884920 |
| 网　　址 | http://www.cumtp.com　**E-mail**:cumtpvip@cumtp.com |
| 印　　刷 | 江苏淮阴新华印刷厂 |
| 开　　本 | 787×1092　1/16　**印张** 16　**字数** 410 千字 |
| 版次印次 | 2017 年 10 月第 1 版　2017 年 10 月第 1 次印刷 |
| 定　　价 | 48.00 元 |

(图书出现印装质量问题,本社负责调换)

# 前　言

充填作为煤炭开采的附加工序,效率和产能一直是制约其推广使用的最大关键。煤矿无论从开采方法(壁式开采、柱式开采"三机配套"及工作面布置),还是从充填介质输送动力来源(胶带、水、风),都注定这是一项具有"鸡肋"之嫌的工作,因此从目前的开采方法和输送动力中寻求一种高效、便捷、沉陷控制效果好的充填方法成为特殊开采工作者孜孜追求的目标,此项工作不但能够延缓中东部衰老矿井的服务年限(实现矿井保安煤柱安全回采),对西部浅埋煤层的开采及减轻环境压力同样具有重要意义。2012 年 4 月 26 日,在全国煤矿充填开采现场会上国家能源局副局长吴吟在《发展煤矿充填开采技术,推动煤炭生产方式变革》报告中明确指出:煤矿充填开采对推进煤炭生产方式变革、保障煤矿安全生产、提高煤炭资源综合利用水平、保护生态环境、建设和谐矿区等方面具有重要作用。

膏体充填开采就是把煤矿附近的煤矸石、粉煤灰、工业炉渣、劣质土、城市固体垃圾等在地面加工成不需要脱水的膏状浆体,采用充填泵或重力通过管道输送到井下采空区,形成以膏体为主的覆岩支撑体系,实现村庄不搬迁,工厂煤柱安全开采,保护生态环境和地下水资源。由于膏体充填技术的"高安全性、高采出率、高效便捷、环境友好"及膏体料浆稳定性好、不离析、不沉淀、进入采场后无须脱水、可实现长距离输送等显著优点,已经成为绿色采矿技术的重要发展方向。膏体充填技术有效解决了煤矿矸石堆积及电厂粉煤灰、炉渣难以处理的问题,同时可以做到城市建筑及生活垃圾的无废处理,对社会及人民的生产生活意义重大。

全书共分为 9 章:第 1 章详细介绍了我国充填开采现状及主要充填开采技术,特别是膏体充填开采和管路输送技术领域的研究情况;第 2 章详细介绍了膏体充填开采的材料配比以及主要的工艺系统;第 3 章分析了煤矿充填体与围岩作用机理以及充填体合理强度设计;第 4 章研究了膏体充填开采覆岩运动基本规律;第 5 章研究了长距离管道输送的基本理论和计算方法;第 6 章研究了制约长距离管道输送的堵管及预警问题;第 7 章分析了膏体输送管道磨损机理与控制技术;第 8 章研发了膏体输送管道关键配套设备;第 9 章对矸石膏体充填地表沉陷效果进行了评价。

本书的研究成果得到了国家自然科学基金(51574159)、山东省自然科学基金(ZR2014EEM001)、中国博士后科学基金(2015M572068)、中国博士后科学基金第九批特别资助(2016T90662)、山东省重点研发计划(2016GGB01176)、深部煤矿采动响应与灾害防控重点实验室开放基金(KLDCMERDPC16101)及山西焦煤霍州煤电集团丰峪煤业、山东能源淄博矿业集团岱庄煤矿、内蒙古煤炭工业局技术服务中心等的大力支持,同时本书还参考和借鉴了国内外广大科研工作者的部分研究成果及技术资料,在成稿过程中李飞、庞振忠、李飞帆、王星宇、张志勇、李超、黄景、贾晟、李壮、陈庆港、张培磊、类阳、张逍、牛泽豪、吕建房、刘绪、刘硕、柴浩杰、陈一鸣、曹聪、隋凯华、杨书浩、翟霄龙、陈兆生、公祥明、胡久彬、刘昱栋、毕博、别龙帅、党崇哲、高斌、李伟、于后瑞、姜超、刘政、季春晖、马天智、李兴发、张洪昌、岳冲、薛松、王兴阳、任梦梓、孙尚琛、郝传胤、王凯、王培玉、刘恩江等做了大量的绘图及编辑工作,在此一并表示衷心感谢。由于作者水平所限,书中难免出现错误和不足之处,敬请批评指正!

著　者

2017 年 8 月

# 目　　录

# 1　绪　　论

## 1.1　概　　述

我国是一个富煤、少气和缺油的国家,2016 年全国预计煤炭储量 4.55 万亿 t,其中探明可采储量 1 145 亿 t,可供开采 100 年以上。我国煤炭资源赋存格局是北富南贫,西多东少,主要集中在山西、内蒙古、陕西、新疆、贵州和宁夏等省及自治区,约占全国煤炭总储量的 80%,而耗煤量较大的京、津、冀、鲁、苏、沪、浙、闽、台、粤、琼、港、桂等经济发达地区煤炭储量仅占全国总储量的 10% 左右,消耗量却占全国煤炭总产量的 65% 以上。据中国煤炭工业协会预计,即使到 2050 年我国年煤炭消费需求将不少于 20 亿 t,超过一次能源消费总量的 50%。因此,煤炭作为我国主体能源的地位在今后 50 年内不会改变。

目前,我国煤炭产业面临的主要问题是煤价相对较低,产量大,开采方式主要以垮落法开采为主,对自然环境和人民的生活影响较大,加上雾霾、固体废弃物等影响,煤炭及煤矿工人的形象已经受到了巨大影响。2016 年以来,控煤声音甚嚣尘上,因此钱鸣高院士说“煤炭再不革命,社会将革煤炭的命”。中东部煤矿目前的主要问题是资源枯竭,开采成本高,“三下”压煤严重;西部矿区生态环境脆弱,雾霾、沙尘暴等问题与煤矿的大规模垮落法开采有一定的关系。据对全国国有重点煤矿不完全统计,我国目前“三下”压煤 137.9 亿 t,其中建筑下压煤 94.68 亿 t,铁路下压煤 24.17 亿 t,水体下压煤 19.05 亿 t,随着国民经济发展及城市化进程的进一步加快,实际压煤量要远远大于这一数字。据山东省统计资料,截至 2010 年年底全省共有压煤村庄 2 072 个,涉及 65 万农户 200 万人口,村庄下压煤 22.4 亿 t,占可采储量的 60%。2016 年前需搬迁的村庄达 560 个,像龙固、赵楼煤矿首采面一次性分别搬迁 12 和 11 个村庄,特别是在一些开采较早的老矿区,随着可采资源的枯竭,村庄下压煤问题尤为突出。目前,济宁、菏泽及枣庄西部部分矿井已经到了不搬迁就被迫停产的境地。因此,为延长矿井服务年限,在保证地表建(构)筑物安全的前提下,采取有效的技术途径最大限度地采出建(构)筑物下压煤已势在必行。长期以来,我国建下压煤主要采用村庄搬迁、条带开采、水砂充填和覆岩离层注浆等几种方式,目前,我国从建下采出的煤炭资源仅为 2.33 亿 t,占压煤总量的 4%,尤其是中厚煤层开采 75% 是靠村庄搬迁来完成的。然而,继续采用村庄搬迁的办法越来越困难,一方面村庄搬迁土地征用困难、费用大,给煤矿企业带来了沉重的经济负担;另一方面由于搬迁距离过大,给农民带来了许多生产和生活上的不便。条带开采是减小地表变形的有效方法之一,但条带开采采出率仅为 40%～60%,资源浪费严重,同时条带开采掘进量大,生产管理复杂,尤其是在厚煤层开采条件下采出率更低。

人类在享受煤炭资源带来工业革命的同时,也受到开采产生的煤矸石和电厂燃煤所产生的粉煤灰等带来的空气污染、水体污染、占用耕地等一系列问题的困扰。目前,全国煤矸石总积存量已达 45 亿 t,形成矸石山 1 700 多座,占地 3 万多公顷,而且正以每年 1 亿 t 的速度增长。煤矸石长期堆存,占用大量土地,污染水源,自燃后生成 $H_2S$、$SO_2$ 等有害气体,对生态环境构成巨大危害。为解决煤矸石排放导致的一系列问题,我国相继建成 80 多座以燃烧煤矸石、煤泥、劣质煤炭为主的电厂,由于所用燃料灰分较高,粉煤灰的排放量相当大,已成为我国潜在的最大固体废弃物来源之一。现阶段我国能源生产结构仍以火力发电为主,在相当长时间内将维持燃煤机组为主的格局。电力是清洁能源,但火力发电要排出大量的灰渣,每 10 MW 的装机容量需排放粉煤灰约 1 万 t。全国发电机装机容量达 1.1 亿 kW 以上,其中燃煤火电站装机容量占 80%,年排放粉煤灰量 1.1 亿 t 左右,且呈现不断上升的趋势。多年来未被利用的粉煤灰达 8 亿 t 以上,且以每年 5 000 万～7 000 万 t 的速度增长。粉煤灰的处置大多以堆放为主,在多风季节灰尘四起,严重污染大气环境,需投入大量的资金和设备进行喷淋降尘,同时粉煤灰占用大量土地,污染江河湖海,严重破坏生态环境。目前,我国因采矿业每年占用和破坏的土地高达 3.4 万 $hm^2$,其中,仅煤炭开采每年造成的地面塌陷就达 3.0 万 $hm^2$,累计已达 50 万 $hm^2$。

因此,科学合理地解决"三下一上"压煤、固体废弃物处理和开采损害等问题,减轻采矿业对自然、社会和生活环境的影响和破坏,最大限度利用有限的资源,实现煤炭资源的"绿色开采",是当前我国矿业领域急需解决的一项重大课题。充填开采作为"绿色开采"体系的重要组成部分,能有效控制上覆岩层运动和地表沉陷,保护地面建(构)筑物和生态环境,是解决村庄等建(构)筑物下压煤的理想途径。充填开采就是把煤矿附近的煤矸石、粉煤灰、炉渣、劣质土、城市固体垃圾等废弃物充填采空区,控制开采引起的上覆岩层的破坏与变形,使地表等建(构)筑物变形保持在安全的允许范围内,实现建(构)筑物下不迁村及承压水开采,充分回收煤炭资源,保护矿区生态环境的采矿方法。

# 1.2　国外膏体充填技术发展现状

膏体充填技术是 1979 年在德国格伦德铅锌矿首先发展起来的第四代充填技术。国外矿山充填技术发展经历了四个阶段:

第一阶段:20 世纪 40 年代以前。以处理固体废弃物为目的,在不完全了解充填物料性质和效果的情况下,将废料直接送入采空区,如澳大利亚塔斯马尼亚芒特莱尔矿和北莱尔矿在 20 世纪初进行的废石干式充填,加拿大诺兰达公司霍恩矿在 20 世纪 30 年代将粒状炉渣加磁铁矿直接充入采空区充填。

第二阶段:20 世纪 40～50 年代。为保护一座教堂基础安全,美国宾夕法尼亚州一个煤矿首次进行了水砂充填试验,随后南非、德国、澳大利亚等国相继应用了水砂充填工艺。由于水砂充填浓度较低,一般为 45%～60%,需要在采场大量脱水,同时由于水砂源的限制,在 20 世纪 70 年代以后该技术逐步被淘汰。

第三阶段:20 世纪 60～70 年代。由于非胶结充填体无自立能力,难以满足高采出率和低贫化率的要求,在水砂充填得以发展并推广之后,开始研发胶结充填技术。1960 年,加拿大国际镍矿公司开始试验波特兰水泥固结水砂充填技术,并于 1962 年在 Frood 矿投入生产应用。随着胶结充填技术的发展,这一阶段已开始深入研究充填材料特性、充填体与围岩相互作用机理及长期稳定性等。

第四阶段:20世纪80～90年代。随着采矿业的发展,充填工艺已不能满足回采要求和进一步降低采矿成本及环境保护的需要,因而发展了高浓度充填技术:如膏体充填、碎石砂浆胶结充填和全尾矿胶结充填等技术。国外如澳大利亚坎宁顿矿,加拿大基德克里克矿、洛维考特矿、金巨人矿和奇莫太矿,德国格隆德矿和奥地利布莱堡矿以及南非、美国和俄罗斯的一些井工矿近年来也应用了这项技术。

德国率先发展膏体充填技术,也发展了适应膏体充填的专用充填泵(也叫工业泵),目前世界各国膏体充填泵主要来自德国的普茨迈司特公司(Putzmeister)和施维英公司(Schwing),其中,普茨迈司特公司是最早研制膏体充填专用充填泵的公司,也是世界最著名的混凝土泵制造商之一,全世界膏体充填矿山75%左右选用的是普茨迈司特公司产品,该公司最大能力的KOS25200型充填泵能力已经达到500 m³/h。

## 1.3 国内膏体充填技术发展现状

太平煤矿是中国第一个引入膏体充填系统的煤矿,该膏体充填系统于2006年5月正式投入使用,试验工作面为太平煤矿8309、8311区段厚煤层分层开采工作面,煤层厚度7.4～9.0 m,埋深200 m左右,基岩厚度5.7～22.7 m,基岩上方即是第四系强含水层。太平煤矿薄基岩、强含水层、浅埋深条件下如果采用传统的条带开采,煤炭资源浪费十分严重,采出率不足10%,而应用膏体充填开采技术,煤层布置分层长壁工作面开采,开采过程中沿空留巷,工作面之间无煤柱,采出率提高到90%以上。目前,太平煤矿充填量累计20多万立方米,安全采出煤炭30多万t。从"三下一上"采煤的需要出发,应该说传统的水砂充填(包括水力破碎矸石充填)、膏体充填在技术上都能够解决"三下一上"开采,实现不迁村采煤,由于膏体充填技术的"高安全性、高采出率、高效便捷、环境友好"及料浆稳定性好、不离析、不沉淀、进入采场后无须脱水、可实现长距离输送等显著优点,成为21世纪绿色采矿技术的重要发展方向。膏体充填突出的技术特点是:(1)浓度高。一般膏体充填材料质量浓度>75%,目前最高浓度达到88%。而普通水砂充填材料浓度低于65%,如我国阜新矿区水砂充填水砂比,新平安矿为2.7:1～5.3:1,新邱一坑为1.2:1～2.1:1,高德八坑为2:1,按照质量浓度小于50%。(2)流动状态为柱塞结构流。水砂充填料浆管道输送过程中呈典型的两相紊流特征,管道横截面上浆体的流速为抛物线分布,从管道中心到管壁,流速逐渐由大减小为零,而膏体充填料浆在管道中基本是整体平推运动,管道横截面上的浆体基本上以相同的流速流动,称之为柱塞结构流。(3)料浆基本不沉淀、不泌水、不离析。膏体充填材料这个特点非常重要,可以降低凝结前的隔离要求,使充填工作面不需要复杂的过滤排水设施,也避免或减少了充填水对工作面的影响,充填密实程度高。而普通水砂充填,除大部分充填水需要过滤排走以外,常常还在排水的同时带出大量的固体颗粒,其量高者达40%,只在少数情况下低于15%,产生繁重的沉淀清理工作。(4)无临界流速。最大颗粒料粒径达到25～35 mm,流速小于1 m/s仍然能够正常输送,所以,膏体充填所用的煤矸石等物料只要破碎加工即可,可降低材料加工费,低速输送能够减少管道磨损。(5)相同胶结料用量下强度较高。可降低价格较贵的胶结料用量,降低材料成本。(6)膏体充填体压缩率低。一般水砂充填材料(包括人造砂)压缩率为10%左右,级配差的甚至达到20%,水砂充填地表沉陷控制程度相对较差,通常水砂充填地表沉陷系数为0.1～0.2(新汶矿区水砂充填地表沉陷系数为 0.13～0.17），许多条件尚需要与条带开采结合，留设条带煤柱才能够达到保护地表建筑物的目的。而膏体充填材料中固体颗粒之间的空隙由胶结料和水充满，一般压缩率只有 1% 左右，控制地表开采沉陷效果好，"三下一上"压煤有条件得到最大限度的开采出来。

需要指出的是，由于受煤炭价格的限制，具有巨大发展潜力的膏体充填只是最近几年才越来越得以重视。煤矿开采方法不同于金属矿山，煤矿没有尾砂，煤矿普遍采用壁式开采体系，采煤与膏体充填紧密关联，充填工作处理不当或延迟都将直接影响工作面煤炭生产，所以煤矿膏体充填绝不是把发展比较成熟的金属矿山膏体充填技术向煤矿的简单引进。与金属矿膏体充填比较，煤矿膏体充填的主要特点是：（1）成本要求更低。目前，煤矿可以接受的充填开采的吨煤增加成本为金属矿山充填可接受成本的一半左右。（2）煤矿膏体充填没有如金属矿山那样有质量比较稳定的尾砂作骨料，煤矿附近能够用作充填的原材料常常是煤矸石、粉煤灰等固体废物，物料成分复杂、变化大。（3）早期强度要求高。目前，根据不同生产地质条件有全采全充法、短壁间隔充填法、长壁间隔充填法、冒落区充填法和离层区充填法等五种膏体充填方法，其中减沉效果最好的全采全充法、短壁间隔充填法、长壁间隔充填法都是紧随采煤工作面边采边充填，充填工作是在充填区直接顶板保持完整的条件下进行的，充填数小时以后膏体充填体必须有一定强度，满足脱模条件，能够实现自稳并对顶板有适当的支撑作用，否则，能多面轮流采煤—充填才能够保证煤炭产量。

发展煤矿"三下一上"开采需要的膏体充填主要需要解决三个关键技术：膏体充填材料中的专用胶结料、膏体充填工艺及其关键设备、液压膏体充填支架。关于煤矿膏体充填专用胶结料，要求成本低、性能好、能够在掺量极少的条件下正常固结各种含泥量的煤矸石等固体废物（也叫亲泥特性）的专用膏体胶结料，只需对固体废物进行适当的破碎加工即可用作充填骨料，这是发展固体废物膏体充填不迁村采煤技术的前提。中国矿业大学针对煤矿膏体充填专用胶结料的需要，初步研制出了 PL、SL 两个系列膏体胶结料，其中 PL 是为满足没有生产胶结料所需炉渣原料的煤矿充填需要而研制的，它是以普通水泥或普通水泥熟料为基材的一类复合材料，而 SL 则是以炉渣等工业废渣为基材的一类材料。PL、SL 两个系列膏体胶结料配制原理上是一致的，充分利用了中国矿业大学"七五"、"八五"期间高水充填材料的研究基础，通过科学配制使 PL、SL 两个系列膏体胶结料加水混合以后，在凝结的初期快速水化生成适当量细针状的高结晶水水化物——钙矾石，从而达到速凝、早强的效果；在凝结的中期和后期，充分激发和利用炉渣等材料的火山灰活性，水化生产硅酸钙凝胶等胶凝物质，克服了高水充填材料后期强度增长不大的不足，具有后期强度持续增长的特点，保证后期强度的需要。

# 1.4　膏体充填技术发展趋势及前景

膏体充填开采的社会、经济效益是巨大的，具有良好的应用前景，值得进一步推广和应用。充填技术的发展方向主要有以下几个方面：

（1）充填材料将不断应用化学添加剂

矿山充填材料主要由骨料和胶结剂两部分组成，骨料大多数就地选取廉价的可用物料，不足部分就地选料破碎加工，而胶结剂绝大多数矿山选用普通硅酸盐水泥或矿渣水泥，少量矿山掺入粉煤灰、赤泥、石灰等物料。目前适用于矿山充填特点的专用水泥还不多见,高水速凝材料是一种典型的专用充填胶结剂,其在硬岩矿山的应用仍处于试验研究和推广阶段。除了常规的充填材料,如砂石集料、水泥、粉煤灰、炉渣以及水之外,在充填料制备之前或混合之后直接加入的材料即外加剂,已在国内外一些矿山开始研究和试用。例如,速凝剂用来缩短凝固时间,缓凝剂用来延长凝固时间,减水剂用来改善和易性和提高强度,减阻剂用来降低高浓度物料的管道输送阻力等,其目的是为了提高充填料的物理性能,包括强度、稳定性、可输送性、可泵性、和易性以及浇注性等,这些特性满足于充填与采矿工程需要,特别是减水技术和水化过程控制技术已在国外矿山生产中应用。许多化学添加剂如絮凝剂、减水剂、泥浆杂物快速固化剂等也在矿山得到了不断应用,依赖水泥单一品种的局面将会得到改变。

（2）充填装备将不断更新

在充填设施中,充填料贮仓的作用是十分重要的,但往往被人们所忽视。贮存干料的卧式贮仓较为简单,而采用湿法处理技术产出的分级尾砂或全尾砂的贮存通常用立式贮仓,要求贮仓中以高浓度料浆（例如 65％～70％）稳定的、可靠的排出,对制备优质充填料十分重要。因此,对现代两相散体流动特性与理论研究十分必要。对现行使用的几种立式贮仓如半球形底部结构多点放砂型、锥形底部单点放砂型以及带搅拌器的贮罐型进行综合分析评价并开发研究和设计出无搅拌器重力排放充填料贮仓,对浆体充填系统或膏体充填系统都是十分必要的。澳大利亚 Wollongong 大学松散固体与颗粒技术中心已开展了这方面的研究,充填料制备的专用混合搅拌机得到进一步发展,出现了立式强力搅拌机、卧式叶片搅拌机、卧式圆筒旋转搅拌机、卧式双轴螺旋搅拌输送机以及水泥活化搅拌机、高剪力高速搅拌机等。由于尾砂充填的广泛应用,处理尾砂的分级脱泥设备,各种类型、各种尺寸的水力旋流器,输送尾砂的各种耐磨砂泵、油隔离泵、隔膜泵等,特别是全尾砂技术的开发,促进了连续脱水技术和脱水设备的发展,大型盘式过滤机和大型水平带式真空过滤机研制水平有了较大的提高,过滤效率和处理能力完全可以满足生产需要。充填搅拌站常规的国产监测仪表已由 II 型发展到 m 型,涡街流量计、电磁流量计、质量流量计、超声波流量计、同位素密度计、各种料位计、液位计、电子秤等已经得到普遍应用,技术等级更高的智能化仪表、核子秤、远传电子压力表也在少数充填系统中应用。但是用于高浓度和膏体管道输送监测压力的仪表还不够完善,尤其是井下充填管网的监测仪表还极少,这也是国内外矿山需要解决的问题。

（3）充填工艺向无轨机械化、回采连续化发展

现代充填采矿技术已将低效率的充填工艺改造成为大规模高效率的先进的采矿工艺。斜坡道与各种类型无轨采掘设备的应用,使井下作业面貌发生巨大变化,井下工人劳动条件得到很大改善,采场生产能力和劳动生产率大幅度提高。据称,国内矿山已有 53 种型号800 多台铲运机（LHD）在运行,其中柴油驱动占 70％,电力驱动占 30％,拥有铲运机的矿山有 56 座。白银有色（集团）有限责任公司小铁山铅锌矿先后引进地下无轨采掘及辅助设备12 台（套）,实现了采掘无轨机械化,装备有瑞典水星—14 单臂液压凿岩台车 4 台,美国EST 2D 铲运机 4 台、中国金川 JCCY 2A 铲运机 4 台,即可每年采出矿石 30 万 t,生产能力达到 800～1 200 t/d;又如安庆铜矿采用 120 m 以上高阶段大孔径崩矿嗣后一次充填采矿法,瑞典 Simba—251 潜孔钻机钻凿直径为 165 mm 垂直下向深孔,美国 ST—SC 铲运机出

矿及大规模连续振动出矿,采场综合能力 750～800 t/d。

(4)充填力学研究向现场连续监测与预报发展

许多应用充填采矿法的矿山,对充填体的作用及其对采场围岩稳定性影响的研究都比较重视,经常联合科研院校并注入了相当多的资金开展试验研究,主要通过原岩应力测量和矿岩的物理力学性质检测及在井下采场充填体中和上、下盘围岩中埋设各种应力、应变仪器来实测相关参数,再将这些参数按预定建立的数学模型输入计算机进行演算,从而得出一定的结论。1995 年,白银有色(集团)有限责任公司和瑞典吕律欧大学合作,按上述程序完成了中国-瑞典关于小铁山铅锌矿矿区的岩石力学研究报告,主要对机械化上向进路式尾砂胶结充填采矿法采场及附近围岩进行大量数据整理分析,得出了小铁山铅锌矿的地压基本规律。1994 年,美国矿务局月一佛岩石力学研究中心与中国合作开展矿山岩石力学研究,其中拟在金川建立一套宽频带微震监测系统,对地下开采过程中的地压活动进行长期的监测,但因为投资太大而未能实现。以上说明类似金川这样工程地质条件复杂的大型矿山,建立长期的地压活动连续监测与 GPS 预报系统,进行地下开采稳定性的研究是十分必要的。

(5)充填模式向生态化、无公害化发展

采矿工业在提供原材料的同时也不可避免地破坏自然环境。随着矿产需求量的增加,由资源开发利用引发的环境破坏和废料排放已成为全球性的严峻问题。因此,尽量使矿山固体废料不向地面排放和采空区被有效地充填,已是亟待研究解决的重大课题。按照工业生态学的观点,解决矿山环境问题最有效的途径是将矿山废料转化为资源被重新利用,生态的充填模式就是要将矿山的各个工序作为一个系统对待,把矿山充填作为固体废料资源化的一个有效手段,实现矿山固体废料排放最小化,从根本上解决矿山环境保护问题。新的充填模式由三个基本要素组成:① 内循环技术;② 经济效益;③ 废料流量。第一要素是必要条件,即该充填模式必须以低成本、高效率和高可靠性能的充填技术作为支撑,是其核心要素;第二要素为充分条件,在该充填模式下能够实现经济平衡甚至获取新增效益;第三要素则表征废料的资源化程度,这一充填模式将实现固体废料排放量最小甚至为零。

# 2　充填材料选择及充填工艺

## 2.1　充填材料选择依据

由于充填目的(减沉、减排、防水、提高煤质)不同、建筑物保护等级不同及充填材料成分的多样性、复杂性、堆放时间不确定性及产量的规模性不同,决定了煤矿固体废弃物的利用规模化、资源化和无害化必须考虑充填材料的"质"和"量",对于具体充填材料的要求要根据具体情况而定,充填材料选择大体要遵循以下原则:

(1)保证安全的原则

由于不同煤矿地质条件不同,地表建(构)筑物保护等级不同,充填材料选取不但要保证地表建(构)筑物的安全,同时要保证工作面安全及避免地下水二次污染。

(2)充填成本最低原则

在确保生产安全的前提下,利润最大化是企业追求的目标。因此,在保证充填质量的前提下,最简单实用的工艺、最廉价的充填材料是煤矿充填开采技术的关键。

(3)材料来源充足原则

充填材料的选择要立足于就地取材的原则,来源一定要充足,便于采集、加工和运输。在煤矿固体废弃物充足的矿山,一定要充分利用现有固体废弃物。

(4)建立固体废弃物"资源化"的理念

由于煤矿固体废弃物的量与开采的煤量相比,也就是开采煤量的10%～20%。因此,建立煤矿固体废弃物"资源化"理念,根据不同的建筑物安全等级采用不同的充填材料和充填方式。

## 2.2　常用充填材料及其物理化学性质

煤矿中常用的充填材料主要有煤矸石、粉煤灰、尾砂、水泥和矿渣等。现对充填材料在充填工艺中的用途及其性质进行介绍。

### 2.2.1　煤矸石

(1)煤矸石的来源及分类

煤矸石是指煤矿在建井、开拓掘进、采煤或洗选过程中排放出的固体废弃物的总称。煤矸石一般石化程度较高,含有机质较低,可作为低热量值燃料和建筑材料加以利用,一般占原煤产量的10%～20%。煤矸石的来源主要有以下几个方面:岩石巷道掘进时产生的矸石,占矸石总量的60%～70%,主要由泥岩、页岩、粉砂岩、砂岩、砾岩和石灰岩等组成。采煤过程中从顶底板或夹在煤层中的夹矸所产生的矸石,占煤矸石总量的10%～30%。煤层顶底板中常见的岩石包括泥岩、页岩、黏土岩、砂岩及砂砾岩等；煤层夹矸一般由黏土岩、碳质泥岩、粉砂岩、砂岩等组成。洗选过程中产生的矸石，约占煤矸石总量的5％，主要由煤层中的各种夹矸如高岭石、黏土岩、黄铁矿等组成。各地矸石成分复杂、物理化学性能各异，不同的煤矸石利用途径对煤矸石的化学成分及物理化学性能要求也不一样。因此，关于煤矸石的分类目前国内外尚无统一的方案。一般按煤矸石来源可将煤矸石分为洗矸、煤巷矸、岩巷矸和剥离矸等；按自然存在状态可分为新鲜矸石（风化矸石）和自燃矸石。这两种矸石在内部结构上存在很大区别，其胶凝活性差异很大。新鲜矸石（风化矸石）是指经过堆放，在自然条件下经风吹、雨淋，块状结构分解为粉末状的煤矸石，活性很低或基本上没有活性。自燃矸石是指经过堆放，在一定条件下自行燃烧后的煤矸石，自燃矸石一般呈陶红色，又称红矸。自燃矸石中碳的含量大大减少，氧化硅和氧化铝的含量较新鲜矸石明显增加，与火山渣、浮石、粉煤灰等材料相似，也是一种火山灰质材料。

在膏体充填材料中，煤矸石主要是作为骨料，活性的作用居于次要位置，但由于矸石膏体材料是固液两相体，不同胶结成分（含蒙脱石、伊利石、高岭土、铝土的矸石，遇水会泥化分解，产生膨胀性）的矸石可能对矸石膏体材料的流动性、强度产生较大的影响，因此笔者建议在矸石膏体充填中按胶结种类对煤矸石进行分类，一般可分为黏土岩类、砂岩类、碳酸盐类、硫化物类和铝质岩类。

（2）煤矸石的矿物组成和物理化学性能

煤矸石中矿物种类类似于煤，大多是结晶相，是由各种矿物所组成的复杂混合物，主要有黏土矿物（高岭石、伊利石、蒙脱石）、砂岩（石英）、碳酸盐（方解石、菱铁矿、白云石）、硫化物（黄铁矿）以及铝质岩（三水铝矿、一水软铝矿和一水硬铝矿）等组成。煤矸石的硬度（坚固性系数）在3左右，风化程度越严重力学性能（抗压强度）越低。煤矸石的抗压强度范围为300～4 700 Pa。有研究表明，粒径不小于5 mm的自燃煤矸石的松散密度在1 040～1 090 kg/m³，筒压强度在490～740 kN/cm²，是良好的充填粗骨料。煤矸石多孔性能决定其吸水特性，自燃煤矸石比原生矸石具有更高的孔隙率，煤矸石的吸水率通常为2.0％～6.0％，自燃煤矸石吸水率为3％～11.6％。煤矸石中无机物质主要为矿物质和水，通常以氧化硅和氧化铝为主，另外还有含量不等的$Fe_2O_3$、$CaO$、$MgO$、$SO_3$、$Na_2O$等。黏土类煤矸石主要含$SiO_2$和$Al_2O_3$，$SiO_2$含量在40％～60％，$Al_2O_3$含量在15％～30％；砂岩类煤矸石$SiO_2$含量最高，一般可达70％，铝质岩类$Al_2O_3$含量可达40％左右，碳酸盐煤矸石$CaO$含量可达30％左右。氧化硅和氧化铝的比例是煤矸石中最为重要的因素，它决定煤矸石的综合利用途径。铝硅比（$Al_2O_3/SiO_2$）大于0.5的煤矸石，其矿物成分以高岭石为主，有少量伊利石、石英，粒径较小，可塑性好，有膨胀现象，可作为制造高级陶瓷、煅烧高岭土及分子筛的原料。煤矸石中常见伴生元素及微量元素很多，除此之外还含有多种有害、有毒以及放射性元素，会对环境和人类健康造成危害。

（3）煤矸石活化途径

活性是综合反映煤矸石中活性组分在水或湿热养护条件下，与$CaO$作用能力的指标。胶凝活性则是指煤矸石与生石灰、水混合后，经过物理化学作用，将其他散装物料胶结为整体，并具备一定的机械强度的能力。由于煤矸石黏土矿物中的铝多以六配位为主，与硅结合紧密、结构稳定，致使煤矸石胶凝活性无法发挥，因此活化是煤矸石具备胶凝活性的必要条件。煤矸石中有活性的成分是$SiO_2$和$Al_2O_3$，这就要求煤矸石中有裂解的或可裂解的Si—

O 四面体骨架，还有可以和 Si—O 四面体分离的 Al—O 四面体。煤矸石的活化途径主要有热活化、机械活化、化学活化等。热活化是利用高温使煤矸石微观结构中的各微粒产生剧烈的运动，脱去矿物中的结合水，使钙、镁、铁等阳离子重新选择填隙位置，从而使 Si—O 四面体和 Al—O 三角体无法聚合成长链，形成大量的活性 $SiO_2$ 和 $Al_2O_3$。目前，热活化方法主要有直接煅烧和微波煅烧辐照两类。机械活化通常称为物理活化，是指通过将物料磨细从而提高活性的方法，通过机械粉磨使颗粒迅速细化，提高颗粒的比表面积，增大水化反应的界面。化学活化是指通过引入少量激发剂，使其破坏煤矸石表面的 Si—O 键和 Al—O 键，并参与或加速煤矸石与水泥水化产物二次反应的活化方法。化学活化中激发剂应该具备两种作用，一是提供一种强极性环境，破坏煤矸石表面的 Si—O 键和 Al—O 键；二是能够参与反应，生成具有胶凝作用的物质。在矸石膏体充填材料中，煤矸石只是被破碎到一定粒径，并没有其他工艺处理，因此煤矸石在矸石膏体充填材料中只是起到骨料的作用。

### 2.2.2 粉煤灰

粉煤灰在矸石膏体充填料浆中作用主要有：具有活性，可替代部分水泥；高保水性，使充填料浆不沉淀、不离析；作为微细集料，能使矸石膏体材料级配合理；球形滚珠作用，使管道减少摩擦，料浆增加流动性。因此，详细研究粉煤灰的性能对矸石膏体充填具有重要意义。

（1）粉煤灰的来源及分类

粉煤灰又称飞灰，是一种颗粒非常细以致能在空气中流动并能被特殊设备收集的粉状物质。通常所说的粉煤灰是指燃煤电厂中磨细煤粉在锅炉中燃烧后从烟道排出，被收尘器收集的物质。简单地说，粉煤灰呈灰褐色，通常呈酸性，比表面积在 $2\,500 \sim 7\,000\ cm^2/g$，尺寸从几百微米到几微米，通常为球状颗粒，主要成分为 $SiO_2$，$Al_2O_3$ 和 $Fe_2O_3$，有些时候还含有比较高的 CaO。粉煤灰是一种典型的非均质性物质，含有未燃尽的碳、未发生变化的矿物（石英等）和碎片等，而相当大比例（通常大于 $50\%$）是粒径小于 $10\ \mu m$ 的球状铝硅颗粒。国内外对粉煤灰的研究还处于百家争鸣的阶段，各国的分类标准不统一。国内一些学者对粉煤灰的分类进行了探讨，利用扫描电镜研究了国内多种粉煤灰的形貌，发现粉煤灰主要由三类颗粒组成：球形颗粒、不规则熔融颗粒和碳粒。根据粉煤灰的组成和比例，将粉煤灰分为四类：Ⅰ类主要由球形颗粒组成；Ⅱ类除含有球形颗粒外，还有少量熔融玻璃体；Ⅲ类主要由熔融玻璃体和多孔疏松玻璃体组成；Ⅳ类为多孔疏松玻璃体和碳粒组成。目前，我国尚无公认的粉煤灰分类方法，只是笼统地将氧化钙含量较高的粉煤灰称为高钙灰，通常是由燃烧褐煤或次烟煤所得，此类粉煤灰除具有凝硬性外还具有胶凝性；低钙灰通常由燃烧无烟煤或烟煤所得，此类粉煤灰具有凝硬性能。根据粉煤灰的细度大致可分为三种类型：细灰，粉煤灰粒径低于 $45\ \mu m$，质量比大于 $70\%$，用于取代水泥或水泥混合料；粗灰，煤灰粒径低于 $300\ \mu m$，质量比大于 $30\%$，主要用于取代水泥集料；混灰，与炉底灰混合的粉煤灰，主要用于生产高掺量粉煤灰固结材料。

（2）粉煤灰的矿物组成和物理化学性质

粉煤灰中主要矿物来源于煤中的无机物，主要包括硅酸盐、氧化物、碳酸盐、亚硫酸盐、硫酸盐、磷酸盐等。主要矿物成分如下：黏土矿物：高岭石（$Al_2Si_2O_5(OH)_4$）、伊利石（$KAl_2(Si_3Al)O_{10}(OH)_2$）、绿泥石（$(MgFeAl)_5(SiAl)_4O_{10}(OH)_8$）和石英（$SiO_2$）。碳酸盐矿：方解石（$CaCO_3$）、白云石（$Ca,Mg(CO_3)_2$）、铁白云石（$Ca(FeMg)CaCO_3$）和天蓝石（Fe-

$CO_3$)。硫酸盐矿物：针绿矾($Fe_2(SO_4)_3 \cdot 9H_2O$)、水铁矾($FeSO_4 \cdot H_2O$)、石膏($CaSO_4 \cdot 2H_2O$)和黄钾铁矾($KFe_3(SO_4)_2(OH)_6$)。其他化合物：金红石($TiO_2$)、石榴子石($3CaO \cdot Al_2O_3 \cdot 3SiO_2$)、绿帘石($4CaO \cdot 3Al_2O_3 \cdot 6SiO_2 \cdot H_2O$)、铁斜绿泥石($2FeO \cdot 2MgO \cdot Al_2O_3 \cdot 2SiO_2 \cdot 2H_2O$)、水铝石($Al_2O_3 \cdot H_2O$)、磁铁石($Fe_3O_4$)、赤铁矿($Fe_2O_3$)、蓝晶石($Al_2O_3 \cdot SiO_2$)、斜长石(($NaCa$)$Al(AlSi)Si_2O_8$)、正长石($KAlSi_3O_8$)和磁黄铁矿($FeS$)。我国粉煤灰的矿物组成如表 2-1 所示。

**表 2-1　　　　　　　　　　　　我国粉煤灰的矿物组成**

| 矿物名称 | 平均值/% | 含量范围/% |
|---|---|---|
| 低温型石英 | 6.4 | 1.1～15.9 |
| 莫来石 | 20.4 | 11.3～39.2 |
| 高铁玻璃球 | 5.2 | 0～21.1 |
| 低铁玻璃球 | 59.8 | 42.2～70.1 |
| 碳 | 8.2 | 1.0～23.5 |
| 玻璃态 $SiO_2$ | 38.5 | 26.3～45.7 |
| 玻璃态 $Al_2O_3$ | 12.4 | 4.8～21.5 |

（3）粉煤灰胶凝机理

一般来说粉煤灰单独和水存在并不水化，只有在水泥熟料水化形成 $Ca(OH)_2$ 和液相中其他离子的作用下才能发生水化反应。粉煤灰的活性包括粉煤灰的火山灰活性和自硬性。通常粉煤灰的活性是指它的火山灰活性，即粉煤灰在常温常压下与石灰反应生成具有胶凝性能的水化产物的能力。粉煤灰活性的本质是基于硅铝质玻璃体在碱性介质中，$OH^-$ 打破 $Si-O$、$Al-O$ 键的网络，使聚合度降低，成为活性状态并与 $Ca(OH)_2$ 电离的 $Ca^{2+}$ 反应生成水化硅酸钙和水化铝酸钙，从而产生强度。然而，粉煤灰的活性并不像天然火山灰那样，只要与石灰水混合就表现出胶凝性，它需要一定的物质或方法激发后才能表现出活性。因此，粉煤灰的活性是一种潜在的活性。在粉煤灰诸多的物理性质中，对活性影响最大的是不同形貌颗粒的组成情况及细度，与其他物理性质，如密度、重度、比表面积等有直接关系。研究表明，在粉煤灰三种颗粒中球形玻璃体颗粒的活性最高，不规则的熔融玻璃体次之，而多孔碳粒不仅属于化学惰性成分，并且由于其多孔使需水量增加本身强度又低，属于活性有害成分。因此，粉煤灰中球形玻璃体颗粒含量越多，多孔碳粒含量越少，则粉煤灰的活性越高。粉煤灰的化学性质包括化学组成及矿物相组成，表 2-2 和表 2-3 是我国粉煤灰的化学成分、矿物相组成波动范围。粉煤灰的活性成分是 $SiO_2$、$Al_2O_3$ 和 $CaO$，从表中可以看出 $CaO$ 的含量一般较低，所以活性成分主要是 $SiO_2$ 和 $Al_2O_3$。从矿物相组成分析，$SiO_2$、$Al_2O_3$ 存在于硅铝玻璃体中，结晶相以及无定形相中未燃碳均是化学惰性成分。

**表 2-2　　　　　　　　　　　　我国粉煤灰化学成分波动范围**

| 化学成分 | $SiO_2$ | $Al_2O_3$ | $Fe_2O_3$ | $CaO$ | $MgO$ | $K_2O+Na_2O$ | $SO_2$ | 烧失量 |
|---|---|---|---|---|---|---|---|---|
| 波动范围/% | 35～60 | 16～36 | 3～14 | 1.4～7.5 | 0.4～2.5 | 0.6～2.8 | 0.2～2.9 | 1～25 |
| 平均值/% | 49.5 | 25.3 | 6.9 | 3.6 | 1.1 | 1.6 | 0.7 | 9.0 |

表 2-3　　　　　　　　　　　我国粉煤灰矿物相波动范围

| 矿物组成 | 无定形相 | | 结晶相 | | |
|---|---|---|---|---|---|
| | 玻璃体 | 未燃碳 | 石英 | 莫来石 | 铁化合物 |
| 波动范围/% | 42～70 | 1～24 | 1.1～16 | 11～29 | 0.04～21 |
| 平均值/% | 59.8 | 8.2 | 6.4 | 20.4 | 5.2 |

粉煤灰的结构性质主要是指玻璃体的结构特性及表面溶出特性。在有些情况下，即使粉煤灰的颗粒形貌、化学组成、矿物相组成等大致相同，其活性仍然存在着一定的差异，主要是由于粉煤灰玻璃体还存在着结构上的差异，正是由于这种结构上的差异导致颗粒表面溶出特性的不同，从而造成水化活性的差别。

### 2.2.3　尾砂

矿山尾砂是矿石选矿过程中的排放废料，是金属矿产资源开发利用过程中排放的主要固体废料，往往占采出矿石量的 40%～99%，尾砂的排放既占用土地，又造成生态环境的污染，是破坏矿山生态的主要废料源，同时还带来众多安全隐患。应用尾砂作为矿山充填料，对充填体产生影响的主要因素是其粒度组成及其矿物组分的化学性质。对于每座矿山，这些性能指标都有所不同。尤其是对于不同的矿石类型，其差别相当大。因此，在具体应用过程中需要进行实验和分析。

（1）尾砂粒度

块体理论是根据集合论拓扑学原理，运用矢量分析和全空间赤平面投影方法构造出可能存在的块体类型并从中分离出可动块体（关键块体），进而仅对可动块体进行稳定性分析。该理论的重要作用在于利用拓扑学找出存在于围岩中潜在的可移动块体，构成块体的界面可能为地质结构面，也可以是应力作用下围岩渐进追踪破坏形成的追踪破裂面，一旦找出这样的破裂面视为结构面，进行拓扑分析确定关键块体。尾砂的粒度组成对矿山充填的影响十分明显，既与脱水工艺相关，更重要的是与胶结充填体的胶结性能和胶结剂消耗量相关。尾砂的细度对膏体充填料的性能也具有重大影响。尾砂粒径、尾砂的细粒比率，都会影响充填料的孔隙率、孔径分布及其渗透能力。不仅充填体总的孔隙率影响充填体的强度，而且其孔径分布在胶结充填体强度的发展过程中也发挥重要作用；充填料的需水量会随尾砂料的细度减小而增大。因此，采用尾砂作为充填料时，对尾砂的粒度分析是不可缺少的。矿山尾砂一般按粒度分为粗、中、细三类，也按岩石生成方法分为脉矿尾砂和砂矿尾砂两类，见表 2-4。

表 2-4　　　　　　　　　　　矿山常用的尾砂分类方法

| 分类方法 | 粗 | | 中 | | 细 | |
|---|---|---|---|---|---|---|
| 按粒级含量 | >0.074 mm | <0.019 mm | >0.074 mm | <0.019 mm | >0.074 mm | <0.019 mm |
| w/% | >40 | <20 | 20～40 | 20～55 | <20 | >50 |
| 按平均粒径 | 极粗 | 粗 | 中粗 | 中细 | 细 | 极细 |
| $d_{cp}$/mm | >0.25 | >0.074 | 0.074～0.037 | 0.037～0.03 | 0.03～0.019 | <0.019 |
| 岩石生成方法 | 脉矿（原生矿） | | | 砂矿（次生矿） | | |
| | 含泥量小，<0.005 mm 的细泥小于 10% | | | 含泥量大，<0.005 mm 的细泥一般大于 30%～50% | | |

一般采用筛分法对粗尾砂进行粒度分析,采用激光测定仪对细尾砂进行粒度分析。通过平均粒径和粒度分布参数描述粒度的特性。国内部分充填法矿山的全尾砂粒级组成如表2-5所示。

表 2-5　　　　　　　　　　　　国内部分充填法矿山的全尾砂粒级组成

| 名称 | | 粒径与产率 | | | | | | | | | | |
|---|---|---|---|---|---|---|---|---|---|---|---|---|
| 凡口铅锌矿 | 粒径/mm | 0.297 | 0.196 | 0.152 | 0.088 | 0.074 | 0.053 | 0.037 | 0.027 | 0.019 | 0.013 | −0.013 |
| | 产率/% | 2.90 | 4.57 | 7.97 | 24.75 | 7.85 | 10.37 | 8.15 | 11.10 | 4.14 | 1.84 | 18.36 |
| | 累计/% | 100 | 97.10 | 92.53 | 84.58 | 59.81 | 51.96 | 41.59 | 35.44 | 24.34 | 20.20 | 18.36 |
| 大红山铜矿 | 粒径/mm | | | | | | | 0.074 | 0.037 | 0.018 | 0.010 | −0.01 |
| | 产率/% | | | | | | | 28.00 | 32.90 | 22.20 | 6.40 | 10.50 |
| | 累计/% | | | | | | | 100 | 72.00 | 39.10 | 16.90 | 10.50 |
| 武山铜矿 | 粒径/mm | | | | 0.5 | 0.3 | 0.15 | 0.074 | 0.04 | 0.03 | 0.01 | −0.01 |
| | 产率/% | | | | 0.54 | 3.21 | 27.19 | 24.91 | 14.34 | 11.22 | 9.05 | 9.54 |
| | 累计/% | | | | 0.54 | 99.46 | 96.25 | 69.06 | 44.15 | 29.81 | 18.59 | 9.54 |
| 金城金矿 | 粒径/mm | 0.45 | 0.28 | 0.18 | 0.154 | 0.125 | 0.098 | 0.076 | 0.05 | 0.02 | 0.01 | −0.01 |
| | 产率/% | 3.16 | 15.52 | 23.31 | 19.80 | 13.19 | 11.85 | 1.64 | 4.36 | 5.58 | 1.25 | 0.34 |
| | 累计/% | 100 | 96.84 | 81.32 | 58.01 | 38.21 | 25.02 | 13.17 | 11.53 | 7.17 | 1.59 | 0.34 |
| 南京铅锌矿 | 粒径/mm | | 0.40 | 0.30 | 0.20 | 0.15 | 0.10 | 0.071 | 0.04 | 0.02 | 0.01 | −0.01 |
| | 产率/% | | 1.81 | 2.60 | 5.07 | 5.21 | 11.27 | 11.72 | 15.34 | 13.64 | 9.34 | 24.00 |
| | 累计/% | | 100 | 98.19 | 95.59 | 90.52 | 85.31 | 74.04 | 62.32 | 46.98 | 33.34 | 24.00 |
| 铜绿山铜矿 | 粒径/mm | 0.128 | 0.096 | 0.064 | 0.032 | 0.016 | 0.008 | 0.004 | 0.003 | 0.002 | 0.001 | −0.001 |
| | 产率/% | 0.5 | 4.8 | 21.6 | 19.1 | 16.0 | 11.7 | 9.3 | 3.7 | 4.8 | 5.4 | 3.1 |
| | 累计/% | 100 | 99.5 | 94.7 | 73.1 | 54.0 | 38.0 | 26.3 | 17.0 | 13.3 | 8.5 | 3.1 |
| 鸡笼山金矿 | 粒径/mm | 0.128 | 0.096 | 0.064 | 0.032 | 0.016 | 0.008 | 0.004 | 0.002 | 0.0015 | 0.001 | 0.001 |
| | 产率/% | 0.3 | 3.4 | 15.5 | 28.5 | 19.5 | 10.13 | 12.9 | 6.9 | 2.6 | 1.9 | 2.6 |
| | 累计/% | 100 | 99.7 | 96.3 | 80.8 | 52.3 | 32.8 | 21.5 | 14.0 | 7.1 | 4.5 | 2.6 |
| 望儿山金矿 | 粒径/mm | | | | | | | 0.2 | 0.105 | 0.074 | 0.053 | −0.053 |
| | 产率/% | | | | | | | 34.90 | 13.45 | 17.05 | 17.45 | 17.15 |
| | 累计/% | | | | | | | 100 | 65.10 | 51.65 | 34.60 | 17.15 |

（2）尾砂物理化学特性

尾砂的化学成分对充填料的物态特性和胶结性能均有影响,其中以硫化物含量对胶结充填体性能的影响最为显著。尾砂中较高的硫化物含量会增加尾砂的稠度,也会因其自胶结作用而使胶结充填体获得较高的强度。但由于硫化矿物的氧化会产生硫酸盐,硫酸盐的侵蚀可导致胶结充填体长期强度的损失。因此,对于硫化物含量较高的尾砂充填料,当采用水泥作为胶凝材料时,对充填体强度的负面影响很大。含有火山灰质的矿渣胶凝材料可以解决因硫酸盐侵蚀而使充填料强度降低的问题。有关实验表明,采用含有火山灰质的矿渣水泥制备的高含硫尾砂胶结充填料强度,与采用普通水泥制备的高含硫尾砂胶结充填料的强度相比可提高40%。尾砂的物理特性对充填体的性能也均有不同程度的影响,尤其在低浓度充填工艺条件下,尾砂的渗透系数其至是评价尾砂能否作为充填材料的关键因素。尾砂物理化学性质包括矿物成分、密度、体积密度、孔隙率、渗透系数和粒级组成等。尾砂矿物成分需要采用矿物分析方法进行测定。尾砂的密度、体积密度、孔隙率等物理性质的测定方法同废石料测定方法。

尾砂渗透系数常采用卡斯基管测定,由式(2-1)计算。

$$K = \frac{H}{t} \int \left( \frac{S}{h_0} \right) \tag{2-1}$$

式中　$K$ ——尾砂渗透系数,cm/h;

　　　$H$ ——试料高度,cm;

　　　$t$ ——管中水位从 $h_0$ 下降到 $h_1$ 时所需的时间,h;

　　　$S$ ——过流断面积,cm$^2$;

　　　$h_0$ ——测定开始时的水面高度,cm。

同类矿山的相关尾砂的物理化学特性一般可作类比参考,国内有色矿山选矿尾砂的密度一般为 2.6～2.9 g/cm$^3$。表 2-6 至表 2-11 分别为凡口铅锌矿、铜绿山铜矿和南京铅锌矿全尾砂的矿物元素含量、密度、体积密度、孔隙率、渗透系数等物理化学特性。由于每座矿山尾砂特性各异,在利用尾砂作为胶结充填材料时,均应测定其实际的物理化学特性。

**表 2-6　　　　　　　　　凡口铅锌矿全尾砂主要矿物含量　　　　　　　　%**

| 试样 | Pb | Zn | S | SiO$_2$ | Fe | Al$_2$O$_3$ | Mg | Ca |
|---|---|---|---|---|---|---|---|---|
| F1 | 0.79 | 0.09 | 7.19 | 34.09 | 5.99 | 4.57 | 0.68 | 14.82 |
| F2 | 1.31 | 1.18 | 9.46 | 20.72 | 17.42 | 4.47 | 0.96 | 15.94 |

**表 2-7　　　　　　　　　铜绿山铜矿全尾砂主要矿物含量　　　　　　　　%**

| 主要矿物 | SiO$_2$ | Al$_2$O$_3$ | CaO | MgO | Fe | Mn | S |
|---|---|---|---|---|---|---|---|
| 含量 | 49.68 | 2.72 | 25.06 | 4.05 | 13.22 | 0.20 | 0.24 |

**表 2-8　　　　　　　　　南京铅锌矿全尾砂主要矿物含量　　　　　　　　%**

| 主要矿物 | SiO$_2$ | Al$_2$O$_3$ | MgO | CaO | Fe$_2$O$_3$ |
|---|---|---|---|---|---|
| 含量 | 26.79 | 1.72 | 2.15 | 20.15 | 15.11 |

**表 2-9　　　　　　　　　凡口铅锌矿全尾砂物理特性**

| 尾砂编号 | 中值粒径 /mm | 加权平均粒径/mm | −20 μm 含量/% | 密度 /(g/cm$^3$) | 体积密度 /(g/cm$^3$) | 孔隙率/% | 渗透系数 /(cm/h) |
|---|---|---|---|---|---|---|---|
| F1 | 0.072 | 0.085 | 20.02 | 2.85 | 1.36 | 52.28 | 2.12 |
| F2 | 0.073 | 0.092 | 19.60 | 3.07 | 1.36 | 55.70 | 2.40 |
| F3 | 0.052 | 0.075 | 24.53 | 3.20 | 1.19 | 62.81 | 0.25 |
| F4 | 0.053 | 0.084 | 24.14 | 3.20 | 1.49 | 53.30 | 0.38 |

表 2-10 铜绿山铜矿全尾砂物理特性

| 物料名称 | 密度/(g/cm³) | 体积密度/(g/cm³) | 平均粒径/μm | 中值粒径/μm | 孔隙率/% |
|---|---|---|---|---|---|
| 全尾砂 | 2.95 | 1.69 | 38.1 | 27.7 | 42.7 |

表 2-11 南京铅锌矿全尾砂物理特性

| 物料名称 | 密度/(g/cm³) | 体积密度/(g/cm³) | 平均粒径/μm | 中值粒径/μm | 孔隙率/% |
|---|---|---|---|---|---|
| 全尾砂 | 3.13 | 1.63 | | | 47.92 |
| 分级尾砂 | 3.16 | 1.61 | 76.80 | 45.49 | 49.05 |

### 2.2.4 水泥

我国常用的水泥主要有普通硅酸盐水泥、矿渣硅酸盐水泥、火山灰质硅酸盐水泥和粉煤灰质硅酸盐水泥,在一些特殊工程中还使用高铝水泥、膨胀水泥、快硬水泥、低热水泥和耐硫酸盐水泥。其中,硅酸盐水泥是最基本的。

(1)硅酸盐水泥及其矿物组成

凡有硅酸盐水泥熟料、0~5%石灰石或粒化高炉炉渣、适量石膏磨细制成的水硬性胶凝材料,统称为硅酸盐水泥。硅酸盐水泥可分为两种:不掺加混合材料的称Ⅰ型水泥,其代号为 P1。在硅酸盐水泥熟料粉磨时掺加不超过水泥质量5%石灰石或粒化高炉矿渣混合材料的称为Ⅱ型水泥,其代号为 P2。硅酸盐水泥原料主要是石灰质原料和黏土质原料两类,石灰质原料主要提供 CaO,原料为石灰石、白垩、石灰质凝灰岩等;黏土质原料主要提供 $SiO_2$、$Al_2O_3$ 和少量 $Fe_2O_3$,原料为黏土、黄土等。此外,为了改善煅烧条件,常常加入少量的矿化剂、晶种等。硅酸盐水泥生产的大体步骤是先把几种原材料按适当比例配合后在磨机中磨成生料,然后将制得的生料入窑煅烧,再把烧好的熟料配以适当的石膏在磨机中磨成细粉,硅酸盐水泥生产工艺流程如图 2-1 所示。

图 2-1 硅酸盐水泥生产工艺流程

(2)硅酸盐水泥水化特性

硅酸盐水泥性能是由其组成矿物性能决定的。熟料矿物与水发生的水解或水化作用统称为水化,水泥单矿物水化过程如下:

硅酸三钙:$C_3S$ 在常温下的水化反应,可大致用下列方程表示:

$$2(3CaO \cdot SiO_2) + 6H_2O \Longrightarrow 3CaO \cdot 2SiO_2 \cdot 3H_2O + 3Ca(OH)_2$$

硅酸二钙:$C_2S$ 的水化和 $C_3S$ 极为相似,水化反应可用下式表述:

$$2(2CaO \cdot SiO_2) + 4H_2O \Longrightarrow 3CaO \cdot 2SiO_2 \cdot 3H_2O + Ca(OH)_2$$

硅酸二钙与硅酸三钙相比,其差别是水化速度特别慢,并且生成的氢氧化钙较少。

铝酸三钙:$C_3A$ 与水反应迅速,水化放热较大,水化产物的组成结构受水化条件影响很大。在常温下,铝酸三钙按照下式水化:

$$3CaO \cdot Al_2O_3 + 6H_2O = 3CaO \cdot Al_2O_3 \cdot 6H_2O$$

生成的水化铝酸三钙为立方晶体。在液相中的氢氧化钙浓度达到饱和时,铝酸三钙还按照下式水化:

$$3CaO \cdot Al_2O_3 + Ca(OH)_2 + 12H_2O = 4CaO \cdot Al_2O_3 \cdot 13H_2O$$

生成的水化铝酸四钙为六方片状晶体,在室温下能稳定存在于水泥浆体的碱性介质中,其数量增长很快。因此,在水泥粉磨时需加入石膏调节凝结时间。在有石膏存在时,铝酸三钙开始水化生成的水化铝酸四钙还会立即与石膏反应。

$$4CaO \cdot Al_2O_3 \cdot 13H_2O + 3(CaSO_4 \cdot 2H_2O) + 3H_2O = 3CaO \cdot Al_2O_3 \cdot 3CaSO \cdot 32H_2O$$

生成的高硫型水化硫铝酸钙($3CaO \cdot Al_2O_3 \cdot 3CaSO \cdot 32H_2O$)又称为钙矾石,是难溶于水的针状晶体,它包围在熟料颗粒周围,形成"保护膜"延缓水化。当石膏耗尽时,铝酸三钙还会与钙矾石反应生成单硫型水化硫铝酸钙:

$$3CaO \cdot Al_2O_3 \cdot 3CaSO \cdot 32H_2O + 2(3CaO \cdot Al_2O_3) + 4H_2O = 3(3CaO \cdot Al_2O_3 \cdot CaSO \cdot 12H_2O)$$

单硫型水化硫铝酸钙($3CaO \cdot Al_2O_3 \cdot CaSO \cdot 12H_2O$)为六方板状晶体。

铁铝酸四钙:$C_4AF$ 的水化与铝酸三钙极为相似,只是水化反应速度较慢,水化热较低。铁铝酸四钙单独与水反应时,按下式水化:

$$4CaO \cdot Al_2O_3 \cdot Fe_2O_3 + 7H_2O = 3CaO \cdot Al_2O_3 \cdot 6H_2O + CaO \cdot Fe_2O_3 \cdot H_2O$$

反应生成水化铝酸三钙晶体和水化铁酸一钙($CaO \cdot Fe_2O_3 \cdot H_2O$)凝胶体,在有氢氧化钙或石膏存在时,铁铝酸四钙将水化形成水化铝酸钙和水化铁酸钙的固溶体或水化硫铝酸钙与水化硫铁酸钙的固溶体。

（3）硅酸盐水泥的凝结硬化

水泥加水拌和后,成为可塑的水泥浆,水泥浆逐渐变稠失去塑性,但尚不具有强度的过程,称为水泥的"凝结"。随后产生明显的强度,这一过程称为水泥的"硬化"。凝结和硬化是人为划分的,实际上是一个连续的复杂的物理化学变化过程。硅酸盐水泥是多矿物、多组分的物质,它与水拌和后,会立即发生化学反应,各个组分开始溶解,水泥颗粒间的纯水很快变为含多种离子的溶液,溶液中的主要离子有钙、钾、钠离子和硅酸根、铝酸根、硫酸根离子。因此,水泥水化作用开始后,基本上是在含碱的氢氧化钙、硫酸钙的饱和溶液中进行,在溶液中 $SO_4^{2-}$ 耗尽后,水化则在饱和氢氧化钙溶液中进行。

### 2.2.5 矿渣

用冶炼炉渣作充填料,主要目的是利用冶炼炉渣经过磨细处理后的胶结活性,一方面代替部分水泥,另一方面解决冶炼炉渣地表堆积而造成的环境污染问题。国内用炉渣作充填料的矿山中,大多数是利用没有经过磨细的高炉铁渣和铜、镍冶炼炉渣。例如,大冶有色金属公司铜绿山铜矿利用铜水淬渣作充填料,金川有色金属公司龙首矿的粗骨料充填系统中用镍冶炼炉渣作充填骨料。粒化高炉矿渣是将炼铁高炉的熔融矿渣,经急速冷却而成的松软颗粒,颗粒直径一般为 $0.5 \sim 5$ mm,急冷一般用水淬方法进行,故又称水淬高炉矿渣。成粒目的在于阻止结晶,使其绝大部分成为不稳定的玻璃体,储有较高的潜在化学能,从而有较高的潜在活性。矿渣作为膏体胶结材料的重要组成部分,主要利用矿渣的潜在胶凝活性,通过掺加激发剂,激发矿渣活性,从而产生一定强度使其变废为宝。由于炼铁原料品种和成

分变化以及操作等工艺因素的影响,高炉矿渣的组成和性质也不同,高炉矿渣分类主要有两种方法:

(1) 按照冶炼生铁的品种分类

铸造生铁矿渣,冶炼铸造生铁时排出的矿渣;炼钢生铁矿渣,冶炼供炼钢用生铁时排出的矿渣;特种生铁矿渣,用含有其他金属的铁矿石熔炼生铁时排出的矿渣。

(2) 按照矿渣的碱度区分

高炉矿渣的化学成分中碱性氧化物之和与酸性氧化物之和的比值称为高炉矿渣的碱度或碱性率,碱性率 $M_0 = \dfrac{CaO+MgO}{SiO_2+Al_2O_3}$。

按照高炉矿渣的碱性率,矿渣分为三类:碱性矿渣,$M_0 > 1$;中性矿渣,$M_0 = 1$;酸性矿渣,$M_0 < 1$。这是高炉矿渣最常用的一种分类方法,碱性率比较直观地反映了矿渣中碱性氧化物和酸性氧化物含量的关系。粒化高炉矿渣的化学成分与水泥熟料相似,只是 $Al_2O_3$ 含量低而 $SiO_2$ 偏高,其主要化学成分是硅、铝、钙、镁、锰、铁的氧化物。此外,有些矿渣还含有微量 $TiO_2$,$V_2O_5$。高炉矿渣中 $CaO$、$SiO_2$、$Al_2O_3$ 占总质量的 90% 以上。各种粒化矿渣的化学成分差别很大,同一工厂生产的矿渣,化学成分也不完全一样。我国大部分钢铁厂高炉渣化学成分见表 2-12。当冶炼炉料固定和冶炼正常时,高炉渣的化学成分变化不大。

表 2-12　　　　　　　　　　我国大部分钢铁厂高炉渣的化学成分

| 名称 | 化学成分/% | | | | | | | |
| --- | --- | --- | --- | --- | --- | --- | --- | --- |
| | CaO | SiO₂ | Al₂O₃ | MgO | MnO | FeO | TiO₂ | V₂O₅ |
| 普通渣 | 31～50 | 31～44 | 6～8 | 1～16 | 0.05～2.6 | 0.2～1.5 | — | — |
| 锰铁渣 | 28～47 | 22～35 | 7～22 | 1～9 | 3～24 | 0.2～1.7 | — | — |
| 钒钛渣 | 20～31 | 19～32 | 13～17 | 7～9 | 0.3～1.2 | 0.2～1.9 | 6～31 | 0.06～1 |

高炉矿渣中各种氧化物成分以各种形式的硅酸盐矿物形式存在,碱性高炉矿渣中最常见的矿物有黄长石、硅酸二钙、橄榄石、硅钙石、硅灰石和尖晶石,酸性高炉矿渣由于其冷却速度不同,形成的矿物也不一样。当快速冷却时全部凝结成玻璃体,在缓慢冷却时(特别是弱酸性高炉渣)往往出现结晶的矿物相,如黄长石、假硅灰石、辉石和斜长石等。高铁高炉矿渣矿物成分中几乎都含有钛,锰铁矿渣中存在着锰橄榄石矿物,高铝矿渣中存在着大量铝酸钙、三铝酸五钙、二铝酸钙等。

# 2.3　膏体充填工艺系统

煤矿膏体充填使用的材料是破碎煤矸石、粉煤灰(两种)、普通硅酸盐水泥和水五种物料。充填的过程是一个先将矸石破碎加工,然后把矸石、粉煤灰、水泥和水等物料按比例混合搅拌制成膏状浆体,通过充填泵和管道输送到采空区,形成一个由充填体和围岩支撑的体系。煤矿膏体充填工艺流程可以划分为物料制备系统、物料配比系统、管道泵送系统、工作面采煤和隔离系统四个主要子系统,膏体充填工艺流程如图 2-2 所示。

现根据膏体充填工艺流程从物料制备系统、物料配比系统、管道泵送系统及工作面采煤

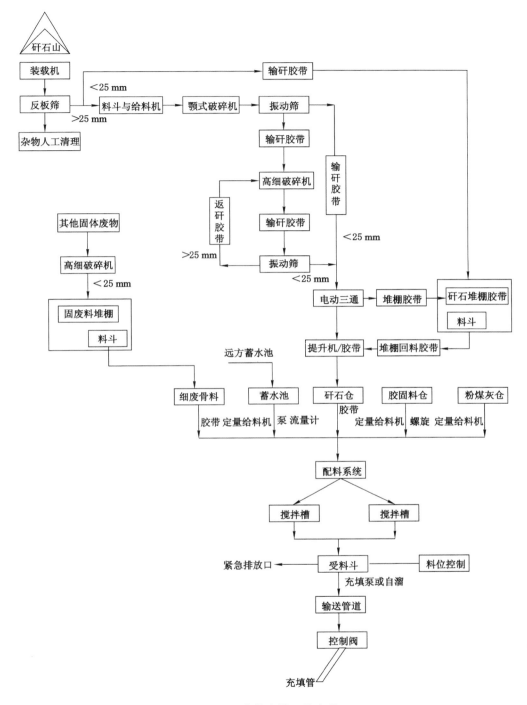

图 2-2 膏体充填工艺流程

和隔离系统 4 个方面对膏体充填工艺进行讲解。

### 2.3.1 物料制备系统

物料制备系统是将原生矸石破碎到规定粒径,并将破碎煤矸石、粉煤灰(两种)、普通硅酸盐水泥和水五种物料按照规定的配比,制作成一定质量浓度的充填料浆。因此,物料制备系统可以分为矸石破碎及仓储系统、粉煤灰仓储输配系统、胶结料仓储输配系统和配比搅拌系统。

### 2.3.1.1 矸石破碎及仓储系统

(1)膏体充填对矸石破碎加工的要求

有关膏体充填材料配比试验表明,矸石作为膏体料浆的骨料,需要有合理的粒级组成才能够使膏体充填材料既具有良好的流动性能,又具有较高的强度。为此对矸石破碎加工有以下要求:

① 最大粒度小于 25 mm,确定最大粒度小于 25 mm,而没有像有色金属公司等充填要求的 5 mm。主要考虑:一是成品矸石粒度大,节约矸石加工能耗;二是成品矸石粒度大,有关破碎机、振动筛等设备能够适应更高水分的矸石材料,不易黏堵,系统适应性强;三是成品矸石粒度大,对充填工作面隔离措施要求较低,有利于缩短隔离墙准备时间,提高充填效率,同时有利于减少隔离辅助材料成本;四是经过试验,最大粒度小于 25 mm 的膏体同样具有良好的输送和不分层、不泌水性能,能够保证长距离输送。因此,确定膏体矸石最大粒度小于 25 mm。

② 小于 5 mm 颗粒比例占 40%左右,最少不低于 30%,最高不大于 50%。破碎以后要求一般按照小于5 mm、5~25 mm 两种规格分级、分别存储,然后按设计比例配合使用。考虑充填材料允许矸石粗细颗粒比例变化范围较大,为简化矸石破碎系统以节省投资,矸石只按小于 25 mm 一种规格加工,加工的矸石中需要控制的小于 5 mm 颗粒比例通过调节破碎机出料口大小,改变破碎矸石中小于 5 mm 比例来保证,调节办法是在破碎机安装调试期间测定出料口大小与出料中小于 5 mm 颗粒比重。

(2)破碎加工工艺与破碎机选型

煤矸石从最大粒度 350 mm 破碎加工到最大粒度 25 mm 以下,破碎比达到 14,如果考虑必要时通过破碎机调节-5 mm 颗粒与 5~25 mm 颗粒的需要,破碎比将达到 20 左右。从采样分析可知,大部分煤矿矸石的特点是大于 25 mm 的大块占比例较少,小于 5 mm 所占比例较少,多数粒径介于 5~25 mm。如果采用先筛分的方式,只对大于 25 mm 颗粒进行破碎存在两个问题:一是入筛最大颗粒物料尺度偏大,易损坏筛网;二是调节小于5 mm 与 5~25 mm 颗粒比例比较困难,需要将最大 25~350 mm 的大块物料加工成小于5 mm粒径来调节,一级破碎难以满足要求。因此,膏体充填系统对矸石的破碎设计采用二级破碎,一级筛分加工方案。第一步用颚式破碎机进行粗破,出料粒度可以控制在 75~100 mm 之间,颚式破碎机如图 2-3 所示。煤矸石粗破有以下三个方面的好处:一是将煤矸石最大颗粒尺度降低到 100 mm 以内便于入筛;二是对 25 mm 以下的物料进行适当的破碎,增加小于 5 mm颗粒含量;三是为二级破碎机处理大块矸石创造条件。一般经过粗破以后,二次破碎矸石的破碎比较适中。第二步对经过粗破处理的煤矸石采用振动筛进行筛分,小于 25 mm 部分通过输送机送入成品矸石仓,大于 25 mm 部分送入二级破碎机处理。第三步采用反击破碎机对筛上物即大于 25 mm 矸石进行细破,使其处理以后粒度全部小于 25 mm。通过控制二级破碎机出料粒度,可以进一步调节成品矸石粒度分布。高细破碎机如图 2-4 所示。

(3)成品矸石储存

为了保证充填工作的连续性,要求破碎系统出现故障不影响充填,大雨天等恶劣天气时

图 2-3　颚式破碎机

图 2-4　高细破碎机

因为煤矸石水分过大等原因不能正常破碎加工时也不能够影响充填,做到这点必须有适当的成品矸石储备。成品矸石主要储存在矸石大棚中,如图 2-5 所示。设置堆场,相对投资较少,但是占地多,卸料点多并敞开式,粉尘难以控制;另外,需要增加前装车装料环节。

图 2-5　矸石大棚

依据膏体充填矸石破碎的要求及破碎加工工艺和破碎机选型设计矸石破碎工艺流程。通过对矸石破碎系统的粒径分级、颚式破碎机位置、矸石除尘、除杂系统的优化得到最终的矸石破碎工艺流程。具体流程如下所述:原矸通过前装车运至 400 mm 篦子料斗经手选胶带机运至振动筛进行初步筛分,将满足粒径要求的颗粒筛选出来运至成品堆棚,不满足粒径要求的经胶带输送机运至颚式破碎机进行一级破碎,将粒径大于 25 mm 的矸石大部分破碎到 25 mm 以下,并筛选出来运至成品堆棚储存,将粒径大于 25 mm 的颗粒经胶带机运至高细破碎机进行二级破碎,将所有的矸石破碎到 25 mm 以下。矸石破碎工艺如图 2-6 所示。

### 2.3.1.2　粉煤灰仓储输配系统

物料制备中所用的粉煤灰包括自身矸石电厂粉煤灰和外购粉煤灰。自身矸石电厂的粉煤灰和外购的粉煤灰都是通过卡车运输,将其储存到粉煤灰仓中,运用自动称重系统进行称重,通过螺旋给料机将其输送到搅拌站。设计有 4 个粉煤灰仓,其中每个粉煤灰仓的有效容积为 190 m³,粉煤灰堆积密度按 0.7 t/m³ 计算,每个粉煤灰仓约储存粉煤灰 130 t,4 个仓共储存粉煤灰约 520 t。

### 2.3.1.3　胶结料仓储输配系统

膏体充填材料中的胶结料为普通硅酸盐水泥,其运输机储存系统通过水泥罐车将散装

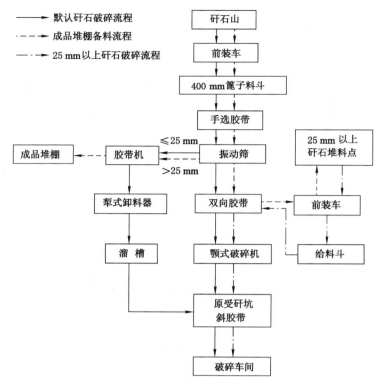

图 2-6　矸石破碎工艺流程

的普通硅酸盐水泥运至充填站,通过自身的气力输送装置将其输送至胶结料仓,原设计有两个胶结料仓,其中每个胶结料仓的有效容积为 190 $m^3$,以普通硅酸盐水泥的堆积密度为 1.8 $t/m^3$ 计算,每个胶结料仓约储存胶结料 342 t,2 个仓共储存胶结料约 684 t。

### 2.3.2　配比搅拌系统

#### 2.3.2.1　配套设备

配比搅拌系统配套设备一般有两种设计方案:① 一用一备;② 并行工作。两种方案相比较,虽均为两套设备,但是一用一备配套方案所需要设备能力要求比并行工作方案大一倍,设备前期投入费用高;并行工作方案配套设备投入费用相对少。虽然一台设备出现故障以后充填系统输送能力要降低,但在设备正常维护情况下,工作过程中绝大多数故障都能够在较短时间内排除,短时间充填系统的能力降低一般不会影响整个充填工作。保证充填系统能够连续运行的关键是防止堵管事故的发生。

#### 2.3.2.2　搅拌机选型

煤矿充填采用的主要骨料为煤矸石,最大粒径为 25 mm,目前可供选择的搅拌设备有连续式混凝土搅拌机与间隙式混凝土搅拌机。连续式搅拌机各环节设备虽然都是连续运转,没有等待时间,设备能力配置相对较小,投资相对较低,但是连续式搅拌需要膏体充填所用的矸石、粉煤灰、水泥、水等材料全都连续计量与之匹配,属于动态计量,配比只能滞后调整,已经有问题的配比一般难以改变。间隙式搅拌机物料配比分次进行,属于静态计量,精度较高,容易保证,每一次搅拌配料都可以检查监督,发现问题可以及时修正,容易保证料浆质量,对管路安全输送十分有利,不易发生堵管事故。基于此问题考虑,煤矿膏体充填站一般选择间隙式混凝土搅拌机,如图 2-7 所示。

图 2-7　间隙式搅拌机

### 2.3.2.3　配比搅拌工艺

煤矸石、粉煤灰(矿内、矿外两种)、水泥和水在使用前贮存方式是破碎加工好的矸石存放在矸石仓,粉煤灰、水泥分别存放在各自的圆筒仓内,水来自矿井排水系统,贮存在蓄水池内。配比搅拌工艺过程分四步:第一步称料。各种材料称料同时进行,矸石采用仓下称料斗计量,称好的矸石放入胶带输送机,送到充填楼三层矸石缓冲斗;粉煤灰、水泥通过螺旋给料机向各自的称量斗中加料,水则通过水泵从水池向称量斗内供水计量,达到设计值即停止计量。第二步投料。在确定搅拌机的放浆口关闭,搅拌机处于空机状态,同时打开称量斗和矸石缓冲斗将称好的各种材料快速投入搅拌机内,投完料后随即关闭各称量斗和矸石缓冲斗闸门。第三步搅拌。膏体充填材料中胶结料用量少,需要比一般混凝土更长的搅拌时间才能够制成质量良好的膏体浆液,一般每次搅拌时间设置为 50 s。第四步放浆。当搅拌时间达到 50 s,将搅拌机放浆口打开,把拌制好的膏体浆液放入料浆斗,供充填泵输送下井。料浆放完以后,随即关闭好放浆口。为了提高系统制浆能力,在投料完成以后,即进行下一循环称料工作,上一罐料拌好前,下一循环已经准备好,如此不断循环,直到设计充填任务全部完成。

### 2.3.3　管道泵送系统

膏体充填泵送系统一般服务整个矿井,至少服务一个压煤采区,因此膏体充填系统在服务整个矿井或采区的情况下一般采用专用充填泵加压输送。在充填过程中,搅拌机将搅拌好的料浆先放入浆体缓冲斗,浆体缓冲斗靠浆体自重给充填泵供料,经过充填泵加压后的充填料浆通过管道,由充填站附近的充填钻孔下井,再沿巷道输送到充填工作面,在充填工作面采用闸板阀布料口控制整个采空区的充填顺序。目前,世界上性能最稳定的充填泵为德国普茨迈斯特公司和施威因公司生产,特别是德国普茨迈斯特公司生产的 BSM 泵一直是世界上最领先、最稳定的充填泵,但价格较高。我国由于近年来大力发展,在充填泵发展上已经有了极大提高,目前国内最稳定的充填泵为三一重工生产的混凝土泵。输送管道目前有多种,像普通无缝钢管、陶瓷内衬钢管、聚乙烯内衬钢管及普通耐磨钢管等,由于煤矸石在管道中像砂轮一样高速旋转运动及压力异常管道跳动等,普通钢管、带内衬的管道极易因不耐磨或内衬脱落形成管道事故。因此,煤矿多选用普通耐磨钢管和德国普茨迈斯特泵进行充填,充填泵如图 2-8 所示。

图 2-8　德国普茨迈斯特泵

### 2.3.4　工作面采煤和隔离系统

在利用充填开采的矿山中,搭设隔离墙是进行采空区充填前必须完成的一项重要工作。在搭设过程中,常常出现的问题有隔离墙的厚度不够,造成其局部变形,进而导致充填材料流失;设置多道隔离墙,浪费大量的人力、财力。因此要正确地分析隔离墙的搭设要求,保障生产安全,降低成本。

#### 2.3.4.1　隔离墙搭设的必要性

以某煤矿充填工作面为例,在充填过程中从 12# 支架顶梁与顶板之间漏浆,漏浆的位置在 12# 支架顶梁与顶板之间。由于 20# 支架处从顶板已经开始泌水,说明 1# 至 20# 支架之间充填区内的膏体已经接顶。充填区的顶板为锚杆、锚索支护,无法判断具体的漏浆地点。经研究决定采用打设隔离墙的方法进行堵漏。在 36# 支架处打设第一道隔离墙,在 54# 支架处打设第二道隔离墙,把灰浆充填在第一道和第二道隔离墙之间或第二道与胶顺非生产帮之间的区域内,等矸石浆到达工作面时,切换到 32# 支架处的布料口向充填区内充填矸石浆,利用浓度高、颗粒度大的矸石浆堵住泄漏点。若矸石浆无法堵住泄露点,则通过切换布料口,轮流向三个隔离区内充填矸石浆的方法堵住泄露点,打隔离墙如图 2-9、图 2-10 所示。

图 2-9　隔离墙搭设

图 2-10　隔离墙封堵

膏体充填料浆输送到采煤工作面以后,要做到及时、保质、保量完成任务,需要做好以下三方面工作:一是充填空间的临时支护,保证在充填前、充填期间和充填体凝固期间能够使顶板保持稳定;二是隔离墙的施工,需要快速形成必要的封闭待充填空间,为充填创造尽量多的时间,避免充填料浆流失和影响工作面环境;三是合理安排充填顺序与措施,保证充填作业连续进行,保证充填体接顶质量。工作面采煤及隔离充填系统主要由专用充填液压支架、采煤机、刮板输送机、胶带输送机和辅助隔离设施构成。采煤专用充填液压支架如图2-11所示。

图 2-11　充填液压支架

#### 2.3.4.2　隔离墙搭设工艺

膏体充填工作面采用的是在待充填区域上下两端头打设隔离墙,把整个待充填区隔离为一个封闭的空间进行充填(包括上下两端头)的施工方法,隔离工艺为待充填区支设临时支护—上下两端头隔离—工作面隔离。

(1)待充填区支护方式

打开支架的尾梁,保证尾梁和顶板接触严实,支护顶板;紧贴着打开的支架尾梁后部支设一排圆木柱支护顶板;待充填区进行隔离时,首先要紧贴支架尾梁侧边的中部位置支设一棵 DWB—30/100 型单体液压支柱作为临时支护,然后再收回支架尾梁;每收回一个支架尾梁后的空顶区要支设一棵 DWB—30/100 型单体液压支柱和一根横梁为临时支护;隔离好的待充填区,要把单体液压支柱回撤出来。回撤单体液压支柱时,施工人员必须站在有效的支护下使用不小于 1.5 m 的长柄工具对单体液压支柱进行卸压,单体液压支柱要倒向无人侧;隔离施工到出口支架时,与出口支架相邻的两个支架的临时支护由单体液压支柱改为圆木柱支护,圆木柱不回撤。

(2)搭设隔离墙施工方法

支架与底板之间的隔离:在紧贴支架底座后部,平行工作面挖一条 300 mm×300 mm 的地槽,然后把长×宽＝20 m×4 m 的塑料编织布一端埋入地槽内,埋设塑料编织布的深度为 400 mm,另一端固定在支架顶梁与顶板之间。支架与顶板之间的隔离:首先把支架降400 mm,把塑料编织布的一端约 500 mm 铺在支架顶梁上,然后在塑料编织布上面依次铺上草苫和泡沫板,最后升起支架,密封好支架与顶板之间的空隙。支架与支架之间的隔离:检查支架与支架之间是否有间隙。若相邻支架之间有间隙,可以通过支架侧护板进行调整;若相邻支架之间的间隙较大,打开支架侧护板后仍不能满足隔离要求,必须在相邻支架之间塞入泡沫板后再打开侧护板,保证相邻两支架之间隔离严密。上下两端头的隔离施工方法:在非生产煤壁合适的位置用风镐由上至下开出一条宽 500 mm 深 400 mm 的槽沟;在挖好的槽沟内打设规格为 φ18×1 000 mm 的锚杆;依次把草苫、泡沫板、塑料编织布和草苫穿过锚杆铺设在槽沟内,最后把自制的直角铁板固定在锚杆上并压紧密封材料;把隔离用的模板(1 500 mm×300 mm)紧贴塑料编织布从下向上排严实并固定在支架和直角铁板的后方;紧贴模板打设一排单体液压支柱(金属)挡住模板,柱距不大于300 mm,单体液压支柱底部打在柱鞋上,顶部打在道木上。其中,在道木和顶板之间铺设草苫、泡沫板和塑料编织布,保证隔离严密;为防止上、下两巷隔离墙因膏体压力过大发生倒塌,必须从上、下两巷向待充填区方向支设戗柱,戗柱间距0.3～0.5 m,角度为60°～75°,使工作面上、下两巷控顶区与待充填区之间构筑一道稳固的隔离墙,形成一个封闭的待充填空间。

### 2.3.4.3 施工过程中安全技术措施

人员进入充填区作业时,必须检查充填区内的瓦斯含量,瓦斯含量超过0.5%严禁进入充填区内作业。人员进入充填区作业前,必须保证对充填区内的正常通风,地面严格控制压风风量。地面压风机必须有专人负责,严禁私自调节风量大小。人员进入充填区作业时,必须对顶板进行安全确认,确认顶板完整,无隐患后,方可进入。严格执行"敲帮问顶"制度。在进入充填区作业时,首先用长度不小于1.6 m的长柄工具及时将顶板、煤壁和架间松动的煤或岩石块全部摘除。敲帮问顶时,必须先由安监员、跟班队长或班长进入现场,使用专用工具敲帮问顶摘除活石;摘除活石时,人员必须站在安全、有效、可靠的支护条件下,一人操作,一人照明监护,方可工作;摘除活石确认现场安全后,方可进入下一个工作程序。若工作地点顶板破碎或有裂隙发育时,要及时采用小棍配合小笆对顶板进行背顶,顶板要背严背实。人员进入待充填区域作业时,工作面所有支架的截止阀必须处于关闭状态,防止误操作伤人。现场必须有专人统一指挥。人员在待充填区域作业时,对作业地点顶板时刻监测,发现异常,立即停止作业,进行处理,处理好确认无安全隐患后,方可作业。作业期间,人员需要站在特制板凳上作业时,板凳要放平稳,并至少两人配合作业,一人站在板凳上作业,一人双手扶牢板凳,严禁单人作业。

## 2.4 充填控顶区破碎顶板支护技术

### 2.4.1 控顶区顶板加强支护技术

以某煤矿膏体充填工作面为例,当工作面推进380 m时,工作面从20#到44#支架段伪顶易垮落,垮落厚度为200～500 mm,需要在该段打设锚杆压钢带的方式加强顶板控制。

(1)施工方法

充填工作面正常割煤移架后对20#到44#支架段打设锚杆,钢带平行工作面煤壁并贴着支架前梁布置。在打设锚杆处上下共三个支架范围内沿煤壁打设贴帮柱,防止煤壁片帮。采用$\phi$18 mm等强螺纹钢式树脂锚杆,长度1 500 mm,锚杆间、排距800 mm×1 000 mm。

(2)技术措施

进入施工地点,严格执行"敲帮问顶"制度。敲帮问顶时,必须先由跟班队长、安监员或班组长进入现场,在安监员的监控下使用长度不小于2 m的长柄工具敲帮问顶、摘除活石;摘除活石时,操作人员必须站在安全、有效、可靠的支护条件下一人操作,一人照明监护,方可工作;确认现场安全后,方可进入下一个工作程序。进入面前作业前,必须切断采煤机和刮板输送机的电源并闭锁。严禁在开采煤机、开运输机时进入面前作业。进入面前作业时,跟班队长或班长必须在现场统一指挥。进入面前作业时,必须在支架顶梁有效掩护下工作。

进入面前作业时,必须对施工地段及上下 10 个支架进行二次注液,保证支架初撑力达到 24 MPa,顶梁接顶严密。作业人员必须在可靠的支护下工作,严禁空顶空帮作业。打设锚杆处的上下共 3 个支架必须支设贴帮柱,防止煤壁片帮。支回贴帮住时严格执行"先支后回"制度。工作面支架找好平衡,调整好支架间距,相邻支架错差不大于侧护板高度的 2/3,架间隙不能超过 200 mm,杜绝支架串、漏液现象。打设锚杆结束后,必须由跟班队长或班长经过安全确认后,方可对采煤机和运输机进行送电。打眼前,首先打开风水阀门吹洗风水管路畅通后,将锚杆机机油壶内灌满机油并检查锚杆机进风水口有无堵塞物,有时必须清理吹洗干净后,再将风水胶管用带丝活接、快速卡子与风钻锚杆机连接牢固后,打开风水阀门检查有无跑风、漏水现象,有时必须重新绑扎牢固后,方可进行打眼。打眼过程中,要随时检查活接和快速卡子的连接情况,如有松动及时拧紧,防止风水胶管脱落伤人。在点眼时,掌钎点眼人衣袖口要扎紧,并系好工作服纽扣。点眼成功后,点眼人员立即撤到安全地点。锚杆机钻工要在锚杆机的右侧操作,锚杆机左侧不准站人,防止卡钻后锚杆机左旋伤人。锚杆机更换钻杆时,要关闭供风开关见风量减少到最小慢慢关闭升降开关使风钻锚杆机低速转动,慢慢回落到最低位置后,方可更换钻杆。钻工和更换钻杆人员要配合默契,防止钻机突然升降伤人。使用风动锚杆机时必须遵守以下规定:钻孔前,必须确保顶板与两帮围岩稳定,方可进行安全作业;禁止锚杆机平置于地面;钻孔时,不准用带手套的手去试握钻杆;开眼位时,应扶稳钻机,进行开眼作业;钻孔时,不要一直加大气腿推力,以免降低钻孔速度,造成卡钻、断钎、崩裂刀刃等事故;锚杆机回落时,手不要扶在气腿上,以防伤手;锚杆机加载和卸载时,会出现反扭矩。但均可把持摇臂,取得平衡。特别是突然加载和卸载时,操作者更应注意站位,合理把持摇臂手把。每班工作结束前,施工人员必须将所使用的工具放好、管路盘好、关闭锚杆机进风截止阀,不影响行人安全。措施审批下达后,所有参加施工人员,必须认真学习并签字,在施工中必须严格贯彻执行,增强安全质量意识,确保施工安全和质量。

### 2.4.2 工作面铺网施工技术

为了加强对工作面顶板的支护,经研究决定把施工工艺"割煤—移架—推溜"改为"割煤—铺网—移架—推溜"。为保证施工期间的安全和工程质量,特编制工作面铺网施工安全技术措施。

（1）铺网施工方法

铺网前准备的材料为规格为 50 mm×50 mm×1 500 mm 的木杆 150 根、14# 铁丝 100 kg、规格为 20 000 mm×900 mm 塑料网(网格 50 mm×50 mm)60 张、规格为 10 000 mm×900 mm 塑料网(网格 50 mm×50 mm)30 张、$\phi$18×1 800 mm 等强度螺纹钢树脂锚杆 120 根、规格为 4 200 mm×60 mm×3.8 mm 的钢带 24 条、锚牌和锚帽各 120 个、MSCK2350 型树脂锚固剂 240 支、打眼机具 MQT—120/J3 型锚杆机、$\phi$27 mm 钻头、1.2 m 钻钎,提前运到指定地点分类码放好。割煤要求工作面必须沿煤层底板推采,顺平顺直刮板运输机,保证与两巷的顶板和底板顺平直,支架齐直、顶梁接顶严密,不得出现台阶。铺网时采用规格为 20 000 mm×900 mm(网格 50 mm×50 mm)和 10 000 mm×900 mm(网格 50 mm×50 mm)的两种塑料网。当工作面顶板稳定时使用 20 000 mm×900 mm 塑料网(网格 50 mm×50 mm);当面前顶板破碎时使用 10 000 mm×900 mm 塑料网(网格 50 mm×50 mm)。采煤机截深和移溜步距控制在 0.6 m,当顶板完整、稳定时,一次割煤距离为 15 节溜子,当顶板较破碎时,一次割煤距离为 5 节溜子,然后停止采煤机和刮板运输机,并停电闭锁，及时铺网。铺第一批网时，需要沿工作面倾向打设一排锚杆，把塑料网固定在顶板上，锚杆间距 800 mm。打锚杆前，首先将 1～2 个支架护帮板收回，工作人员在相邻支架有效保护下，用长柄工具处理掉面前顶帮悬矸、危岩，并借助长柄工具将塑料网和钢带托到支架前梁上，升起支架护帮板，在能够露出钢带眼的位置打设锚杆支护，支护好以后收回护帮板再打设其他锚杆，把第一批网固定到顶板上。铺网时网与网之间搭接宽度不得小于 0.3 m，并且用 14# 铁丝绑扎在一起，不准连在塑料网的边扣上，网扣间距为 0.2 m，网扣必须拧够三圈以上。铺下一批网时，塑料网要铺在前一批塑料网上面，网与网之间的搭接宽度不小于 0.3 m，并且用 14# 铁丝绑扎在一起，不准连在塑料网的边扣上，网扣间距为 0.2 m，网扣必须拧够三圈以上。在顶板稳定时铺网施工工艺为：割煤—挂网—移架—推运输机；当顶板破碎时其施工工艺为：挂网—移架—割煤—推运输机—挂网—移架（采煤机割煤时，用长柄工具将网拉回，防止采煤机割塑料网）。在铺网时，为了避免支架搓坏塑料网，必须在塑料网与支架之间垫入规格为 50 mm×50 mm×1 500 mm 的木杆后再升起支架。木杆要平行于工作面放置，每割一刀在支架与塑料网之间放置一块木杆。铺网时两巷道内的网必须与原来的金属网连接不小于 300 mm 并重新打锚杆固定在顶板上。顶板比较完整地段采用高强塑料网支护见图 2-12，顶板破碎地段采用金属菱形网支护如图 2-13 所示。

图 2-12　高强塑料网支护

图 2-13　金属菱形网支护

（2）安全技术措施

所有施工人员必须认真学习本措施，严禁违章作业。铺网期间，每一项工作都必须有专职人员负责监督安全；自觉搞好自主保安和相互保安，掌握好安全。在铺网过程中，必须由班组长亲自指挥，并有专人负责照明掌握安全。进入面前作业时，采用长度不小于 2 m 的长柄工具摘除面前顶、帮活石和浮煤；在工作现场 10 m 范围内，必须有班组长统一指挥操作支架，在挂网时，所有人员必须在有效支护掩护下进行作业，相互照应好，动作协调一致。铺网时，必须使用好闭锁操纵手把装置，避免因误操作操纵阀发生事故。在放置木杆时，必须有专人统一指挥。必须在移架前放置木杆。凡是进入机道工作的人员，必须在采煤机和运输机停机闭锁的前提条件下工作，并且要有专人负责照明监护安全，严禁在设备运转时进行铺网作业。当顶板破碎有漏矸现象时一定要先停止运输机，调节支架平衡油缸，将支架顶梁上浮矸放净，然后用板批、枕木等插在支架的架档防漏矸，开启运输机拉出下漏的矸石。只有在确定安全后才可以继续铺网工作。挂网期间，支架顶梁前端的顶网要留有足够的余量，严禁支架顶梁前端超过顶网。施工中遇顶板破碎、压力大时，必须根据现场情况及时制定和采取加强支护措施,及时拉超前架,加强顶板管理。移架时,严格执行"少降快移"、"带压移架",立柱降移量不能大于 100 mm,操作人员必须站在安全可靠位置操作,避开架档;移架时必须先把相邻支架重新升打牢固,在移架上下各 5 m 范围内严禁人员逗留或作业。要定期检查电气设备完好情况及防爆性能、绝缘性能和各种保护,对不符合要求的设备及配件要及时更换,杜绝失爆现象。液压系统乳化液浓度保证达到 3‰~5‰,杜绝液压系统出现跑冒滴漏现象,保证泵站压力达到 30 MPa。当轨道巷、轨道巷联络巷和胶带巷出现矿山压力大、顶帮破碎时,及时采取延长超前支护,增加支护密度等措施,加强顶板管理。打眼前,必须有跟班维修工检查风钻及风水管路情况,重点是润滑、活接连接、风水管路是否畅通、风管不得有跑漏风现象。查看风钻油壶,并进行空转,当确信无问题后方可交给打眼工进行打眼操作方准使用。打眼前,首先打开打眼机具的风水阀门,将风水管路吹洗畅通,然后将锚杆机或风钻油壶内灌满机油,并检查锚杆机或风钻进风水口有无堵塞物,如有堵塞物时,必须先清理冲洗干净,再将风水胶管用带丝活接、正规 U 型卡子与锚杆机或风钻连接牢固,然后打开风水阀门检查风、水胶管有无跑风、漏水现象,若有时必须重新绑牢固,然后方可打眼。打眼过程中,要随时检查活接与 U 型卡子的连接情况,如有松动必须及时拧紧,防止风水胶管脱落伤人。锚杆施工注意事项:施工前必须进行安全检查、设备检查与维护、物料准备等工作。锚杆施工工艺流程:挂网→钻锚杆孔→装树脂药卷→装组合好的锚杆→压钢带→搅拌药卷→上紧锚杆螺母→依次完成其他锚杆。锚杆钻孔的施工要求:严格控制锚杆钻孔深度,误差控制在±20 mm 范围内;要求保证钻孔平、直,不出现台阶;钻孔要用高压水或高压风清洗干净,确保树脂药卷充分发挥其作用,使锚杆具有足够的锚固力;锚杆钻孔应严格按设计要求施工,不允许出现钻孔向巷道轴向或侧向较大程度的倾斜,钻孔倾斜度控制在±5°范围内;因地质条件影响出现锚杆孔周围煤岩面不平整时,必须刷平煤岩面以保证锚杆托盘紧贴煤岩面;锚杆安装完毕外露超长时,必须在锚杆托盘后加木托盘以保证锚杆托盘紧贴煤岩面,锚杆托盘后严禁使用两个及以上数量的托盘,否则必须重新补打锚杆。树脂药卷安装要求:药卷的数量和长度必须符合规定,保证药卷总长度达到设计要求。每个锚杆使用两根锚固剂固定。打眼由三人一组,两人操作,一人掌握安全。使用锚杆机打眼时,锚杆机的位置要根据眼的角度调好,操作时按照先开水门再开风门的方式进行开机操作。锚杆机开机操作前及操作过程中左侧不准站人或有人工作,防止打住钻杆锚杆机左旋伤人。钻工必须双手掌握锚杆机操作手柄并站在完好支护下面,开眼位时,应扶稳钻机,保持钻机与钎子平直不倾斜,并应使马达和钻腿调节阀达到合理匹配逐渐增大钻进速度,防止钻进过急造成卡钻、断钎等事故,伤及人员;钻进中随时注意观察钻屑冲洗情况和钻杆钻进情况,确保稳定钻进,同时注意观察钻腿的牢固情况,发现异常及时停止打眼并进行处理。打眼时衣袖口要扎紧,毛巾不准露在外面,并系好工作服纽扣,不准戴手套,严格按锚杆支护工艺要求打眼,当钻进煤岩体后,工作人员要立即撤到锚杆机右后侧。锚杆机更换、续接钻杆时,要关闭供风开关将压风量减少到最小,慢慢关闭升降开关使锚杆机低速转动,慢慢回落到最低位置后,方可更换钻杆,钻工和更换钻杆人员要配合默契,防止钻机突然的升降伤人。机子回落时手不要扶在气腿上,以防伤手。在打眼过程中,如遇突然喷水或眼内回水变大、变小甚至全无或煤岩突然变软,要立即停止钻进进行检查。如果透裂隙水且涌水量较大时不要拔出钎子,要立即停止工作,撤出人员,汇报调度室和有关单位。在打眼过程中如突然停风应立即将钎子拔出,以免因无风锚杆机下落歪倒伤人。

# 3　充填体作用机理及膏体强度设计

　　矿山充填体作为地下工程中的人工构筑工程,是煤矿解决"三下一上"(建筑物下、水体下和铁路下及承压水上)及深部采场控制"三高"(高温、高地应力和高岩溶水压)的重要手段。以最低的成本和最安全的方式获取最大的经济效益和社会效益是矿业开发所追求的目标,而充填材料在开采成本中占有重要组成部分,充填材料中胶结料的成本又占充填材料的重要组成部分。因此,提高充填体的强度,在合理搭配充填料级配的基础上必然增加胶凝材料,增加胶凝材料必然提高采矿成本。在充填开采过程中,如果过分降低充填体的强度,则可能降低围岩和充填体的稳定性,导致采场的整体性失稳或巷道的局部破坏。由此可见,选取合理的充填料及配比,构筑安全、经济的充填体及合理强度,合理优化开采方案控制采场地压,是确保充填开采安全生产和顺利采矿的基础。

## 3.1　采场围岩及充填体稳定性

　　采场围岩及充填体的稳定性是矿山开采极为关心的问题,很多煤矿采用垮落法管理顶板,造成煤矿采空区顶板暴露面积过大,诱发采场冲击地压、大规模岩移、巷道顶板突发性冒落等事故,给煤矿安全生产造成极大的财产损失和人员伤亡。随着煤矿采深的不断增加,采场范围的不断扩大,地压特别是高应力地区压力的增高,不仅采场突变失稳风险在增加,而且潜在的危险性也在加大。因此,进行地下采场稳定性评价与失稳风险分析,合理优化开采方案,对提高地下采矿经济效益,确保人身安全,最大限度地开采矿产资源具有十分重要的意义。煤矿围岩与充填体的稳定性受很多因素的影响,但矿区的工程地质条件、区域构造应力、充填体强度和采矿方法结构参数是主要因素,影响因素不同则围岩和充填体的破坏机理、破坏形式也不同。采场围岩和充填体稳定性分析是采矿方法设计和采矿方案布置的基础,其分析结果的可靠性决定了采矿生产能否顺利进行,而围岩和充填体稳定性分析不仅在于分析方法、计算参数的选取,而且还涉及对充填体作用机理的认识和评价。

### 3.1.1　采场围岩及充填体稳定性控制因素

　　采场围岩及充填体的稳定性关系到矿山安全生产及资源的合理高效利用,因此一直受到高度关注。特别对于"三下一上"压煤和深部开采矿山,因为这些矿山往往存在重大的安全隐患,可能诱发采场地压剧烈显现、局部冒顶、地表斑裂、煤柱整体失稳、巷道顶板突发性冒落以及岩爆、冲击地压等灾害事故,这些都将造成财产的巨大损失和重大的人员伤亡。地下矿床的采出,在岩体中形成采空区,破坏了原岩平衡,因此应力必然进行传递和调整,其结果可能使围岩应力场再次处于平衡状态;另一种是由于采矿的影响导致围岩强度降低和松动,致使围岩大范围破坏,整体结构失稳。采矿工程是建立在经历了长期地质构造作用和演化的地质体中,影响工程稳定性的因素不仅多而且具有很大的不确定性。因此,探讨影响地下采场稳定的主要因素及基本规律,是进行采矿工程稳定性分析的前提。

### 3.1.1.1　矿区工程地质条件

矿区工程地质条件是影响矿区围岩稳定性的内在因素,煤岩类型、物理力学性质、结构面发育程度以及煤岩体的变形、流变特性,在很大程度上控制煤岩体的破坏机理、失稳形式和稳定状态。因此,认识和评价煤岩体的工程地质条件,准确、可靠地预计煤岩体力学、变形参数,是进行采场围岩稳定性分析的基础。

（1）煤岩体物理力学性质

煤岩体的形成方式和演变过程决定了煤岩体的基本力学性质。煤岩体的物理力学性质包括矿石或岩石的密度、重度、孔隙率、膨胀性等。岩石强度主要是指岩石的抗剪强度、抗拉强度和抗压强度。岩石的变形特性通常基于节理发育程度、节理面形态以及结构面力学性质,是含矿岩体变形破坏的控制性因素。因此,煤岩体的结构特性主要区别在于其内在的结构面类型、规模和性质不同所显现的煤岩体结构效应上的差异,在力学性质上主要表现为各向异性、非均质性和高度非线性。

（2）煤岩结构面产状及发育程度

地质结构面的存在,不仅破坏了岩体的连续性,而且其结构面的产状使煤岩体强度具有明显的结构效应,不仅大大地降低了岩体的强度,增大了岩体的变形量,而且还控制岩体的破坏机理和破坏形式。事实上,岩体的破坏大多沿着结构面进行,所以结构面是影响顶板及巷道破坏的重要因素之一,但结构面的规模,如断层、节理、裂隙等在岩体工程变形破坏中所起的作用是有区别的,在进行稳定性分析时应予以注意。

### 3.1.1.2　煤岩赋存环境

煤岩赋存环境是指煤岩所处的区域性构造应力,即原岩应力、地下水和地温等条件,特别对于深度大于 1 000 m 的矿井,一定要考虑温度对围岩稳定性的影响。众多工程的原岩应力测试表明,大部分矿区都存在水平构造应力,也就是说矿区的应力场并不遵循海姆定律,即最大主应力不是垂直方向,而是水平或接近水平方向。众多的地下工程实践表明,水平构造应力是影响地下工程稳定性的最重要因素之一。因此,研究矿区构造应力大小与方向以及随深度和位置的变化规律,对于采场围岩稳定性分析极为重要,是地下工程设计必须考虑的因素之一。

### 3.1.1.3　充填体强度

对于充填采矿,充填体强度是直接影响围岩和充填体的稳定性的重要因素,涉及回采顺序、间隔时间及影响采场的应力变化过程,显然充填体强度与胶结料、骨料(煤矸石、粉煤灰等)和水的配比以及养护时间密切相关。对于养护时间相同的充填体,灰矸比越大弹性模量和抗压强度越大,采矿成本也就越高。如何减少胶结料(水泥)的用量,降低采矿成本,不仅需要对不同配比的充填体力学与变形性质有准确的认识,更重要的还在于充分研究和分析充填体的作用机理,充填体的作用机理决定充填体的强度,在此基础上对充填材料配比进行优化,达到降低充填成本的目的。

### 3.1.1.4　采矿工程因素

采矿工程因素包括采场结构尺寸与形状、回采、充填顺序与回采速度等,上述因素在很大程度上影响围岩和充填体的稳定性。充填顺序涉及采、充工作面位置和间隔时间;回采方案包括回采方向、回采速度等。研究开采过程中采场和围岩的稳定性时,应优选回采方案并考虑以下两个因素:一是原岩应力场特征,即水平与垂直应力之比;二是膏体特征,即膏体与矿石或围岩的弹性模量之比。在此基础上可以按不同水平应力和垂直应力比值下的加载条件以及材料之间不同的弹性模量比值进行数值模拟设计与分析,以确定单阶段或多阶段最优回采方案。在布置回采顺序时,必须保证采场两帮和顶、底板以及充填体的稳定,即不发生片帮和冒落事故。确定回采顺序的基本理论依据是"应力隔离原理"或称"应力释放原理",以使充填体达到最大的稳定性。充填体与矿体的刚度比对充填体与围岩的稳定的膏体会导致应力被吸收到采场周围的矿岩和充填体内,引起充填体破坏,但如果刚度比过小充填体本身的稳定性则难以得到保证。因此,充填体与围岩刚度比确定应在一个合理范围内。

### 3.1.2 采场围岩及充填体稳定性评估方法

20 世纪 70～80 年代,充填采矿法在世界范围内有了很大的发展,对采场稳定性的研究也有了长足的发展,许多学者和研究人员先后提出了数种采场稳定性的评估方法,其中使用较多的主要有以下几种:

#### 3.1.2.1 马修斯经验方法(Mathews,1981 年)

该方法将岩石质量指标 RQD、采场围岩与主要地质构造的关系、采场方向以及次生应力环境等联系起来,计算这些因素得到一个稳定性系数"N",据此评估采场的稳定性,如图 3-1 所示。可见,这种方法在使用中的困难是如何正确计算稳定性系数"N"。

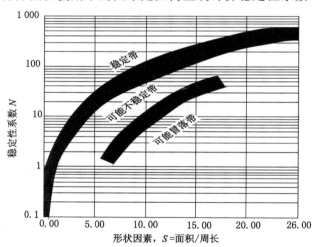

图 3-1    马修斯经验方法(Mathews,1981 年)

#### 3.1.2.2 采场岩体指标方法(Laubscher,1986 年)

该方法利用调整的岩石质量指标(RQD 值乘以调整系数)和水力半径(采场水平开挖面积除以周长)之间的关系来估计采场的稳定性或冒落性,如图 3-2 所示。

#### 3.1.2.3 岩体工程分类法

该方法根据岩体的完整性、岩石质量、不连续面的特性以及地下水对岩体的影响四项因素综合评价来对采场围岩的稳定性进行分类,这种分类及评分方法类似南非 CSIR 岩体分类法,上述四个因素的累加值为表征采场围岩条件的总评分 R,依据总评分把围岩分为五级。在一般情况下,顶底板和矿体的岩性各不相同,对采场稳定性的影响也不一样,顶板岩

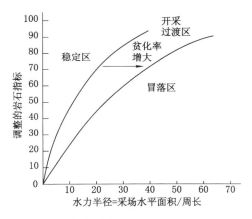

图 3-2　采场的稳定性(Laubscher,1986 年)

(注:调整的指标＝原地指标 * 调整因素)

体评分 R1 占整个采场稳定性的 60％,矿体或侧帮评分 R2 占 25％,底板岩体评分 R3 占 15％,R1、R2 和 R3 分别乘以权重 0.6、0.25 和 0.15 然后相加所得数值 R 即是表征采场稳定性的总评分。

3.1.2.4　模糊数学综合评判法

在该方法中,一般根据研究对象的不同所选择的参与评判的因素也不相同,例如,焦家金矿是使用充填法开采的大型矿山,矿区内各级结构面十分发育,采场的稳定性基本上受采场顶板结构面发育程度的控制。因此,在进行采场顶板的稳定性综合评判时,选择下述四个指标作为判据。

(1)岩体点载荷强度 $I_s$;

(2)控制性结构面组数 $N$;

(3)控制性结构面质量指数 $I_j$:

$$I_j = \sum a_j N_j \tag{3-1}$$

式中　$a$——各级结构面的权重,对于Ⅰ、Ⅱ、Ⅲ级结构面,$a$ 值分别为 1、0.5 和 0.25;

$N$——各级结构面的总数目;

$j$——结构面的级次。

(4)综合内摩擦角 $\varphi_c$:

$$\varphi_c = \frac{\sum \varphi_j}{N} \tag{3-2}$$

式中　$\varphi_j$——单条结构面的内摩擦角。

对国内非煤矿山 18 个采场逐个收集、试验和统计数据,然后用模糊数学评判方法划分其稳定程度。此外,还有其他一些评估采场稳定性的方法,如估计岩体强度,将其与应力环境进行比较,以确定适当的采场支护方式,如图 3-3 所示。

### 3.1.3　构造失稳的关键块体分析

构造失稳的关键块体分析在壁式充填开采的体系中显现不明显,但在柱式开采体系中作用较为显著。构造控制型突变失稳风险预测,首先可以借助块体理论识别采场围岩由构

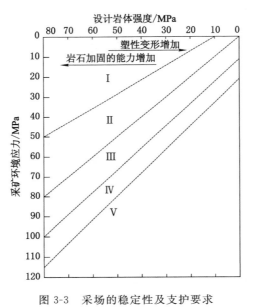

图 3-3　采场的稳定性及支护要求

Ⅰ——稳定；Ⅱ——支护关键块；Ⅲ——有效支架；Ⅳ——控制破坏；Ⅴ——破坏/冒落

造面所构成潜在失稳的关键块体,在此基础上进行该类块体的稳定可靠度分析,求出关键块体的失稳概率,作为块体突变失稳风险度,然后进行围岩系统失稳概率计算,求出系统突变失稳风险度。

### 3.1.3.1　块体理论与应用

块体理论是根据集合论拓扑学原理,运用矢量分析和全空间赤平面投影方法构造出可能存在的块体类型并从中分离出可动块体(关键块体),进而仅对可动块体进行稳定性分析。该理论的重要作用在于利用拓扑学找出存在于围岩中潜在的可移动块体,构成块体的界面可能为地质结构面,也可以是应力作用下围岩渐进追踪破坏形成的追踪破裂面,一旦找出这样的破裂面视为结构面,进行拓扑分析确定关键块体。

### 3.1.3.2　构造控制型采场围岩失稳风险预测

基于以上分析,构造控制型采场围岩失稳风险预测步骤如下:

(1)根据采场围岩结构面调查和统计分析,确定结构面主优势面产状的均值和方差以及概率分布形式(一般为两变量的正态分布)。

(2)进行数值分析,根据塑性区范围或拉应力区分布,确定潜在的可能破裂面并确定其破裂面的产状均值和方差。

(3)根据试验或围岩分类,确定结构面和破裂面的抗剪强度参数、均值、均方差和随机分布函数。

(4)采用块体理论,进行关键块体识别。

(5)进行单个关键块体稳定可靠度分析与风险预测。在此分析中,将结构面产状(倾角 $\alpha$、倾向 $\beta$)、结构面或破裂面的抗剪强度(内聚力 $C$、内摩擦角 $\varphi$)视为服从某一分布的随机变量,进行稳定可靠度分析,由此获得关键块体的稳定概率 $P_r$ 和失稳概率 $P_f$,以失稳概率 $P_f$ 作为块体失稳的风险度。

(6)进行围岩系统的可靠度分析与风险预测。采场围岩是由块体集合组成的一个系统,系统内某一块体的稳定状态直接影响相邻块体的稳定。因此,借助于条件概率及系统可靠度计算理论,计算系统内某一个或几个块体(首先是关键块体)的失稳导致整个系统失稳的概率 $P_f$ 或可靠度 $P_r$,并以失稳概率作为评价围岩系统整体失稳风险度。

### 3.1.4 采场围岩能量控制整体突变失稳分析

#### 3.1.4.1 能量控制整体失稳分析准则

地下采矿破坏了原岩应力的平衡导致应力重新分布,从能量的观点出发应力的重新调整过程是系统能量转换的过程,对处于复杂的应力环境中的采场围岩,系统可能积聚或消耗的能量总和在力学计算中常常是一个重要的判据。目前,很多研究也都在试图根据能量理论进行围岩突变失稳预测。图 3-4 中开挖前在 $S$ 面上任一点受 $t_x$、$t_y$ 力的作用,在 $S$ 面范围内逐渐开挖的情况下面上牵引力逐渐降为零,开挖面周围产生诱发应力区如图 3-4(b)所示。当硐室几乎是瞬间突然形成时,在图 3-4(a)所示的 $S$ 面上开挖前的牵引力突然降为零,支护力所做的功在 $S$ 面的逐渐降低表现为开挖面上的多余能量随后释放或传播到周围介质中,因而称为释放能 $W_r$,释放能与开挖的岩体体积 $V$ 之比称为能量释放率(Energy Release Ratio),$E_{ERR} = W_r/V$。

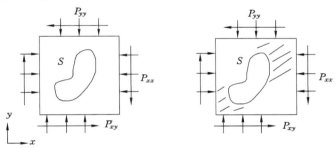

图 3-4 双轴应力作用下介质中的静力状态

(a)采矿前;(b)采矿后

$E_{ERR}$ 在一定程度上能够表征系统的稳定状态,目前国外很多研究都采用 $E_{ERR}$ 作为系统失稳的判断准则。研究表明,在深度不超过 2 000 m 的矿山,$E_{ERR} = 30$ MJ/m² 是可以接受的临界值,基于以上分析,采用开挖系统能量释放率作为系统突变失稳的判断准则。

#### 3.1.4.2 能量释放率的计算

对于任意形状的硐室,能量释放率 $E_{ERR}$ 是直接由开挖诱发的力和位移获得,即:

$$E_{EER} = \frac{1}{2V} \int_S (t_{xi} u_{xi} + t_{yi} u_{yi}) \mathrm{d}S \tag{3-3}$$

式中  $t_{xi}$,$t_{yi}$——拟开挖边界 $i$ 点处 $x$,$y$ 方向上的作用力;

$u_{xi}$,$u_{yi}$——对应于 $t_{xi}$,$t_{yi}$ 方向上开挖后引起的位移;

$V$——开挖体积,积分区域是整个开挖面 $S$。

#### 3.1.4.3 能量控制采场围岩失稳风险预测

能量控制采场围岩失稳风险预测是借助于有限元分析工具进行正交实验(基于某种准则进行多次有限元计算),建立系统可靠度分析的响应面函数,在此基础上进行系统的可靠度分析,求得系统稳定可靠度和失稳概率,并以系统的失稳概率作为评价系统突变失稳的风险度。预测方法步骤如下:首先确定计算模型和参数,建立采场围岩系统有限元的计算模型,计算采场范围内矿岩体力学与变形参数均值和方差;其次建立节点位移的响应面函数,在开挖面适当的位置选取一点,例如 $k$ 节点建立该节点位移 $u_k$ 的响应面函数为:

$$u_k = a + \sum_{i=1}^{5} b_i X_i + \sum_{i=1}^{5} c_i X_i^2 \tag{3-4}$$

式中　$X_i(i=1,2,\cdots,5)$——采场围岩力学与变形参数视为随机变量,即 $u_k = f(\sigma_c, \sigma_t, C, \varphi, E)$;

$\sigma_c$——围岩抗压强度;

$\sigma_t$——抗剪强度;

$C$——内聚力;

$\varphi$——内摩擦角;

$E$——变形模量;

$a, b_i, c_i$——待定的响应面函数。

有限元法正交抽样的计算,采用最小二乘法回归分析确定。

### 3.1.4.4　构造能量控制系统突变失稳可靠度分析的极限状态方程

基于有限元分析,围岩系统的应变能量释放率 $E_{\mathrm{ERR}}$ 的计算公式为:

$$E_{\mathrm{ERR}} = \frac{1}{2V} \sum_{i=1}^{n} (u_{xi} F_{xi} + u_{yi} F_{yi}) \tag{3-5}$$

式中　$u_{xi}, u_{yi}$——有限元节点 $i$ 处 $x$ 和 $y$ 方向的位移;

$F_{xi}, F_{yi}$——开挖面边界点 $i$ 处 $x$ 和 $y$ 方向的等效释放载荷(节点力),由原岩应力场分布获得的节点 $i$ 周边的应力插值得到;

$n$——开挖边界节点数。

如果采取分步开挖,$u_{xi}, u_{yi}$ 和 $F_{xi}, F_{yi}$ 分别为对应节点的位移增量和载荷增量。

如果选取开挖面节点 $k$ 的垂直位移为 $u_{yk}$,其响应面函数由式(3-6)确定,上式可以重新改写为:

$$E_{\mathrm{ERR}} = \frac{1}{2V} \Big[ \sum_{i=1}^{n-1} (u_{xi} F_{xi} + u_{yi} F_{yi}) + (u_{xk} F_{xk} + u_{yk} F_{yk}) \Big] \tag{3-6}$$

通过适当选择节点 $k$(例如拱顶的 $y$ 方向位移),使 $u_{xk} \approx 0$,式(3-6)变为:

$$\begin{aligned}
E_{\mathrm{ERR}} &= \frac{1}{2V} \Big[ \sum_{i=1}^{n-1} (u_{xi} F_{xi} + u_{yi} F_{yi}) + u_{yk} F_{yk} \Big] \\
&= \frac{1}{2V} \Big[ \frac{1}{u_{yk}} \sum_{i=1}^{n-1} (u_{xi} F_{xi} + u_{yi} F_{yi}) + F_{yk} \Big] \cdot u_{yk} \\
&= u_{yk}(\sigma_c, \sigma_t, C, \varphi, E) \cdot E_{\mathrm{err}}
\end{aligned}$$

其中:

$$E_{\mathrm{err}} = \frac{1}{2V} \Big[ \frac{1}{u_{yk}} \sum_{i=1}^{n-1} (u_{xi} F_{xi} + u_{yi} F_{yi}) + F_{yk} \Big] \tag{3-7}$$

令:

$$E_{\mathrm{err}} = \sum_{i=0}^{4} a_i u_{yk}^i \tag{3-8}$$

式中,$a_0, a_i(i=1,2,\cdots,4)$为待定系数,由确定垂直位移响应面函数 $u_{yk}$ 进行有限元计算后确定，即进行第 $j$ 有限元分析，可以获得系统的应变能释放率 $E_{ERR}$ 和响应的拱顶位移 $u_{yk}$；进行 $n$ 次计算，就获得 $n (E_{ERR}, u_{yk})$ 数据，式(3-7)变为：

$$E_{ERR} = u_{yk}(\sigma_c, \sigma_t, C, \varphi, E) \cdot \sum_{i=0}^{4} a_i u_{yk}^i \tag{3-9}$$

令：

$$u_{yk} = x - A, A = \frac{a_3}{4a_4}$$

则式(3-9)化为：

$$E_{ERR} = b_4 x^4 + b_2 x^2 + b_1 x + b_0 \tag{3-10}$$

其中 $b_i$ 与 $a_i$ 有如下对应关系：

$$\begin{bmatrix} b_0 \\ b_1 \\ b_2 \\ b_4 \end{bmatrix} = u_{yk}(\sigma_c, \sigma_t, C, \varphi, E) \begin{bmatrix} A^4 & -A^3 & A^2 & -A \\ -4A^3 & 3A^2 & -2A & 1 \\ 6A^2 & -3A & & 1 \\ 1 & 0 & 0 & 0 \end{bmatrix} \begin{bmatrix} a_4 \\ a_3 \\ a_2 \\ a_1 \\ a_0 \end{bmatrix} \tag{3-11}$$

将式(3-10)进一步变换为：

$$\overline{E}_{ERR} = \frac{1}{4} x^4 + \frac{1}{2} x^2 P + Qx + c \tag{3-12}$$

式中    $c$ —— 对突变元无意义的常数项，应省略。

则式(3-12)就成为尖点突变的标准分析式，其中：

$$\overline{E}_{ERR} = \frac{E_{ERR}}{4b_4}, P = 2 \frac{b_2}{b_4}, Q = \frac{b_1}{4b_4}, c = \frac{b_0}{4b_4}$$

根据突变理论，采场围岩系统处于极限稳定状态的判别式为：

$$4P^2 + 27Q^2 = 0 \tag{3-13}$$

上式就是基于突变论推导的采场围岩系统稳定可靠度分析的极限状态方程。

### 3.1.4.5  采场围岩突变失稳可靠度分析与失稳概率计算

由上述推导可见，$P, Q$ 是系数 $b_1, b_2, b_4$ 的函数，由式(3-11)可知，$b_1, b_2, b_4$ 又是响应面 $u_{yk} = f(\sigma_c, \sigma_t, C, \varphi, E)$ 的函数。因此，式(3-13)确定的极限状态方程是矿岩体力学与变形参数的非线性方程，当已经确定了随机参数的统计特征值（均值、方差）和概率分布就可以计算获得系统稳定可靠度 $P_r$ 或突变失稳概率 $P_f$，而失稳概率 $P_f$ 可作为系统失稳风险度。需要指出的是，求解非线性极限状态方程可靠度的有效算法也是可靠度研究领域的重要内容，例如响应面函数与真实状态方程的误差估计，求解算法的收敛速率和收敛性等问题目前还没有很好地解决。

## 3.2  矸石膏体破坏机理

胶结充填技术是将采集和加工的细砂、煤矸石、粉煤灰、废石等材料（在充填过程及形成充填体后性质不发生变化的材料）掺入适量的胶凝材料（水泥或添加剂等），加水混合搅拌制成胶结充填料浆，再沿钻孔、管路等向采空区输送和堆放料浆，然后使浆体在采空区脱去多余的水（或不脱水），形成具有一定强度和整体性的充填体。与非胶结充填不同的是，膏体一般是一个整体或近似整体而不是散体介质。胶结充填可以极大地提高充填体的强度,对围岩能进行很好的支护,可有效地抑制围岩的破坏,从而避免地表塌陷,保护地表及生态环境。充填体的作用与其力学特性密切相关,可以说是力学特性指标的函数。因此,要了解和研究充填体的作用机理,需要了解充填体的力学特性。充填体作为一种细集料和硬化水泥浆体组成的复合材料,它的强度应当是水泥(或水泥代用品)强度、集料强度以及组分之间的相互作用的函数。骨料和水泥的应力-应变曲线在到达峰值应力之前基本上呈线性变化(在接近峰值应力时除外),而充填体的应力-应变曲线在峰值应力的前后均是高度非线性的,这种非线性一方面是由于材料的复合作用,另一方面是由于水泥-集料黏结本性所致。同时,充填体内含大量孔隙及裂隙等结构面,这些因素将主导充填体的力学性质,因此如果依旧采用"均质连续"介质的弹性力学方法分析,已经不能满足实际需要,难以更确切地反映充填体的力学性质,故有必要用断裂与损伤力学方法分析充填体的破坏机理。矸石膏体是细集料和硬化水泥浆构成的多相复合介质,在细集料和硬化水泥浆之间必然存在着因干缩引起的界面黏结裂纹及大量的孔隙等,这些均为充填介质内的原始损伤。充填体在受到外力作用时,这些原始损伤部位必将产生应力集中现象,这种局部的应力集中会导致内部微缺陷的闭合或扩张。分析充填体的加载实验的宏观力学行为,首先是随外加载荷产生变形,然后是微裂纹的产生、扩展直至材料产生破坏。在这种宏观变化中其损伤破坏过程只不过是被掩盖着而已,图 3-5 为分级尾砂(1∶4)胶结充填试块的单轴压缩时的全应力-应变曲线图。

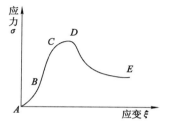

图 3-5　充填体全应力-应变曲线

根据全应力-应变曲线图,可以将矸石膏体在外力作用下的变形损伤、破裂、破坏过程分为如下四个阶段:

(1)微裂隙与微裂纹闭合的初始阶段($AB$ 段)

此阶段充填体应力-应变曲线表现为下凸形。充填体内那些垂直于应力方向的裂纹和孔隙受压处于闭合状态,充填体的应变可分解为 $\varepsilon_0$ 和 $\varepsilon_r$ 两部分,且有 $\varepsilon = \varepsilon_0 + \varepsilon_r$,其中 $\varepsilon_0$ 为孔隙及裂纹闭合所产生的变形,$\varepsilon_r$ 为充填体压缩产生的真实变形。这个阶段,充填体变形为非线性,但由于该阶段应力水平(相对于其压应力值)较低,故在一般宏观实验结果中,由于压力机的吨位比较大,精度较低,往往易于忽视这个阶段充填体的真实变形。

(2)线弹性响应阶段($BC$ 段)

本阶段充填体的应力-应变曲线近似为直线段,充填体内的微孔隙及裂纹等遭受的应力集中现象随外力的增加而不断加剧,但绝大部分应力集中值均未达到使充填体中的微缺损产生扩展的量值,也就是说这个阶段的 $\sigma\text{-}\varepsilon$ 曲线实际上近似直线。此时,材料的变形基本满足弹性关系。按线性断裂力学理论,微裂纹的端部的应力大小为(Ⅰ型裂纹):

$$
\begin{cases}
\sigma_x = K_\mathrm{I} \times (2\pi r)^{\frac{-1}{2}} \times \cos\dfrac{\theta}{2}\left(1 - \sin\dfrac{\theta}{2} \times \sin\dfrac{3\theta}{2}\right) \\[2mm]
\sigma_y = K_\mathrm{I} \times (2\pi r)^{\frac{-1}{2}} \times \cos\dfrac{\theta}{2}\left(1 + \sin\dfrac{\theta}{2} \times \sin\dfrac{3\theta}{2}\right) \\[2mm]
\tau_{xy} = K_\mathrm{I} \times (2\pi r)^{\frac{-1}{2}} \times \sin\dfrac{\theta}{2} \times \cos\dfrac{\theta}{2} \times \cos\dfrac{3\theta}{2}
\end{cases}
\tag{3-14}
$$

式中　$r, \theta$ ——裂纹尖端的极坐标极径和极角;

$K_I$——Ⅰ型裂纹的应力强度因子,当 $K_I < K_{IC}$ 时,裂纹就不会扩展,$K_{IC}$ 为断裂韧度。

（3）微裂纹扩展阶段（CD 段）

本阶段应力-应变曲线开始上凸下弯,加卸载试验表明这个阶段有非弹性变形产生。由于外力的不断增加,充填体内微缺陷端部的应力场值达到和超过了其极限值,原始损伤开始加剧演化。另外从微观上分析,硬化的水泥浆体也会产生损伤现象,用漫散射照相技术及散斑光弹法已证实,在主裂缝前沿的水泥浆体中,存在众多微裂纹。从微观层次上看,水泥浆体中裂缝呈不规则曲线形。对于低强度等级的矸石膏体,在集料颗粒周围的胶结层面上也会产生各种微损伤。对充填体而言,由于水泥含量低,集料颗粒比基体更坚硬,其破坏顺序如下:黏结力破坏—拉伸破坏—黏结剪切破坏—基体的剪切破坏及拉伸破坏。由此可见,这个阶段包括原始缺陷的扩展、演化;充填体基体内的新损伤（缺陷）的萌生和演化;基体与集料颗粒之间的交界面上的破裂等。原生裂纹的扩展及新裂纹的衍生均是无序的。但随着载荷的继续增大,裂纹的扩展方向逐渐转向外压力作用方向,当接近峰值应力时,裂纹之间产生大量的沟通、分叉现象,某些沟通的裂纹开始形成主导裂纹。

（4）裂纹贯通、破坏阶段（DE 段）

在本阶段,宏观上出现明显的裂纹扩展、分叉、绕行和沟通现象,为材料进入峰值应力后的弱化阶段。实验中发现压力机出现明显的自卸载过程。较大的主裂纹扩展时还吞并其周围的微裂纹,从而形成主导裂纹,主导裂纹的开裂方向与主应力方向近于平行。主导裂纹形成之后,破裂过程主要沿主导裂纹发展,而其他部分则很少或不会进一步破裂。主导裂纹的不断发展,最终导致充填体的破坏。

研究还发现,在充填体的压缩试验中得到的试块破坏现象没有明显的规律,这是由内损伤的随机性造成的结果。由于这种随机性,使得破裂面成为一些不规律的凹凸不平的曲面。另外,单轴拉伸与单轴压缩时的应力-应变曲线大致相似,由此可以基本断定充填体的变形与损伤过程在拉、压状态下是基本一致的。但从宏观上可以看出,拉伸试验最后的破裂面与拉伸应力方向垂直,破坏基本满足最大拉应变理论;压缩试验的破裂面与拉伸相比安全得多。从总体上看,主导破裂面和微裂纹基本平行于压应力方向。据资料记载,前述的 $\sigma\varepsilon$ 试验曲线中,拉应力值只有压应力值的 1/8 左右,最大拉应变也只有最大压应变的 1/10。但是损伤机理是基本相同的,即充填体内微裂纹、孔隙等尖端处由于应力集中所产生的拉应力使得裂纹及孔隙扩展,这种不断的裂纹扩展及沟通导致充填体的最终破裂。

通过上述分析,可以得出充填体变形、损伤和破坏的物理机理如下:

① 充填体的变形主要由初期压密变形、基体弹性变形及裂纹扩展产生的非弹性变形组成;

② 充填体的弹性变形积累和局部应力集中引起材料进一步的损伤,其损伤方向是随机性的,而损伤必将导致材料的各向异性;

③ 损伤的主方向与应力主方向相同;

④ 损伤的演化导致充填体最终产生断裂破坏。

采场围岩及充填体的稳定性关系到矿山安全生产及资源的合理高效利用,因此一直受到高度关注。特别对于"三下一上"压煤和深部开采矿山,因为这些矿山往往存在重大的事故隐患,可能诱发采场地压剧烈显现、局部冒顶、地表斑裂、煤柱整体失稳、巷道顶板突发性冒落以及岩爆、冲击地压等,这些都将造成财产的巨大损失和重大的人员伤亡。地下矿体的采出,在岩体中形成采空区,破坏了原岩平衡,因此应力必然进行传递和调整,其结果可能使围岩应力场再次处于平衡状态;另一种是由于采矿的影响,导致围岩强度降低和松动,致使围岩大范围破坏,整体结构失稳。不同于地表建筑结构工程,采矿工程是建立在经历了长期地质构造作用和演化的地质体中,影响工程稳定性的因素不仅多而且具有很大的不确定性。因此,探讨影响地下采场稳定的主要因素及基本规律,是进行采矿工程稳定性分析的前提。

## 3.3 近水平层状膏体充填围岩控制机理

### 3.3.1 膏体与围岩的力学作用模型

针对煤矿采煤工作面倾向较长,煤层厚度相对较低的状况,膏体对上覆岩层主要起着限制顶板变形破坏作用,充填体抗剪强度不应太高,不像非煤矿山充填体首先满足充填体抗剪要求(充填体相比较宽度来说,高度更是主要影响因素)。一般认为,煤矿充填体沿工作面倾向方向受力及变形成"拱形",如图 3-6 所示。

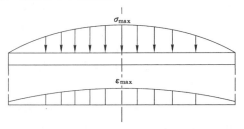

图 3-6　矸石膏体受力及变形

矸石膏体的力学作用机理是指矸石膏体在地下采场中的力学作用机制,包括矸石膏体自身的力学作用机制、变形性质、破坏机理、充填体对围岩(顶板)的作用及相互关系等许多方面。一般认为,矸石膏体在采场内属于被动性支护结构,它不能对围岩施加主动应力,而是借助上覆岩层的变形以反作用力的形式作用于顶板,矸石膏体在体积被压缩较小的情况下可承受较大的压力,即抵抗采场围岩变形的能力较大。矸石膏体对围岩的作用主要是支撑、让压和阻止围岩变形的过程。根据煤矿一般工作面的特点,即工作面比较长,充填体高度较小,充填体主要受压,建立如下的充填体力学模型,见图 3-7 至图 3-9。

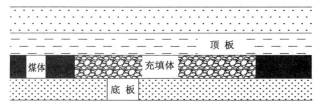

图 3-7　膏体充填物理模型

由于考虑到矸石膏体的强度特性,应用凯尔文模型描述充填体的力学特性。凯尔文模型是滞后弹性体的特殊情况,这种物体的应变是应力和时间的函数,在恒定应力下应变趋近

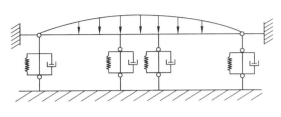

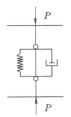

图 3-8　膏体充填力学模型　　　　　　　图 3-9　膏体充填简化力学模型

于某一临界值,非常适合矸石膏体的应力应变特性。因此,不能采用马克斯威尔流变模型,而应用凯尔文模型的应变模型,其流变方程表示为:

$$\sigma = \varepsilon \cdot E + \eta \cdot \frac{\mathrm{d}\varepsilon}{\mathrm{d}t} \tag{3-15}$$

通过积分蠕变函数式(3-15)得:

$$\varepsilon(t) = \frac{\sigma}{E}(1 - \mathrm{e}^{-\frac{E}{\eta} \cdot t}) \tag{3-16}$$

### 3.3.2　膏体与围岩作用机理

充填采场属于人工支护的范畴,类似于采用锚杆、喷射混凝土等人工措施支护采场巷道,其目的在于保护采场围岩的自身强度和支护结构的承载能力,防止采场或巷道围岩的整体失稳或局部垮落。膏体对围岩的作用包括充填体对采场顶底板及侧帮围岩的作用。由于不同的矿体赋存的条件以及采场围岩性质、充填材料种类和采矿方法等方面的差异,其作用机理存在一定的差别,现阶段对充填体的作用、功能及机理认识可概括为以下三个方面:

(1) 充填体力学作用机理

充填体充入采场,改变了采场帮壁应力状态,使其单轴或双轴应力状态变为双轴或三轴应力状态,其围岩的强度得到很大提高,从而增强了围岩的自支撑能力。因此就此观点来说,充填体不仅起到支撑作用,更重要的是提高了围岩的强度和承载能力。

(2) 充填体结构作用机理

通常岩体中的断层、节理裂隙将岩体切割成一系列结构体。这些结构体的组成方式决定了结构体的稳定状况。当地下开挖,破坏了岩体原始的结构体系,使其本来能够维持平衡和承受载荷的"几何不变体系"变成了"几何可变体"。因此,导致围岩的连锁破坏,也就是围岩的渐进破坏。当充填体充入到采场中,尽管充填体的强度低和承载时变形大,但是它可以起到维护原岩体结构的作用,使围岩能够维持稳定和承受载荷。这就是说,充填体在一定的条件下具有维持围岩结构的作用,可以避免围岩结构系统的突变失稳。

(3) 充填体让压作用机理

由于充填体变形远比原岩体大,充填体能够在维护围岩系统结构体系的情况下,缓慢让压,使其围岩地压能够得到一定的释放(从能量的角度来看,是限制能量释放的速度);同时充填体施压于围岩,对围岩起到一种柔性支护的作用。

综上所述,一般条件下采场充填体的支护效果取决于两个方面:一是围岩与充填体所构成的组合结构的形式;二是充填体与围岩的力学与变形特性之比。对于不同的矿体组合形态、围岩体结构类型以及采矿顺序,这两方面的作用是不同的。因此,充填体作用机理的研究应结合具体矿山的实际情况,并借鉴前人的工程经验进行。可以认为当胶结充填体在体积被压缩较小的情况下,可承受较大的压力,即抵抗采场围岩变形的能力较大。当采场开挖后,由于应力重新分市,在围岩表层一定的范围内产生了弱化区,这个区内岩体受力已超过其峰值强度,充填体的充入则可以使这部分岩体的开挖表面处的残余强度得到提高,从而改善围岩特性。膏体对围岩的作用主要是支撑、让压和阻止围岩的变形(或破坏),对围岩表层残余强度的改善则是次要的。对大面积充填体而言,它还可以达到控制大面积顶板及地压活动的作用。膏体对围岩的作用过程是一个支撑与让压过程(图 3-10),在煤矿定义为"柔性支撑,均匀让压"作用机理。

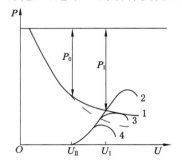

图 3-10  膏体与围岩相互作用关系
1——采场顶板围岩卸压变形曲线;
2——充填体抗压强度 $\sigma > P_1$ 时充填体的受力变形曲线;
3——充填体抗压强度 $\sigma = P_1$ 时充填体的受力变形曲线;
4——充填体抗压强度 $\sigma < P_1$ 时充填体的受力变形曲线

当采场开挖结束后,围岩即产生瞬时弹性变形($\varepsilon_e$)和塑性变形($\varepsilon_p$),由于充填工序在时间上的滞后性,围岩还会产生流变现象($\varepsilon_R$)。因此,围岩的总应变量($\varepsilon_t$)由以下几部分组成:

$$\varepsilon_t = \varepsilon_e + \varepsilon_p + \varepsilon_R \tag{3-17}$$

式(3-17)中 $\varepsilon_R$ 是一个随时间 $t$ 而增大的量,其变形特点与围岩的岩性有关。考虑到采场充填一般是在其开采后一段时间才进行,可以视围岩弹塑性变形已经完成。假设 $t = t_0$ 为采场开挖到充填接顶时间,充填接顶之前的总应变为 $\varepsilon_0$,相应地充填前的围岩总位移为 $U_0$,充填后的充填体与围岩协调产生的位移为 $U_1$(图 3-10),充填体在变形过程中被动地支撑围岩,若不考虑岩层与充填体交界面上的相对剪切滑动力,则在交界面垂直界面形成一对作用与反作用力,分别作用于充填体和围岩上。当 $U = U_0$ 时,在采空区周围一定范围的岩体内形成一个应力降低区,即卸荷区,其应力降低值为 $P_0$。充填体对围岩发生作用后,由于充填体的支撑作用,围岩的位移曲线发展趋势得到了改变,虽然围岩进一步变形和卸压,但速度变慢,到充填体能提供足够的支撑反力时,围岩的卸压值为 $P_1$,这时围岩作用于充填体上的力已是很小的一部分,且这种作用力与充填休的被动支撑力 $P_1$ 大小相等作用相反。根据充填体的支撑特性可知,对于不同的充填体,其作用效果不同。当充填体的单轴抗压强度 $\sigma > P_1$时,充填体的受力变形关系曲线为图 3-10 中的曲线 2。这种情况下,充填体能提供足够的被动支撑力 $P_1$ 来支撑围岩并能形成共同作用点。若这种情况下开挖相邻的矿柱,充填体被揭露后其受力从三维状态转化为二维或单轴状态,充填体仍有足够强度而处于稳定状态。

当充填体的单轴抗压强度 $\sigma = P_1$ 时,是上述两种情况的临界点,充填体的强度等于围岩施加的作用力。如果此时相邻充填体被揭露,则充填体处于极限平衡状态。这种平衡为不稳定平衡,微小的扰动都将使其失去平衡。因此,在采矿工程中,也不能让充填体处于这种受力状态。在生产实践中,由于矿山充填工艺或充填管理等方面的原因,造成采场充填不接顶的现象较为普遍,对于充填体不接顶的危害性以及此时充填体所发生的作用,一直是采矿工程师们所关注的问题。当充填体与采场顶板岩层之间的空顶高度较小,上覆岩层由于 $\varepsilon_H$ 性质产生一定的 $U_0$ 值位移之后,能与充填体接触并形成相互作用的关系,则充填体能提供支撑力阻止岩层的持续位移。在产生相互位移达到平衡状态 $U_1$ 之后,岩层也不会迅速卸压,那么可以认为这种不接顶空区不会造成地压危害。当充填体不接顶空区高度较大时,上覆岩层在变形调节过程中长时间得不到充填体的有效支撑而产生卸压,或者即使上覆岩层在经过一段时间之后能与充填体有效接触,得到充填体的支撑,但在达到共同作用的平衡位置 $U = U_1$ 之前,岩层已产生了卸压,这两种情况下的岩层实际上已产生了破坏,可以说不接顶空区的存在将会造成较大的危害。在上覆岩层经过 $U_0$ 位移值之后与充填体接触并得到有效支撑,继续变形到 $U_1$ 时正好处在产生卸压的临界状态,这样的不接顶高度视为最不安全接顶高度。当然,岩层开挖后均有一个安全暴露面积,岩层会产生一定的变形,在上覆岩层允许变形情况下充填体是否接顶对采场的安全并不十分关键。

## 3.4 膏体强度设计

在层状煤层(壁式)开采体系中,笔者认为充填体应当以充实率作为控制目标,不应当以充填体强度作为设计目标,但充填体强度又与充实率(压缩率)有直接的关系,可用"等价采高"来体现。在等价采高因素中,主要的因素包括顶板超前下沉量、底鼓量、未接顶量和充填体压缩量。在实际充填开采中,顶板超前下沉量、底鼓量无法控制,能提高的只有未接顶量和充填体压缩量,去除工艺因素外,最大可能是提高充填体的抗变形量,即需要合理确定充填体强度。无论采用哪一种充填采矿方法,对充填体都有一定的变形要求。一般根据矿岩的物理力学性质、岩体应力、回采顺序、采矿方法、采场几何形状和大小以及充填体在回采过程中所起的作用,确定充填体应具有的强度。

### 3.4.1 膏体强度设计原则

一般情况下,充填体中固体颗粒间的凝聚力远小于颗粒自身的强度,所以在外载荷作用下充填体发生的破坏主要是颗粒间的剪切和位移,而不是颗粒本身被压碎。对充填体而言,构成抗剪强度的因素主要有两个:颗粒间的摩擦力(包括由于接触面不平整而产生的咬合力)、颗粒间的凝聚力(由分子水膜或黏土质成分等形成)。前者是与外载荷相关的抗剪强度,而后者则与外载荷无关。对于饱和水状态下的充填体,抗剪强度一般用直接剪力仪进行测定,如图 3-11 所示。

将试样装入横截面积为 $A$ 的试样盒内,在试样上部加以垂直载荷 $N$,压强 $\sigma = N/A$,同时对试样加一组水平方向的剪切力 $T$,分别作用在上下两个盒上,并逐渐增大 $T$ 值,一直到试样发生剪切破坏。此时试样承受的剪切力为 $\tau = T/A$,此力即为试样的抗剪强度。对于矸石膏体充填料进行上述实验,在不同压强下获得的抗剪强度亦不同,图 3-12 是矸石膏体充填料的 $\sigma\tau$ 相关曲线,它是一条不通过原点的斜线,在纵坐标轴上的截距为 $C$,即为初始抗剪强度,数学方程为:

$$\tau = \sigma\tan\varphi + C \tag{3-18}$$

式中　　$\tau$——充填料抗剪强度;

　　　　$\sigma$——压强;

　　　　$\varphi$——内摩擦角;

　　　　$C$——凝聚力。

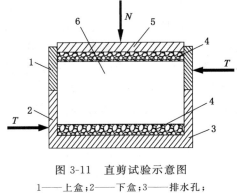

图 3-11　直剪试验示意图

1——上盒；2——下盒；3——排水孔；
4——透水石；5——加压盖；6——试样

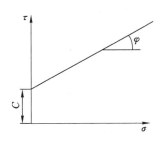

图 3-12　$\sigma\tau_f$ 相关曲线

### 3.4.2　膏体塑性平衡

研究充填体的强度，必须了解其在受力状态下的塑性平衡条件。充填体在外载荷作用下，其体内任一平面（此面外法线 $n$ 与最大主应力 $\sigma_1$ 呈 $\alpha$ 角）上，不仅有正应力 $\sigma$ 作用，还有剪应力 $\tau$ 作用。松散体的破坏仅是由剪切力造成的，即当松散体内任一平面上作用的剪切力 $\tau$ 超过松散体自身抗剪强度 $\tau_f$ 时，松散体将沿此面产生滑移——剪切破坏，通常称为塑性变形。当 $\tau < \tau_f$ 时，松散体不产生塑性变形，可视为处于弹性状态。当 $\tau = \tau_f$ 时，松散体处于塑性极限平衡状态。

库伦准则可以用莫尔极限应力圆直观的图解表示。如图 3-13 所示，方程（3-18）确定的准则由直线 $L$（通常称为强度曲线）表示，其斜率 $f = \tan\varphi$，且在 $\tau$ 轴上的截距为 $C$。如果应力圆上的点落在强度曲线 $L$ 之下，则说明该点表示的应力还没有达到材料的强度值，故材料不发生破坏；如果应力圆上的点超出了上诉区域，则说明该点表示的应力已超过了材料的强度极限并发生破坏；如果应力圆上的点刚好与强度曲线 $L$ 相切，则说明材料处于极限平衡状态，此时岩石所产生的剪切破坏将可能在该点所对应的平面（指其法线方向）间的夹角为 $\theta$（称为岩石破断角）处，则由图 3-13(a) 可得：

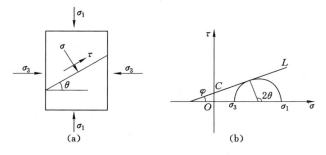

图 3-13　$\sigma\tau$ 坐标下库仑准则

$$2\theta = \frac{\pi}{2} + \varphi \tag{3-19}$$

把 $\sigma$ 和 $\tau$ 以主应力表示，对应图 3-13(a) 有：

$$\begin{cases} \sigma = \dfrac{1}{2}(\sigma_1 + \sigma_3) + \dfrac{1}{2}(\sigma_1 - \sigma_3)\cos 2\theta \\[2mm] \tau = \dfrac{1}{2}(\sigma_1 - \sigma_3)\sin 2\theta \end{cases} \tag{3-20}$$

对于 $\sigma_1$ 和 $\sigma_3$ 的相关性可作如下推导：

$$\sin \varphi = [(\sigma_1 - \sigma_3)/2]/[(\sigma_1 + \sigma_3)/2 + C\cot \varphi]$$

因而：

$$\sigma_1 = [(1 + \sin \varphi)/(1 - \sin \varphi)]\sigma_3 + 2C\sqrt{\dfrac{1 + \sin \varphi}{1 - \sin \varphi}}$$

$$\sigma_3 = [(1 - \sin \varphi)/(1 + \sin \varphi)]\sigma_1 + 2C\sqrt{\dfrac{1 - \sin \varphi}{1 + \sin \varphi}}$$

不难证明：

$$\sigma_1 = \sigma_3 \tan^2(45° + \varphi/2) + 2C\tan(45° + \varphi/2) \tag{3-21}$$

$$\sigma_3 = \sigma_1 \tan^2(45° - \varphi/2) - 2C\tan(45° - \varphi/2) \tag{3-22}$$

可见在膏体中,任一破裂面的外法线 $n$ 同样与最大主应力呈 $45° + \varphi/2$,与最小主应力呈 $45° - \varphi/2$ 角。

膏体的破坏机理是:在破裂面上产生的剪切力首先要超过充填体的凝聚力,继而克服破裂面上的摩擦阻力。一般情况下,内摩擦角变化范围不超过 $15°$。所以,提高膏体强度的主要途径是加大凝聚力。膏体中任意一点处于极限平衡的条件是:

$$\tau_f = C + \sigma\tan \varphi$$

考虑到由于 $\sigma$ 的作用在滑动面上产生的阻力方向总与凝聚力 $C$ 的阻力方向是一致的,故可将凝聚力化成正应力形式,即:

$$\tau_f = (\sigma_s + \sigma)\tan \varphi$$

式中　$\sigma_s$——各方向均等的极限抗拉强度,对一种物料 $\sigma_s$ 值为一常数,$C = \sigma_s \tan \varphi$,其相当于松散体的内力(预应力)。

### 3.4.3　提高膏体强度的途径

胶结充填料是由骨料、胶凝剂和水混合而成的,所以矸石膏体的整体强度主要取决于由胶凝剂产生的胶结力大小。决定胶结力的主要因素是:

(1) 灰砂比。选取正确的灰砂比,是保证充填体强度的前提。胶结充填料中,对胶凝剂的最低需求量是所有骨料颗粒能被水泥浆包裹住,这一数值又取决于固体颗粒的大小,它随固粒比表面积的加大而增加。当胶凝剂超过最低需求量后,矸石膏体的整体强度将随胶凝剂的增加而提高,但应以对充填体强度要求为限,否则将会使充填成本显著增加。

(2) 水灰比。在灰砂比一定的条件下,含水过多是不利的。主要表现是:① 微细颗粒的水泥长时间处于悬浮状态,容易被溢流水携带走而产生流失;② 由于水泥、砂的密度及颗粒大小都不同,容易在沉降过程中产生离析而形成分层;③ 在固结过程中,充填体内部容易形成大小不同的空隙。这些都将使充填体的整体强度降低,为控制含水量,一般是在满足管路输送的前提下力求提高浆体浓度。目前,多数充填矿山采用的浆体质量浓度为 $60\% \sim 80\%$。

### 3.4.4　确定矸石膏体所需强度的方法

一般来说,矸石膏体的所需强度(指单轴抗压强度)因矿山而异,主要取决于具体的开采条件和充填条件。矸石膏体的强度设计应当基于充填体在采空区所起的力学作用来考虑。矸石膏体在采空区所起的力学作用，大致上可分为两种：第一，支护不稳定的采场围岩特别是破碎的采场顶板；第二，在厚大矿体的房柱式开采系统中，矸石膏体主要起自立性人工矿柱的作用，其对采场围岩的支护作用居次要地位。然而，在许多情况下，常常要求矸石膏体同时起上述两种力学作用。

确定矸石膏体所需强度的方法很多。针对某个具体的矿山来说，如何确定一个恰当的强度值，既涉及矿山开采条件、矿山岩体力学、充填技术水平以及充填材料的强度特性等诸多技术方面的问题，也涉及矿山开采的成本及效益等经济方面的问题。

（1）矸石膏体作为自立性人工充填体

不考虑矸石膏体支撑采场围岩的力学作用时，可按"充填体是一自立性人工矿柱"这一概念来确定充填体的所需强度。在这种情况下，可将矸石膏体的高度与强度视为一对主要矛盾。

（2）经验公式法

将表 3-1 中的充填体设计强度与充填体的高度绘制成图 3-14，然后用归纳法进行试分析，可得到矿山实际使用的矸石膏体的强度与充填体高度的关系曲线为一半立方抛物线：

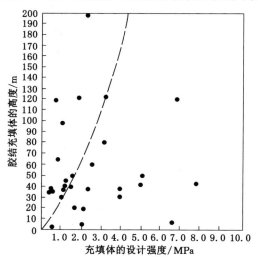

图 3-14　矸石膏体高度与强度关系的经验曲线

$$H^2 = a\sigma_c^3 \tag{3-23}$$

式中　$H$——矸石膏体人工矿柱的高度，m；

　　　$\sigma_c$——矸石膏体的设计强度，MPa；

　　　$a$——经验系数，建议充填体高度小于 50 m 时，$a=600$，充填体高度大于 100 m 时，$a=1\ 000$。

（3）Terzaghi 模型法

Terzaghi 在 1943 年描述了一种方法，用来决定沉陷带沙土体中的应力分布。由于胶结充填材料的强度特性接近于固结土特性，故这种方法也可用于分析充填体中的应力分布，并用于研究设计矸石膏体的所需强度等方面问题。

该方法假定：

① 矿柱在深度上是无限的；

② 在任一给定的矿柱深度上，各应力分量是常量；

③ 矿柱与围岩间的摩擦力得到了充分利用。

虽然上述假定带有某种局限性，但可以大大简化分析过程。设有一充填体人工矿柱，其断面为矩形，长 $L$ 宽 $B$，如图 3-15 所示，取坐标原点在充填体顶部。

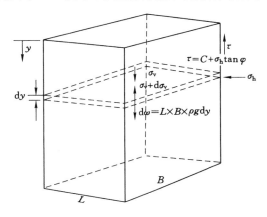

图 3-15 Terzaghi 模型受力分析简图

根据假定，在距充填体顶部为 $y$ 处，垂直应力分量 $\sigma_v$ 与水平应力分量 $\sigma_h$ 均为常量，且存在如下关系：

$$\sigma_h = k\sigma_v \tag{3-24}$$

式中 $k$——该深处的侧压力系数。

在充填体与围岩接触带上，剪应力 $\tau$ 为：

$$\tau = C + \sigma_h \tan \varphi$$
$$= C + k\sigma_v \tan \varphi \tag{3-25}$$

式中 $C, \varphi$——充填材料的凝聚力和内摩擦角。

现在，考虑充填体中某一薄层上各应力的平衡，在垂直方向上可得一微分方程：

$$\frac{\mathrm{d}\sigma_v}{\mathrm{d}y} + A\sigma_v = D \tag{3-26}$$

式中

$$A = \frac{2(L+B)}{LB} k \tan \varphi \tag{3-27}$$

$$D = \rho_\text{堆} - \frac{2C(L+B)}{LB} \tag{3-28}$$

式中 $\rho_\text{堆}$——充填体的堆密度。

当 $A$ 和 $D$ 独立于 $y$ 时，注意到在 $y = 0$ 时有 $\sigma_v = 0$，则式(3-26)的解为：

$$\sigma V(y) = \frac{D}{A} \left[ 1 - \mathrm{e}^{(-A \cdot y)} \right] \tag{3-29}$$

若 $A$ 和 $D$ 与 $y$ 有关或 $A, D$ 有一个与 $y$ 有关，则式(3-27)、式(3-28)只能用数值方法求

解。对式(3-29)可作如下讨论:

当 $B \to \infty$ 时,模型可简化为一个二维模型。此时有:

$$\begin{cases} A_2 = \dfrac{2}{L} k \tan \varphi \\ D_2 = \rho_堆 - \dfrac{2C}{L} \end{cases} \tag{3-30}$$

当 $B = L$ 时,则模型的横断面为一正方形,也即真实的三维模型。此时有:

$$\begin{cases} A_3 = \dfrac{4}{L} k \tan \varphi \\ D_2 = \rho_堆 - \dfrac{4C}{L} \end{cases} \tag{3-31}$$

例如,当 $L = 40$ m,$k = \nu/(1-\nu)$,其中 $\nu$ 为充填材料的泊松比,$\nu = 0.2$,$C = 0.2$ MPa,$\varphi = 41°$,$\rho_堆 = 2.3$ t/m³,计算充填高度与充填体中垂直应力间的关系如图 3-16 所示。由图可见,Terzaghi 三维模型计算的充填体中的垂直应力偏小。因此,Terzaghi 二维模型可用于确定矸石膏体的所需强度。

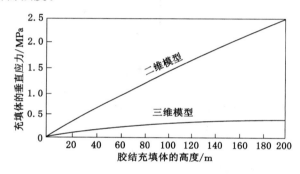

图 3-16　Terzaghi 模型

(4) Thomas 模型法

Thomas 等在论及设计胶结充填采场底部的挡料墙时,提出应考虑一种成拱作用,这种作用主要是由于水砂充填材料与围岩壁间的摩擦力所致。因此,作用在充填体底部的垂直应力可表示为:

$$\sigma_v = \frac{\rho_堆 h}{1 + (h/w)} \tag{3-32}$$

式中　$\sigma_v$——作用在充填体底部的垂直应力;

　　　$\rho_堆$——充填体的堆密度;

　　　$h$——充填体的高度;

　　　$w$——充填体的宽度。

式(3-32)的适应范围是充填体长度不小于充填体高度的一半。

分析式(3-32)可见,该模型只考虑了充填体的几何尺寸和充填体的堆密度,而没有考虑充填材料的强度特性。因此,卢平曾提出下述修正模型:

$$\sigma_v = \frac{\rho_堆 h}{(1-k)\left(\tan \alpha + \dfrac{2h}{w} \times \dfrac{C_1}{C} \sin \alpha\right)} \tag{3-33}$$

式中　　$k$——侧压力系数，$k = 1 - \sin \varphi_1$，$\alpha = 45° + \varphi/2$；

　　　　$C_1$，$\varphi_1$——充填体与围岩间的凝聚力和内摩擦角；

　　　　$C$，$\varphi$——充填体的凝聚力和内摩擦角。

其余符号的意义同式（3-32）。

取 $w = 400$ m，$\rho_{堆} = 2.3$ t/m³，$C = C_1 = 0.2$ MPa，$\varphi = \varphi_1 = 41°$，由式（3-32）及式（3-33）计算的充填体高度与作用在充填体底部垂直应力的关系如图 3-17 所示。

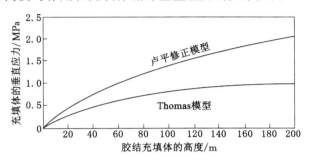

图 3-17　Thomas 模型法计算

（5）力学分析法

1983 年 Smith 等建立模型模拟充填体间矿柱的回收过程时，由上而下逐步拆除充填体的挡板，即解除对充填体的约束，结果发现充填体的典型破坏是剪切滑移破坏。基于此，在进行金属煤矿充填体自立问题研究时，建立了图 3-18 所示充填体模型进行受力分析。

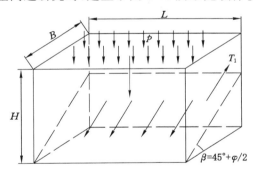

图 3-18　充填体自立模型

在模型中，充填体主要受到四个方面的作用力：① 上覆岩层的压力 $p$；② 充填体的重力 $G$；③ 剪切破坏面上的抗剪阻力 $T$；④ 侧面围岩或充填体施加的壁面抗剪阻力 $T_1$。

充填体保持自立的极限条件为：

$$G_1 + pL \frac{L}{\tan \beta} = T + T_1$$

按照图 3-18 模型进行力学计算，导出上式各项并代入：

$$G_1 = G\sin \beta = \frac{LH^2}{2\tan \beta} \gamma \sin \beta = \frac{LH^2 \gamma}{2} \cos \beta$$

$$T = \tau A = (C + \sigma_v \cos \beta \tan \varphi) \frac{LH}{\sin \beta}$$

$$T_1 = H^2 \tan \beta (C_1 + \sigma_v k \tan \varphi_1)$$

$$\sigma_v = \frac{\dfrac{LH\gamma}{2}\cos \alpha + \dfrac{pL}{\tan \beta} - HC_1 \tan \beta - \dfrac{LC}{\sin \alpha}}{L + Hk \tan \beta \tan \varphi_1} \tag{3-34}$$

需要指出的是,式中上覆岩层的压力 $p$ 不能简单地理解为原岩应力。实际上,充填体的强度是随时间而发展的,它能否抵抗压力 $p$,取决于胶结体强度发展的快慢和临时支护强度,这需要根据现场情况具体分析。在煤矿充填时,由于充填料浆的脱水和采高、煤层倾角的变化,将不可避免地出现不接顶的状况,这时最新充填步距内的充填体处于给定变形状态,该压力可由四周的围岩和已具有一定中后期强度的充填体来承担。因此,早期自立强度设计时可不考虑压力 $p$,式(3-34)可简化为式(3-35),即为简化的煤矿充填体自立强度设计公式。

$$\sigma_v = \frac{\dfrac{LH\gamma}{2}\cos \alpha - HC_1 \tan \beta - \dfrac{LC}{\sin \alpha}}{L + Hk \tan \beta \tan \varphi_1} \tag{3-35}$$

(6) 其他方法

除了上述经验公式法及模型法外,还可进行各种物理模拟研究、数学力学模型分析及数值方法计算,以及从理论上论证矸石膏体所需强度的适当范围。若矸石膏体的所需强度只要稍大于或等于充填体中的最大垂直应力即可满足生产要求,则 Terzaghi 模型和 Thomas 模型可直接用于确定充填体的所需强度。

### 3.4.5 矿山实际使用的膏体设计强度

国内外使用胶结充填采矿法的矿山为数不少,并且随着环保要求的严峻以及深部矿床开采条件的恶化,其使用比重将不断上升。笔者调查统计了国内外矿业文献中报道的金属矿山实际使用的矸石膏体的强度设计情况,归纳整理列于表 3-1 所示。

**表 3-1**            **金属矿山实际使用的矸石膏体的设计强度**

| 国别 | 矿山 | 高/m | 长/m | 房(柱)宽/m | 矸石膏体强度的设计方法 | 充填材料 | 水泥含量/% | 充填体强度 养护时间/d | 充填体强度 强度/MPa |
|------|------|------|------|-----------|----------------------|---------|-----------|--------------------|--------------------|
| 中国 | 凡口铅锌矿 | 40 | 35 | 4~10 | 经验类比法 | 尾砂、棒磨砂 | 11.0 | 28 | 2.5 |
| | 金川镍矿 | 60 | 51 | 50 | 经验类比法 | 戈壁集料 | 9.5 | 28 | 2.5 |
| | 锡矿山矿 | 18~16 | 20~23 | 10 | 工程分析法 | 尾砂、碎石 | 10.0 | 28 | 4.0 |
| | 焦家金矿 | | | | 经验类比法 | 尾砂 | 9.0 | 28 | 1.0 |
| | 新城金矿 | 30,40 | 20~30 | 8 | 经验类比法 | 尾砂 | 8.0 | 28 | 1.5 |
| | 柏坊铜矿 | 30 | 15 | 4~8 | 经验类比法 | 碎石、河沙 | 10.0 | 28 | 4.0 |
| 加拿大 | 吉科矿 | 122 | 50~80 | | 限制充填体暴露面积 | 尾砂、碎石 | 3.3 | 28 | 1.75 |
| | 鹰桥矿 | 80 | | | 经验类比法 | 尾砂、碎石 | 3.2 | 28 | 0.6 |
| | 洛各比矿 | 45 | 72 | 11 | 有限元分析法 | 尾砂 | 8.5 | 28 | 1.2 |
| | 基德克里克矿 | 60~90 | 4~5 | 4~5 | 经验类比法 | 尾砂、碎石 | 5.0 | 28 | 4.1 |
| | 诺里达矿 | 65 | 11 | 25 | 经验类比法 | 尾砂 | 10.0 | 28 | 0.95 |
| | 福克斯矿 | 120 | 22 | 30.5 | 岩土力学分析法 | 尾砂、矸石 | 3.3 | 28 | 0.45 |

| 国别 | 矿山 | 高/m | 长/m | 房(柱)宽/m | 矸石膏体强度的设计方法 | 充填材料 | 水泥含量/% | 充填体强度 养护时间/d | 充填体强度 强度/MPa |
|---|---|---|---|---|---|---|---|---|---|
| 澳大利亚 | 艾撒矿 | 100 | 40 | 30 | 经验类比法 | 尾砂、碎石 | 10.5 | 28 | 2.8 |
| | 芒特·艾撒矿 | 40 | 10 | 30 | 经验类比法 | 尾砂 | 10.5 | 28 | 0.85 |
| | 芒特·艾撒矿 | 50~100 | | 8~10 | 岩土力学分析法 | 尾砂、废石 | 7.0 | 28 | 3.0 |
| | 布劳肯希尔矿 | 35 | | 20 | 数值分析法 | 尾砂 | 9.1 | 28 | 0.78 |
| 芬兰 | 奥托昆普矿 | 20 | 6 | 8 | 经验类比法 | | 7.5 | 90 | |
| | 洼马拉矿 | 50 | 40~70 | 5~30 | 经验类比法 | 尾砂 | 5.5 | 240 | 1.5 |
| | 客里地矿 | 20 | 60 | | 经验类比法 | 碎石 | 7.0 | 30 | 2.15 |
| | 威汉迪矿 | 100 | 60 | | 经验类比法 | 尾砂、火山灰 | | 365 | 1.05 |
| 独联体各国 | 捷克利矿 | 50 | 55 | 9~12 | 覆盖岩层承重理论 | 碎石、砂 | 9.0 | 28 | 5.0 |
| | 杰兹卡兹甘矿 | 10~12 | | 6~10 | 覆盖岩层承重理论 | 尾砂 | 12.0 | 28 | 15.0 |
| | 共青团矿 | 4 | 25 | 8 | 覆盖岩层承重理论 | 尾砂、砂 | 10.0 | 28 | 6.75 |
| | 灯塔矿 | 10~40 | 45 | 8~24 | 覆盖岩层承重理论 | 砾石、砂 | 10.0 | 28 | 8.0 |
| | 季申克矿 | 40 | 40 | 15 | 覆盖岩层承重理论 | 砂、炉渣 | 10.0 | 28 | 5.0 |
| 瑞典 | 卡彭贝里矿 | 4.5 | 6 | 4 | 经验类比法 | 尾砂 | 15.0 | 28 | 2.0 |
| 印度 | L.C.C 矿山 | 30 | 10 | 6 | 经验类比法 | 尾砂 | 7.0 | 28 | 11.0 |
| 日本 | 小坂矿 | 3.5 | 30 | 30 | 经验类比法 | 尾砂、矿渣 | 3.0 | 28 | 0.5 |
| 意大利 | 夸勒纳矿 | | | | 岩土力学分析法 | 碎石 | 11.0 | 28 | 10.2 |
| 南非 | 黑山矿物公司 | 70 | 28 | 45 | 经验类比法和数值模拟 | 尾砂 | 7.5 | 28 | 7.0 |
| | 黑山矿物公司 | 70 | 28 | 45 | 数值模拟分析法 | 尾砂 | 5.0 | 28 | 4.0 |

从表 3-1 可以得出以下几点结论:

(1) 各金属矿山实际使用的矸石膏体的设计强度相差甚大,与各个国家的采矿工业水平及传统的设计思想有关,如独联体各国的某些矿山均将矸石膏体设计成需承受覆盖岩层的重力,因而充填体的强度设计较高,在 5.0~15.0 MPa 的范围内。

(2) 矸石膏体的设计强度一般在 0.5~4.0 MPa,其中绝大多数在 1.0~2.5 MPa。总体上说,北美、澳洲、北欧等国家所设计的矸石膏体的强度较低;南非的深部矿井开采所设计的矸石膏体强度较高;我国金属矿山使用的矸石膏体强度也较高。

（3）由于各矿山所使用的矸石膏体强度的测定方法不同，表 3-1 中所列的强度值在很大程度上缺乏可比性。如加拿大诺里达矿水泥含量为 10％的胶结尾砂，养护 28 d 后的强度值是 0.95 MPa；而独联体国家的共青团矿水泥含量同样为 10％的胶结尾砂和砂，养护 28 d 后的强度值是 6.75 MPa。

由于金属矿山大部分采用分段空场事后充填、阶段空场事后充填、VCR 法事后充填、留矿采矿法事后充填和房柱式法事后充填等，一般倾向长度较小，进路长度较大且矿体高度非常高，在胶结充填矿柱上不但要考虑充填矿柱的受压强度，而且更要考虑充填矿柱的抗剪强度。因此，金属矿充填整体强度较高。而煤矿开采大部分实行长壁垮落法开采，所采工作面倾向较长，高度较低，在一定程度上充填体只是起到支撑和限制顶板运动的作用，充填体仅考虑自立能力，所需矸石膏体强度应当较低。由于胶结充填在我国煤矿中应用的比较少，以下以煤矿 A 和煤矿 B 胶结充填所需设计强度加以说明。

（1）煤矿 A 开采技术条件及强度设计

① 开采技术条件

煤矿 A 位于山东省新泰市境内，井田范围：南边界为各煤层露头，北边界为各煤层 -1050 m 等高线，西边界为原 $F_8$ 断层位置，东边界为 $F_6$ 和 $F_{10}$ 断层。井田东西长 9.1 km，南北宽 3.6 km，面积约 21.2 km²。井田周边有地方矿汶河煤矿和烟墩岭煤矿。该煤矿所属煤田为山间向斜河谷地形，南为云山，高程 +437.1 m，北为莲花山，高程 +994.0 m，东为鲁山，高程为 +495.6 m，西部地势低平，区内地势东高西低，高程为 +190～+120 m。柴汶河及其支流构成本区主要地表水系，河宽 300 m 左右，该河汇集了鲍庄、东周、汶南等十余条支流，沿煤系地层蜿蜒崎岖，自东向西行驶百公里后汇入大坟河。该河为一季节性河流，流量高时达到 801 m³/s，旱季（枯水期）几近干涸。因其覆于煤系地层露头之上，因而浅部开采多受其害，成为矿井充水主要补给水源。井田构造基本上属于简单的单斜构造，局部发育宽缓次级伴生褶曲。地层走向 300°到 330°，倾向 NE，地层倾角一般 15°～18°，局部 12°～33°。断层比较发育，共有断层 26 条，其中大中型断层 19 条。A 井田含煤地层为石炭二叠系含煤沉积，煤系地层平均总厚度 340 m；其中石盒子组不含煤，山西组和太原组为主要含煤地层，本溪组中偶含不可采、不稳定薄煤。煤系地层内共含煤 19 层，总厚 13.9 m，其中可采煤层有 7 层（2、3、4、6、11、13、15 层），平均总厚度 8.81 m。井田主要可采煤层中，4、11 层为稳定煤层，2、3、6、13、15 层属较稳定型。截至 2004 年末地质储量 106 776 kt，表内储量 76 120 kt，工业储量 74 813 kt，可采储量 48 258 kt。矿井生产能力按 140 万 t/a 计算，则剩余可采年限为 26.5 a。采煤方法为长壁后退式采煤法，工作面落煤方法采用综合机械化采煤方式，采煤机型号 MG160/375—W，采高 1.4～3.2 m。工作面采用液压支架支护，型号 ZY2800/14/32。每循环进尺 0.6 m。

首期充填范围为浅部 -210～-400 m 标高预留的保安矿柱，坐标 X：20 561.4～20 562.0；Y：3 972.0～3 972.6。该范围内地表建筑物较多，地表柴汶河及井下矿山三条主要井巷穿过该区。主要煤层为 13 和 15 层，可采储量 1 600 kt。13 层煤煤层结构复杂，坚硬难冒落。底板为粉、细砂岩，含 3～5 层夹石，夹矸岩性为碳质砂岩，硬度大，层理性差，呈现为不连续的透镜状，集中在煤层中上部，煤层下部 0.6～0.8 m 无夹石，煤质较好。煤层厚度 0.72～1.37 m，平均 0.96 m，井田中由浅至深呈变薄趋势，下距 15 煤层 13.5 m。15 层煤煤层较稳定，结构复杂，顶板为泥灰岩，底板为泥岩或粉砂岩，含 2～3 层夹石，其中煤层中部一层厚 0.32~0.5 m,局部含高岭石泥岩。上煤层煤质较好,下分层灰分 43%以上,接近每层底板还有一层不连续的黄铁矿结核层。煤层厚度 0.65~1.58 m,平均 1.04 m。

② 试验条件

常温下制浆,制浆水采用自来水;试验模具采用 70.7 mm×70.7 mm×70.7 mm 标准三联试模;每一指标制成 9 个试块,脱模后常温养护,到规定龄期后测定其单轴抗压强度。其配比主要参数情况如下:

模拟输送质量浓度:72%、75%;

灰料比(水泥:粉煤灰:煤矸石):1:2:16,1:2:20,1:2:25,1:3:25,1:4:25,1:4:15,1:10:30,0:1:3。

复合添加剂添加量(水泥与粉煤灰质量和的百分比):1.0%、1.5%、2.0%;

早强剂添加量(水泥与粉煤灰质量和的百分比):8.0%;

养护期:7 d、28 d、60 d。

③ 强度测试方法

本次试验技术评价指标为单轴抗压强度,受检试件的抗压强度采用轴心受压形式。计算公式为:

$$\sigma_c = \frac{P}{S} \tag{3-36}$$

式中　$P$——破坏载荷,N;

　　　$S$——承压面积,$m^2$。

④ 试块制作器材

试模:70.7 mm×70.7 mm×70.7 mm 标准三联试模 10 套;

天平:1 kg 双皿天平一台;

磅秤:10 kg 单盘磅秤一台;

小型搅拌器:小型电动搅拌器两台;

量筒:1 000 mL、2 000 mL 各两个;

温湿度表:直接读数温湿度表一只;

恒温箱:一台。

⑤ 强度测试仪器

采用 Instron 250 kN 刚性液压伺服材料试验机测定各龄期试块的单轴抗压强度。

试验结果及分析根据配比试验安排,在室内常温下,进行试块制作,到相应养护龄期后,测定其单轴抗压强度,绘制应力-应变曲线,强度试验结果汇总于表 3-2。

表 3-2　　　　　　　　　　　　试验结果汇总

| 序号 | 时间 | 水泥:粉煤灰:煤矸石 | 质量浓度/% | 减水剂/% | 早强剂/% | 骨料 | 强度/MPa | | | 浆体密度/(t/m³) | 泌水率/% |
|---|---|---|---|---|---|---|---|---|---|---|---|
| | | | | | | | 7 d | 28 d | 60 d | | |
| 1 | 7月16号 | 1:2:16 | 72 | | | 新矸1 | 0.38 | 0.50 | 0.72 | 1.80 | 2 |
| 2 | 7月16号 | 1:2:16 | 75 | | | 新矸1 | 0.57 | 0.74 | 1.10 | 1.88 | |
| 3 | 7月16号 | 1:2:16 | 75 | 1.5 | | 新矸1 | 0.56 | 0.71 | 1.22 | 1.86 | |
| 4 | 7月16号 | 1:2:16 | 72 | | 8.0 | 新矸1 | 0.55 | 0.60 | 0.94 | | |

续表 3-2

| 序号 | 时间 | 水泥：粉煤灰：煤矸石 | 质量浓度/% | 减水剂/% | 早强剂/% | 骨料 | 强度/MPa | | | 浆体密度/(t/m³) | 泌水率/% |
|---|---|---|---|---|---|---|---|---|---|---|---|
| | | | | | | | 7 d | 28 d | 60 d | | |
| 5 | 7月16号 | 1：2：16 | 75 | 1.5 | 8.0 | 新矸1 | 0.63 | 0.80 | 1.35 | | |
| 6 | 7月16号 | 1：2：16 | 75 | 1.0 | | 新矸1 | 0.51 | 0.67 | 1.05 | 1.91 | 3.7 |
| 7 | 7月16号 | 1：2：16 | 75 | 2.0 | | 新矸1 | 0.56 | 0.69 | 1.12 | 1.77 | 2.6 |
| 8 | 7月16号 | 1：2：20 | 75 | 1.5 | | 新矸1 | 0.42 | 0.50 | 0.75 | 1.91 | 2.9 |
| 9 | 7月18号 | 1：2：25 | 75 | 1.5 | | 新矸1 | 0.25 | 0.29 | 0.45 | | 6.3 |
| 10 | 7月18号 | 1：2：20 | 72 | | | 新矸1 | 0.21 | 0.25 | 0.40 | | 2.3 |
| 11 | 7月18号 | 1：3：25 | 75 | 1.5 | | 新矸1 | 0.23 | 0.24 | 0.49 | | 2.2 |
| 12 | 7月18号 | 1：4：25 | 75 | 1.5 | | 新矸1 | 0.19 | 0.23 | 0.38 | | 2.5 |
| 13 | 7月18号 | 1：2：20 | 72 | | | 新矸2 | 0.44 | 0.67 | 1.00 | | 2.7 |
| 14 | 7月18号 | 1：2：20 | 72 | 1.5 | | 新矸2 | 0.63 | 0.70 | 1.15 | | 2.4 |
| 15 | 7月18号 | 1：2：20 | 72 | | | 陶矸 | 0.65 | 0.70 | 1.15 | | 2.3 |
| 16 | 7月18号 | 1：2：20 | 72 | 1.5 | | 陶矸 | 0.87 | 0.93 | 1.38 | | 4.3 |
| 17 | 7月20号 | 1：3：25 | 72 | | | 新矸1 | 0.13 | 0.20 | 0.24 | | |
| 18 | 7月20号 | 1：4：15 | 72 | | | 新矸1 | 0.28 | 0.43 | 0.88 | | 2.4 |
| 19 | 7月20号 | 1：4：15 | 75 | 1.5 | | 新矸1 | 0.56 | 0.76 | 1.35 | | 3.0 |
| 20 | 7月20号 | 1：4：15 | 75 | 1.5 | | 陶矸 | 1.15 | 1.41 | 2.42 | | |
| 21 | 7月20号 | 1：4：15 | 72 | | | 新矸2 | 0.70 | 1.00 | 1.38 | | 2.4 |
| 22 | 7月20号 | 1：4：15 | 75 | 1.5 | | 新矸2 | 1.11 | 1.30 | 2.02 | | |
| 23 | 7月20号 | 1：10：30 | 72 | | | 新矸1 | 0.12 | 0.14 | 0.25 | | 2.6 |
| 24 | 7月20号 | 0：1：3 | 72 | 1.5 | | 新矸1 | | 0.11 | 0.24 | | 15 |
| 25 | 7月20号 | 0：1：3 | 72 | 1.5 | | 陶矸 | | 0.15 | 0.30 | | 6.25 |

分析表 3-2 中各组强度特性，综合考虑经济和技术两个方面，可以得出如下结论：

陶化煤矸石充填体早期强度明显高于新鲜煤矸石（对比分析 8、14 和 16 号试块以及 10、13 和 15 号试块），优于粗粒新鲜煤矸石（新矸 1）。同条件下，陶化煤矸石 7 d 充填体强度比新矸 2（细粒新鲜煤矸石）提高 30%，比新矸 1 提高了 50%～70%。这说明煤矸石陶化后具有了一定的胶凝特性，而同为新鲜煤矸石，新矸 2 由于粒径较细，充填体更容易密实；添加粉煤灰可有效抑制骨料沉淀，明显改善浆体流动性能，减少泌水率（仅为 3% 左右，而不加粉煤灰的矸石膏体泌水率在 10% 以上），有利于井下采场脱滤水；早强剂虽可在一定程度上提高充填体的强度，但添加后使工艺复杂，不予推荐；添加复合减水剂可明显改善浆体的和易行，有利于提高充填体质量浓度和强度，降低管道磨损，添加量为水泥和粉煤灰质量和的 1.5% 为宜；不加水泥试块在早期难以自立（24、25 号）；分析矸石膏体应力-应变曲线，可以发现充填体具有较高的残余强度。即充填体达到强度极限后，仍能维持一定的承载性能。

综合经济技术两方面要求，推荐充填材料配比及技术参数如下：

骨料：陶化煤矸石或细粒新鲜煤矸石，粒径小于 5 mm；

水泥：粉煤灰：煤矸石为 1：4：15；

质量浓度：72%～75%；

复合减水剂添加量：1.0%～1.5%（水泥和粉煤灰质量和的百分比）；

7 d 充填体强度：≥0.7 MPa。

（2）煤矿 B 开采技术条件及强度设计

煤矿 B 膏体充填开采试验地点选在煤矿 B 八采区 8309 区段，八采区开采煤层为山西组 3# 煤层，煤层厚度 8.20～9.60 m，平均厚度为 8.83 m。8309 区段范围内 3# 煤层为近水平煤层。沿工作面煤壁方向，根据 8309 充填工作面上、下巷的底板标高，煤层北高南低，倾角变化范围为 2°～7°。沿 8309 充填工作面推进方向，从开切眼起 100 m 左右范围内工作面呈仰斜推进，倾角 5°～7°；从开切眼 100～170 m 范围内工作面呈俯斜推进，倾角 5°～13°；从开切眼 170～220 m 范围内工作面呈俯斜推进，倾角 4°～8°；而后工作面基本呈俯斜推进，最大俯斜角 11°左右，平均俯斜角 4°。在实际生产中，充填体构筑 8 h 后，由于工作面继续推进，充填区域的临时支护撤出，直接顶在上覆岩层的作用下将产生一定变形，因此，充填体除必须有足够的强度保持自稳外，还需对直接顶提供适当的支撑作用，防止直接顶板破坏。出于安全考虑，充填体对直接顶的支护载荷应该为直接顶一个分层的岩层重力，直接顶的分层厚度一般小于 1.5～2 m，对龄期 8 h 的膏体充填体强度要求为：

$$\sigma_{c,8h} = \gamma_f h_f + 0.05 \tag{3-37}$$

当充填体重度为 0.02 MN/m³，充填体高度为 2.5 m，可得充填体自稳所需的强度为 0.05 MPa，对龄期 6～8 h 的充填体强度要求不低于 0.1 MPa。除能够自稳外，还能支撑 2 m 左右直接顶板岩石（煤）的重力，28 d 龄期的充填体强度应不低于 1.0 MPa。

# 4 膏体充填覆岩运动基本规律

由于煤矿膏体充填技术能够做到固体废弃物利用与地表沉陷控制完美结合,因此研究膏体充填地表沉陷控制机理无疑是十分必要的。虽然煤矿膏体充填地表沉陷控制机理研究刚刚处于起步阶段,但由于膏体充填技术"减沉"、"减排"效果显著,引起了国内外众多学者和采矿工作者的注意。在煤矿膏体充填地表沉陷控制机理研究方面,翟群迪利用空隙守恒理论对膏体充填开采岩层控制和充填工艺进行了相关研究,分析了地表沉陷控制效果;张吉雄基于关键层理论和弹性地基梁理论,研究了矸石充填开采矿压显现规律与地表变形特征;常庆粮根据煤矿膏体充填开采工作面煤体、支架、充填体组成的支撑体系耦合作用的特点,建立了充填开采组合顶板岩梁的 Winkler 弹性地基力学模型,推导了充填体、支架和煤体共同作用与顶板挠曲线关系方程;郭振华采用数值模拟研究了膏体充填分层开采矿压显现规律与地表沉陷规律,均取得了一定的研究成果。

## 4.1 柱式充填开采覆岩运动规律

短壁工作面一般指工作面倾向长度较小,走向长度较大的工作面。短壁工作面顶板在周围矿体的支撑作用下,直接顶一般不会发生垮落或仅发生部分的垮落,基本顶不会发生断裂,主要以挠曲变形为主。因此,此时可以将上覆岩层变形以板的理论来分析。短壁工作面充填开采覆岩运动机理主要适用于房柱式充填开采、巷道式充填开采等特殊煤层开采方法。

### 4.1.1 弹性基础板结构力学模型建立

在短壁工作面开采过程中,工作面上方的承载层是直接顶,工作面顶板的稳定主要靠直接顶来支撑,直接顶所受载荷主要是垂直载荷,如图4-1所示。

根据短壁工作面开采过程中直接顶的受力特征,结合实际对上述受力模型作以下几个假设:① 直接顶在屈服破坏之前为线弹性体,本构方程

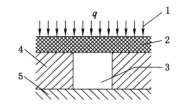

图 4-1　承载层直接顶受力模型
1——垂直载荷;2——直接顶;3——短壁工作面;
4——侧帮;5——底板

为 $\sigma = E\varepsilon$。② 工作面推进长度一般都在几十米甚至几百米,工作面本身的长度仅为 $4\sim 8\ m$,直接顶在工作面两帮之上向两侧延伸,一般直接顶的厚度 $h \leqslant 3\ m$。因此,可以认为工作面直接顶的厚度 $h$ 与工作面推进方向上的最小尺寸 $L$ 的比值:$\dfrac{h}{L} \leqslant \dfrac{1}{5}$。③ 直接顶上受均布载荷 $q_z$。由以上假设,可以把工作面侧帮视为弹性基础,把直接顶视为在弹性基础上弹性介质组成的薄板,对于这样的薄板可以用薄板挠曲理论来研究。

### 4.1.2 垂直载荷作用下板的挠曲变形

#### 4.1.2.1 板的挠曲微分方程

图 4-2 是板的受力模型。根据薄板弯曲理论,在垂直载荷作用下板的挠曲微分方程式可以用下式表示:

$$\frac{\partial^4 W}{\partial x^4} + 2\frac{\partial^4 W}{\partial x^2 y^2} + \frac{\partial^4 W}{\partial y^4} = \frac{q(x,y)}{D} \tag{4-1}$$

式中　$W$ ——竖直方向挠度;

　　　$D$ ——平板挠曲刚度,$D = \dfrac{Eh^3}{12(1-\mu^2)}$;

　　　$E$ ——平板材料的弹性模量;

　　　$h$ ——板厚;

　　　$\mu$ ——平板材料的泊松比。

在短壁工作面工作面推进长度远远大于工作面长度,工作面直接顶承受均布载荷 $q_z$。根据板弯曲理论直接顶将弯曲成柱形面,如图 4-3 所示。对于柱形弯曲板,板的挠度 $W$ 仅与一个坐标有关,即:

$$\frac{\partial^4 W}{\partial x^4} = \frac{q(x)}{D} \tag{4-2}$$

对于上述柱面弯曲板,可以用单位宽度的条形板来研究,在图 4-3 上沿工作面推进方向($y$ 方向)取单位长度,如图 4-4 所示。

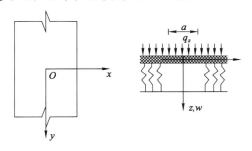

图 4-2　弹性基础板受力模型

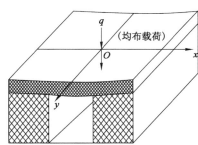

图 4-3　板的弯曲

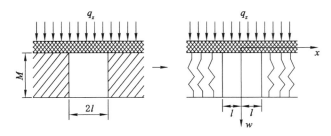

图 4-4　板受力模型

对于弹性基础上的平板,在载荷 $q_z$ 作用下,在平板与地基的接触面上将产生向上作用的反力 $p(x)$,反力 $p(x)$ 可以用下式表示:

$$p(x) = E_j\varepsilon_j = E_j\frac{W_j(x)}{M} \tag{4-3}$$

式中　　$E_j$ ——弹性基础的弹性模量；

　　　　$\varepsilon_j$ ——弹性基础的垂直应力；

　　　　$W_j(x)$ ——弹性基础在 $x$ 点处的下沉量；

　　　　$M$ ——采厚，m。

假设板与弹性基础之间无任何缝隙，在任何点上板的挠度（垂直位移）与该点基础下沉相等，则：

$$W_j(x) = W(x) \tag{4-4}$$

将式(4-4)代入式(4-3)，得到：

$$p(x) = \frac{E_j}{M}W(x) \tag{4-5}$$

在工作面两侧弹性基础上板的外载 $q(x)$ 由两部分组成：① 板的上表面所受的均布载荷；② 板的下表面承受弹性基础的反作用力 $p(x)$：

$$q(x) = q_z - p(x) = q_z - \frac{E_j}{M}W(x) \tag{4-6}$$

将式(4-6)代入式(4-2)得到在工作面两侧弹性基础上（$x \leqslant -l$ 和 $x \geqslant l$）板的挠曲微分方程：

$$\frac{\mathrm{d}^4 W(x)}{\mathrm{d}x^4} = \frac{1}{D}\left[q_z - \frac{E_j}{M}W(x)\right]$$

即：

$$D\frac{\mathrm{d}^4 W(x)}{\mathrm{d}x^4} + \frac{E_j}{M}W(x) = q_z \tag{4-7}$$

在工作面正上方板的外载是：

$$q(x) = q_z \tag{4-8}$$

将式(4-8)代入式(4-2)得到，在工作面上方（$-l \leqslant x \leqslant l$）板的挠曲微分方程：

$$\frac{\mathrm{d}^4 W(x)}{\mathrm{d}x^4} = \frac{q_z}{D} \tag{4-9}$$

#### 4.1.2.2　条形板的挠曲方程式

（1）条形板的挠曲方程

① 工作面上方（$-l \leqslant x \leqslant l$）取如图 4-5 所示的坐标系，$x$ 轴在条形板的中性层，$w$ 轴过工作面中央竖直向下。

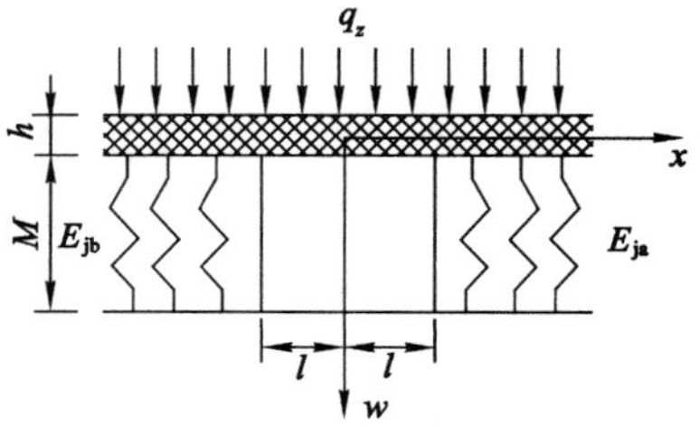

工作面宽度为 $2l$，高度为 $M$，板的厚度为 $h$，工作面两侧帮的弹性模量分别为 $E_{ja}$，$E_{jb}$。由式(4-9)，在 $-l \leqslant x \leqslant l$ 上，条形板的挠曲微分方程为：

$$\frac{\mathrm{d}^4 W(x)}{\mathrm{d}x^4} = \frac{q_z}{D}$$

图 4-5　条形板挠曲分析模型

则在 $-l \leqslant x \leqslant l$ 上，条形板的挠曲方程可以表示成：

$$W(x) = \frac{1}{D}\left[\frac{1}{24}q_z(x-l)^4 + c_1(x-l)^3 + c_2(x-l)^3 + c_3(x-l) + c_4\right] \tag{4-10}$$

② 在工作面两侧弹性基础上（$x \leqslant -l$ 和 $x \geqslant l$），首先，分析 $x > l$ 的情况。

由式（4-7），在 $x > l$ 上，条形板的挠曲微分方程：

$$D \frac{\mathrm{d}^4 W(x)}{\mathrm{d}x^4} + \frac{E_j}{M} W(x) = q_z$$

令：

$$W(x) = V(x) + \frac{M}{E_{ja}} q_z \tag{4-11}$$

将式（4-11）代入式（4-7）得到：

$$D \frac{\mathrm{d}^4 V(x)}{\mathrm{d}x^4} + \frac{E_j}{M} V(x) = q_z \tag{4-12}$$

式（4-12）的通解：

$$V(x) = \mathrm{e}^{-a(x-l)} \left[ A_1 \sin(\alpha(x-l)) + A_2 \cos(\alpha(x-l)) \right] + $$
$$\mathrm{e}^{a(x-l)} \left[ A_3 \sin(\alpha(x-l)) + A_4 \cos(\alpha(x-l)) \right] \tag{4-13}$$

式中

$$\alpha = \left( \frac{E_{ja}}{4DM} \right)^{\frac{1}{4}}$$

$$W(x) = \mathrm{e}^{-a(x-l)} \left[ A_1 \sin(\alpha(x-l)) + A_2 \cos(\alpha(x-l)) \right] + $$
$$\mathrm{e}^{a(x-l)} \left[ A_3 \sin(\alpha(x-l)) + A_4 \cos(\alpha(x-l)) \right] + \frac{M}{E_{ja}} q_z \tag{4-14}$$

根据边界条件在 $x \to \infty$ 时，条形板的挠度为 $\frac{M}{E_{ja}} q$，即：

$$\lim_{x \to \infty} W(x) = \frac{M}{E_{ja}} q \tag{4-15}$$

由式（4-12）代入式（4-13）得到：$A_3 = A_4 = 0$，则：

$$W(x) = \mathrm{e}^{-a(x-l)} \left[ A_1 \sin(\alpha(x-l)) + A_2 \cos(\alpha(x-l)) \right] + \frac{M}{E_{ja}} q_z \tag{4-16}$$

板的挠曲方程也就是板的下沉方程，式（4-16）中的最后一项 $\frac{M}{E_{ja}} q$ 在工作面回采之前即已发生，得到由于该工作面回采引起的直接顶的下沉曲线为（$x > l$）：

$$W(x) = \mathrm{e}^{-a(x-l)} \left[ A_1 \sin(\alpha(x-l)) + A_2 \cos(\alpha(x-l)) \right]_z \tag{4-17}$$

同样的方法，可以得到在 $x < -l$（在工作面左侧弹性基础上）上的条形板的挠曲方程为：

$$W(x) = \mathrm{e}^{\beta(x+l)} \left[ B_1 \sin(-\beta(x+l)) + B_2 \cos(-\beta(x+l)) \right]_z \tag{4-18}$$

式中

$$\beta = \left( \frac{E_{jb}}{4DM} \right)^{\frac{1}{4}}$$

（2）待定参数 $A_1, A_2, B_1, B_2$ 的确定

如图 4-6(a)所示，沿 $Ow$ 轴作剖面将条形板分为 $x \geqslant 0$ 和 $x \leqslant 0$ 左右两部分，如图 4-6(b)所示。在 $OO'$ 剖面上板的弯矩为 $M_0$，剪力为 $T_0$，方向如图 4-6 所示。图 4-6 直接顶受力分析在 $x = l$ 截面上，条形板所受的弯矩和剪力应为：

$$\begin{cases} M(l) = M_0 + T_0 l + \frac{1}{2} q_z l^2 \\ Q(l) = T_0 + q_z l \end{cases} \tag{4-19}$$

由式（4-17）和薄板理论，在 $x \geqslant l$ 上，板的弯矩和剪力：

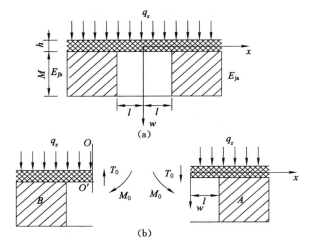

图 4-6　直接顶受力分析

$$\begin{cases} M(x) = D\dfrac{\mathrm{d}^2 W(x)}{\mathrm{d}x^2} = 2D\alpha^2 \mathrm{e}^{-a(x-l)} \times \big[A_2 \sin(\alpha(x-l)) - A_1\cos(\alpha(x-l))\big] \\ Q(x) = D\dfrac{\mathrm{d}M(x)}{\mathrm{d}x} = -2D\alpha^3 \mathrm{e}^{-a(x-l)} \times \big[(A_2 - A_1)\sin(\alpha(x-l)) + (A_2 + A_1)\cos(\alpha(x-l))\big] \end{cases} \tag{4-20}$$

由式(4-20),得到 $x = l$ 处的条形板的弯矩和剪力为:

$$\begin{cases} M(l) = -2D\alpha^2 A_1 \\ Q(l) = 2D\alpha^3(A_1 + A_2) \end{cases} \tag{4-21}$$

联立式(4-21)和式(4-20),得到:

$$\begin{cases} A_1 = -\dfrac{1}{2D\alpha^2}\Big(M_0 + T_0 + \dfrac{1}{2}q_z l^2\Big) \\ A_2 = \dfrac{1}{2D\alpha^2}\Big(M_0 + \dfrac{(1+\alpha l)}{\alpha}T_0 + \dfrac{(2+\alpha l)}{2\alpha}q_z l\Big) \end{cases} \tag{4-22}$$

将式(4-22)代入式(4-17)得到,在 $x \geqslant l$ 上,条形板的弯曲方程式为:

$$W(x) = \dfrac{1}{2D\alpha^2}\mathrm{e}^{-a(x-l)}\left[\begin{array}{l} -\Big(M_0 + T_0 l + \dfrac{1}{2}q_z l^2\Big)\sin(\alpha(x-l)) + \\ \Big(M_0 + \dfrac{(1+\alpha l)}{\alpha}T_0 + \dfrac{(2+\alpha l)}{2\alpha}q_z l\Big)\cos(\alpha(x-l)) \end{array}\right]_z \tag{4-23}$$

同样的分析方法,可以得到在 $x \leqslant -l$ 上,式(4-18)中的参数 $B_1$,$B_2$ 值为:

$$\begin{cases} B_1 = -\dfrac{1}{2D\beta^2}\Big(M_0 - T_0 l + \dfrac{1}{2}q_z l^2\Big) \\ B_2 = \dfrac{1}{2D\beta^2}\Big(M_0 - \dfrac{(1+\beta l)}{\beta}T_0 + \dfrac{(2+\beta l)}{2\beta}q_z l\Big) \end{cases} \tag{4-24}$$

将式(4-14)代入式(4-2)得到,在 $x \leqslant -l$ 上,条形板的挠曲方程式为:

$$W(x) = \dfrac{1}{2D\beta^2}\mathrm{e}^{\beta(x+l)}\left[\begin{array}{l} -\Big(M_0 - T_0 l + \dfrac{1}{2}q_z l^2\Big)\sin(-\beta(x+l)) + \\ \Big(M_0 - \dfrac{(1+\beta l)}{\beta}T_0 + \dfrac{(2+\beta l)}{2\beta}q_z l\Big)\cos(-\beta(x+l)) \end{array}\right]_z \tag{4-25}$$

(3) 由变形协调条件确定 $M_0$,$T_0$

首先取如图 4-7 的右半部分进行分析。

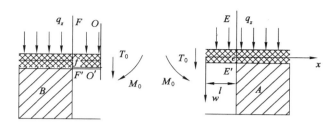

图 4-7   变形协调分析

如图取剖面 $E—E'$，剖面和中性层的交点为 $e$。

$$\begin{cases} W_A(O) = W_A(e) + W_{Oe} \\ \theta_A(O) = \theta_A(e) + \theta_{Oe} \end{cases} \tag{4-26}$$

式中   $W_A(O)$ ——右半部在 $O$ 点的挠度；

   $W_A(e)$ ——右半部在 $e$ 点的挠度；

   $W_{Oe}$ ——$O$ 点相对于 $e$ 点的挠度；

   $\theta_A(O)$ ——右半部在 $O—O'$ 剖面的转角；

   $\theta_A(e)$ ——右半部在 $E—E'$ 剖面的转角；

   $\theta_{Oe}$ ——$O—O'$ 剖面相对于 $E—E'$ 剖面的转角。

由式（4-23）可以得到，在 $e$ 点（$x=l$）的挠度 $W_A(e)$ 和在 $E—E'$ 剖面的转角 $\theta_A(e)$：

$$\begin{cases} W_A(e) = \dfrac{1}{2D\alpha^2}\Big[M_0 + \dfrac{(1+\alpha l)}{\alpha}T_0 + \dfrac{(2+\alpha l)}{2\alpha}q_z l\Big] \\ \theta_A(e) = \dfrac{\mathrm{d}W(x)}{\mathrm{d}x} = -\dfrac{1}{D\alpha}\Big[M_0 + \dfrac{(1+2\alpha l)}{2\alpha}T_0 + \dfrac{(1+\alpha l)}{2}q_z l\Big] \end{cases} \tag{4-27}$$

由材料力学和平板理论，在 $M_0$，$T_0$ 和 $q_z$ 作用下引起的 $O$ 点相对于 $e$ 点的挠度 $W_{Oe}$ 和 $O—O'$ 剖面相对于 $E—E'$ 剖面的转角 $\theta_{Oe}$：

$$\begin{cases} W_{Oe} = \dfrac{M_0 l^2}{2D} + \dfrac{T_0 l^3}{3D} + \dfrac{q_z l^4}{8D} \\ \theta_{Oe} = -\Big(\dfrac{M_0 l}{D} + \dfrac{T_0 l^2}{2D} + \dfrac{q_z l^3}{6D}\Big) \end{cases} \tag{4-28}$$

将式（4-27）和式（4-28）代入式（4-26）得到：

$$\begin{cases} W_A(O) = \Big(\dfrac{M_0 l^2}{2D} + \dfrac{T_0 l^3}{3D} + \dfrac{q_z l^4}{8D}\Big) + \dfrac{1}{2D\alpha^2}\Big[M_0 + \dfrac{(1+\alpha l)}{\alpha}T_0 + \dfrac{(2+\alpha l)}{2\alpha}q_z l\Big] \\ \theta_A(O) = -\Big(\dfrac{M_0 l}{D} + \dfrac{T_0 l^2}{2D} + \dfrac{q_z l^3}{6D}\Big) - \dfrac{1}{D\alpha}\Big[M_0 + \dfrac{(1+2\alpha l)}{2\alpha}T_0 + \dfrac{(1+\alpha l)}{2}q_z l\Big] \end{cases} \tag{4-29}$$

再对左半部分进行分析，如图 4-7 所示，取剖面 $F—F'$ 和中性层的交点为 $f$。

$$\begin{cases} W_B(O) = W_B(f) + W_{Of} \\ \theta_B(O) = \theta_B(f) + \theta_{Of} \end{cases} \tag{4-30}$$

式中   $W_B(O)$ ——左半部在 $O$ 点的挠度；

   $W_B(f)$ ——左半部在 $f$ 点的挠度；

   $W_{Of}$ ——$O$ 点相对于 $f$ 点的挠度；

$\theta_B(O)$——左半部在 $O$—$O'$ 剖面的转角;

$\theta_B(f)$——左半部在 $F$—$F'$ 剖面的转角;

$\theta_{Of}$——$O$—$O'$ 剖面相对于 $F$—$F'$ 剖面的转角。

由式(4-25)得到在 $f$ 点($x=-l$)挠度 $W_B(f)$ 和在 $F$—$F'$ 剖面的转角 $\theta_B(f)$:

$$
\begin{cases}
W_B(f) = \dfrac{1}{2D\beta^2}\left[M_0 - \dfrac{(1+\beta l)}{\beta}T_0 + \dfrac{(2+\beta l)}{2\beta}q_z l\right] \\[2mm]
\theta_B(f) = \dfrac{dW(x)}{dx} = -\dfrac{1}{D\beta}\left[M_0 - \dfrac{(1+2\beta l)}{2\beta}T_0 + \dfrac{(1+\beta l)}{2}q_z l\right]
\end{cases}
\tag{4-31}
$$

在 $M_0$,$T_0$ 和 $q_z$ 作用下引起的 $O$ 点相对于 $f$ 点的挠度 $W_{Of}$ 和 $O$—$O'$ 剖面相对于 $F$—$F'$ 剖面的转角 $\theta_{Of}$:

$$
\begin{cases}
W_{Of} = \dfrac{M_0 l^2}{2D} - \dfrac{T_0 l^3}{3D} + \dfrac{q_z l^4}{8D} \\[2mm]
\theta_{Of} = \dfrac{M_0 l}{D} - \dfrac{T_0 l^2}{2D} + \dfrac{q_z l^3}{6D}
\end{cases}
\tag{4-32}
$$

将式(4-31)和式(4-32)代入式(4-30)得到:

$$
\begin{cases}
W_B(O) = \left(\dfrac{M_0 l^2}{2D} - \dfrac{T_0 l^3}{3D} + \dfrac{q_z l^4}{8D}\right) + \dfrac{1}{2D\beta^2}\left[M_0 - \dfrac{(1+\beta l)}{\beta}T_0 + \dfrac{(2+\beta l)}{2\beta}q_z l\right] \\[2mm]
\theta_B(O) = \left(\dfrac{M_0 l}{D} - \dfrac{T_0 l^2}{2D} + \dfrac{q_z l^3}{6D}\right) + \dfrac{1}{D\beta}\left[M_0 - \dfrac{(1+2\beta l)}{2\beta}T_0 + \dfrac{(1+\beta l)}{2}q_z l\right]
\end{cases}
\tag{4-33}
$$

根据变形协调条件,左半部和右半部在 $O$ 点的挠度相等,$O$—$O'$ 截面的转角相等,即:

$$
\begin{cases}
W_A(O) - W_B(O) = 0 \\
\theta_A(O) - \theta_B(O) = 0
\end{cases}
\tag{4-34}
$$

将式(4-29)和式(4-33)代入式(4-34),化简后得到:

$$
\begin{cases}
\dfrac{M_0}{2}\left(\dfrac{1}{\alpha^2} - \dfrac{1}{\beta^2}\right) + \dfrac{T_0}{2}\left(\dfrac{1+\alpha l}{\alpha^3} + \dfrac{1+\beta l}{\beta^3}\right) + \dfrac{2}{3}T_0 l^3 + \dfrac{q_z l}{4}\left(\dfrac{2+\alpha l}{\alpha^3} - \dfrac{2+\beta l}{\beta^3}\right) = 0 \\[2mm]
M_0\left(\dfrac{1}{\alpha} + \dfrac{1}{\beta}\right) + 2M_0 l + \dfrac{T_0}{2}\left(\dfrac{1+2\alpha l}{\alpha^2} - \dfrac{1+2\beta l}{\beta^2}\right) + \dfrac{q_z l}{2}\left(\dfrac{2+\alpha l}{\alpha^2} - \dfrac{2+\beta l}{\beta^2}\right) + \dfrac{q_z l^3}{3} = 0
\end{cases}
\tag{4-35}
$$

由式(4-35),可以得到 $M_0$,$T_0$ 的解:

$$
\begin{aligned}
M_0 = -\dfrac{q_z l}{R}\Bigg\{ & \left[\dfrac{1}{2}\beta^2(1+\alpha l) + \dfrac{1}{2}\alpha^2(1+\beta l) + \dfrac{1}{3}\alpha^2\beta^2 l^2\right] \times \left[\beta^3(1+\alpha l) + \alpha^3(1+\beta l) + \dfrac{4}{3}\alpha^3\beta^3 l^3\right] - \\
& \dfrac{1}{4}\left[\beta^3(2+\alpha l) + \alpha^3(2+\beta l)\right] \times \left[\beta^2(1+2\alpha l) - \alpha^2(1+2\beta l)\right]\Bigg\}
\end{aligned}
\tag{4-36}
$$

$$
\begin{aligned}
T_0 = \dfrac{q_z l}{R}\Bigg\{ & \alpha\beta(\beta^2 - \alpha^2)\left[\dfrac{1}{2}\beta^2(1+\alpha l) + \dfrac{1}{2}\alpha^2(1+\beta l) + \dfrac{1}{3}\alpha^2\beta^2 l^2\right] - \\
& \dfrac{1}{2}\left[\beta^3(2+\alpha l) - \alpha^3(2+\beta l)\right] \times \left[\alpha\beta^2 + \alpha^2\beta + 2\alpha^2\beta^2 l\right]\Bigg\}
\end{aligned}
\tag{4-37}
$$

其中:

$$
\begin{aligned}
R = & (\alpha\beta^2 + \alpha^2\beta + 2\alpha^2\beta^2 l)\left[\beta^3(1+\alpha l) + \alpha^3(1+\beta l) + \dfrac{4}{3}\alpha^3\beta^3 l^3\right] - \\
& \dfrac{1}{2}\alpha\beta(\beta^2 - \alpha^2)\left[\beta^2(1+2\alpha l) - \alpha^2(1+2\beta l)\right]
\end{aligned}
$$

（4）参数 $c_1,c_2,c_3,c_4$ 的确定

由式（4-30），在 $-l \leqslant x \leqslant l$ 上，条形板的挠曲方程为：

$$W(x) = \frac{1}{D}\left[\frac{1}{24}q_z(x-l)^4 + c_1(x-l)^3 + c_2(x-l)^3 + c_3(x-l) + c_4\right]$$

由上式，得到在 $x=l$ 点处：

$$\begin{cases} W(l) = \frac{1}{D}c_4 \\ \dfrac{\mathrm{d}W(x)}{\mathrm{d}x} = \frac{1}{D}c_3 \\ \dfrac{\mathrm{d}^2W(x)}{\mathrm{d}x^2} = \frac{2}{D}c_2 \\ \dfrac{\mathrm{d}^3W(x)}{\mathrm{d}x^3} = \frac{6}{D}c_1 \end{cases} \tag{4-38}$$

由式（4-23），在 $x \geqslant l$ 上，条形板的挠曲方程为：

$$W(x) = \frac{1}{2D\alpha^2}\mathrm{e}^{-a(x-l)}\left[\begin{array}{l} -\left(M_0 + T_0 + \frac{1}{2}q_z l^2\right)\sin(\alpha(x-l)) + \\ \left(M_0 + \dfrac{(1+\alpha l)}{\alpha}T_0 + \dfrac{(2+\alpha l)}{2\alpha}q_z l\right)\cos(\alpha(x-l)) \end{array}\right]_z$$

由上式，得到在 $x=l$ 点处：

$$\begin{cases} W(l) = \frac{1}{2D\alpha^2}\left[M_0 + \dfrac{(1+\alpha l)}{\alpha}T_0 + \dfrac{(2+\alpha l)}{2\alpha}q_z l\right] \\ \dfrac{\mathrm{d}W(x)}{\mathrm{d}x} = -\frac{1}{2D\alpha}\left[2M_0 + \dfrac{(1+2\alpha l)}{\alpha}T_0 + \dfrac{(1+2\alpha l)}{2\alpha}q_z l\right] \\ \dfrac{\mathrm{d}^2W(x)}{\mathrm{d}x^2} = \frac{1}{D}\left(M_0 + T_0 + \frac{1}{2}q_z l^2\right) \\ \dfrac{\mathrm{d}^3W(x)}{\mathrm{d}x^3} = \frac{1}{D}(T_0 + q_z l) \end{cases} \tag{4-39}$$

联立式（4-38）和式（4-39），得到：

$$\begin{cases} c_1 = \frac{1}{6}(T_0 + q_z l) \\ c_2 = \frac{1}{2}\left(M_0 + T_0 l + \frac{1}{2}q_z l^2\right) \\ c_3 = -\frac{1}{\alpha}\left[2M_0 + \dfrac{(1+2\alpha l)}{\alpha}T_0 + \dfrac{(1+\alpha l)}{\alpha}q_z l\right] \\ c_4 = \frac{1}{2\alpha^2}\left[M_0 + \dfrac{(1+\alpha l)}{\alpha}T_0 + \dfrac{(2+\alpha l)}{2\alpha}q_z l\right] \end{cases} \tag{4-40}$$

将式（4-40）代入式（4-20），得到在 $-l \leqslant x \leqslant l$ 上，工作面直接顶的挠曲方程为：

$$W(x) = \frac{1}{D}\left\{\frac{1}{24}q_z(x-l)^4 + \frac{1}{6}(T_0 + q_z l)(x-l)^3 + \frac{1}{2}\left(M_0 + T_0 l + \frac{1}{2}q_z l^2\right)(x-l)^2 - \right.$$

$$\left. \frac{1}{\alpha}\left[2M_0 + \dfrac{(1+2\alpha l)}{2\alpha}T_0 + \dfrac{(1+\alpha l)}{2\alpha}q_z l\right](x-l) + \frac{1}{2\alpha^2}\left[M_0 + \dfrac{(1+\alpha l)}{\alpha}T_0 + \dfrac{(2+\alpha l)}{2\alpha}q_z l\right]\right\}$$

$$\tag{4-41}$$

### 4.1.3 直接顶内力分析

#### 4.1.3.1 直接顶弯矩分析

（1）$-l \leqslant x \leqslant l$ 区间直接顶弯矩

如图 4-8 所示，由式（4-41）可以得到在 $-l \leqslant x \leqslant l$ 上的直接顶弯矩

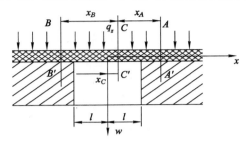

图 4-8　直接顶弯矩分析

$$M(x) = D \frac{\mathrm{d}^2 W(x)}{\mathrm{d}x^2} = \frac{q_z}{2}(x-l)^2 + (T_0 + q_z l) + \left(M_0 + T_0 l + \frac{1}{2}q_z l^2\right) \tag{4-42}$$

令 $\dfrac{\mathrm{d}W(x)}{\mathrm{d}x} = 0$，得到：

$$q_z(x-l) + T_0 + q_z l = 0$$
$$x_C = x = -\frac{T_0}{q_z} \tag{4-43}$$

并且，$x > x_C$ 时，$\dfrac{\mathrm{d}M(x)}{\mathrm{d}x} > 0$；$x < x_C$ 时，$\dfrac{\mathrm{d}M(x)}{\mathrm{d}x} < 0$。

所以，在 $-l \leqslant x \leqslant x_C$ 上，$M(x)$ 是减函数；在 $x_C \leqslant x \leqslant l$ 上，$M(x)$ 是增函数。

因此，在 $-l \leqslant x \leqslant l$ 上，弯矩有极值。即在 $x_C = -\dfrac{T_0}{q_z}$ 处：

$$M_C = M_0 - \frac{T_0^2}{2q_z} \tag{4-44}$$

（2）$x > l$ 区间的直接顶弯矩

由式（4-23）可以得到在 $x > l$ 上的直接顶弯矩：

$$M(x) = D \frac{\mathrm{d}^2 W(x)}{\mathrm{d}x^2} = \mathrm{e}^{-a(x-l)} \left[ \begin{array}{l} \left(M_0 + \dfrac{(1+\alpha l)}{\alpha}T_0 + \dfrac{(2+\alpha l)}{2\alpha}q_z l\right)\sin(\alpha(x-l)) + \\[2mm] \left(M_0 + T_0 l + \dfrac{1}{2}q_z l^2\right)\cos(\alpha(x-l)) \end{array} \right]$$
$$\tag{4-45}$$

令 $\dfrac{\mathrm{d}M(x)}{\mathrm{d}x} = 0$，得到：

$$\mathrm{e}^{-a(x-l)} \left\{ \begin{array}{l} -\left[2\alpha M_0 + (1+2\alpha l)T_0 + (1+\alpha l)q_z l\right]\sin[\alpha(x-l)] + \\ (T_0 + q_z l)\cos[\alpha(x-l)] \end{array} \right\} = 0 \tag{4-46}$$

$$x_A = x = l - \frac{1}{\alpha}\arctan\left[\frac{T_0 + q_z l}{2\alpha M_0 + (1+2\alpha l)T_0 + (1+\alpha l)q_z l}\right]$$

并且，$x < x_A$ 时，$\dfrac{\mathrm{d}M(x)}{\mathrm{d}x} > 0$，所以在 $l \leqslant x \leqslant x_A$ 上，$M(x)$ 是增函数；当 $x > x_A$ 时，

$\dfrac{\mathrm{d}M(x)}{\mathrm{d}x} < 0$，所以 $M(x)$ 是减函数。

所以，在 $x > l$ 上，在 $x_A = l - \dfrac{1}{\alpha}\arctan\left[\dfrac{T_0 + q_z l}{2\alpha M_0 + (1 + 2\alpha l)T_0 + (1 + \alpha l)q_z l}\right] M(x)$ 处，即图 4-8 的直接顶截面 $A$—$A'$ 上，直接顶弯矩有极值，即：

$$M(x_A) = \mathrm{e}^{-a(x_A - l)}\left[\begin{array}{l}\left(M_0 + \dfrac{(1 + \alpha l)}{\alpha}T_0 + \dfrac{(2 + \alpha l)}{2\alpha}q_z l\right)\sin(\alpha(x_A - l)) + \\[2mm] \left(M_0 + T_0 l + \dfrac{1}{2}q_z l^2\right)\cos(\alpha(x_A - l))\end{array}\right]$$

（3）$x < -l$ 区间的直接顶弯矩

由式（4-25）可以得到在 $x < -l$ 上的直接顶弯矩：

$$M(x) = D\dfrac{\mathrm{d}^2 W(x)}{\mathrm{d}x^2} = \mathrm{e}^{\beta(x + l)}\left[\begin{array}{l}\left(M_0 - \dfrac{(1 + \beta l)}{\beta}T_0 + \dfrac{(2 + \beta l)}{2\beta}q_z l\right)\sin(-\beta(x + l)) + \\[2mm] \left(M_0 - T_0 l + \dfrac{1}{2}q_z l^2\right)\cos(-\beta(x + l))\end{array}\right]$$

$$(4\text{-}47)$$

令 $\dfrac{\mathrm{d}M(x)}{\mathrm{d}x} = 0$，得到：

$$M(x) = D\dfrac{\mathrm{d}^2 W(x)}{\mathrm{d}x^2} = \mathrm{e}^{\beta(x + l)}\left[\begin{array}{l}\left(M_0 - \dfrac{(1 + \beta l)}{\beta}T_0 + \dfrac{(2 + \beta l)}{2\beta}q_z l\right)\sin(-\beta(x + l)) + \\[2mm] \left(M_0 - T_0 l + \dfrac{1}{2}q_z l^2\right)\cos(-\beta(x + l))\end{array}\right] -$$

$$\mathrm{e}^{\beta(x + l)}\left\{\begin{array}{l}-\left[2\beta M_0 - (1 + 2\beta l)T_0 + (1 + \beta l)q_z l\right]\sin(-\beta(x + l)) + \\[2mm] (-T_0 + q_z l)\cos(-\beta(x + l))\end{array}\right\} = 0 \qquad (4\text{-}48)$$

$$x_B = x = -\left\{l + \dfrac{1}{\beta}\arctan\left[\dfrac{q_z l - T_0}{2\beta M_0 - (1 + 2\beta l)T_0 + (1 + \beta l)q_z l}\right]\right\}$$

当 $x > x_B$ 时，$\dfrac{\mathrm{d}M(x)}{\mathrm{d}x} < 0$，所以在 $x_B \leqslant x \leqslant -l$ 上，$M(x)$ 是减函数；当 $x < x_B$ 时，$\dfrac{\mathrm{d}M(x)}{\mathrm{d}x} > 0$，所以 $M(x)$ 是增函数。

所以在 $x < -l$ 区间上，在 $x = x_B$ 处，即图 4-8 的直接顶截面 $B$—$B'$ 上，直接顶弯矩有极值，即：

$$M(x_B) = \mathrm{e}^{\beta(x_B + l)}\left[\left(M_0 - \dfrac{(1 + \beta l)}{\beta}T_0 + \dfrac{(2 + \beta l)}{2\beta}q_z l\right)\sin(-\beta(x_B + l)) + \left(M_0 - T_0 l + \dfrac{1}{2}q_z l^2\right)\cos(-\beta(x_B + l))\right]$$

$$(4\text{-}49)$$

综合以上分析，在工作面附近的直接顶中，存在以下三个弯矩极值点（截面）：

① 在工作面上方的 $C$—$C'$ 截面，即 $x = x_C$ 处，有弯矩极值 $M(x_C)$；

② 在工作面右侧的帮上，$x = x_A$ 处，即 $A$—$A'$ 截面，有弯矩极值 $M(x_A)$；

③ 在工作面左侧的帮上，$x = x_B$ 处，即 $B$—$B'$ 截面，有弯矩极值 $M(x_B)$。

在不考虑弯曲方向的情况下，直接顶中的最大弯矩为：

$$M_{\max} = \max(|M(x_A)|, |M(x_B)|, |M(x_C)|) \qquad (4\text{-}50)$$

## 4.1.3.2　直接顶剪力分析

（1）在 $-l \leqslant x \leqslant l$ 区间

如图 4-9 所示,在 $-l \leqslant x \leqslant l$ 区间上由式(4-6)可以得到:

$$Q(x) = \frac{\mathrm{d}M(x)}{\mathrm{d}x} = q_z(x-l) + (T_0 + q_z l) \tag{4-51}$$

所以在 $-l \leqslant x \leqslant l$ 区间,$Q(x)$ 是增函数。

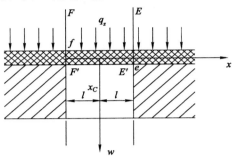

图 4-9 直接顶剪力分析

在 $x = l$ 处,即 $E$—$E'$ 截面:

$$Q_e = T_0 + q_z l \tag{4-52}$$

在 $x = -l$ 处,即 $F$—$F'$ 截面:

$$Q_f = T_0 - q_z l \tag{4-53}$$

(2) 在 $x > l$ 区间

在 $x > l$ 上由式(4-45)可以得到:

$$Q(x) = \frac{\mathrm{d}M(x)}{\mathrm{d}x} = \mathrm{e}^{-a(x-l)} \left\{ \begin{array}{l} -\left[2\alpha M_0 + (1+2\alpha l)T_0 + (1+\alpha l)q_z l\right]\sin[\alpha(x-l)] + \\ (T_0 + q_z l)\cos[\alpha(x-l)] \end{array} \right\} \tag{4-54}$$

$Q(x)$ 对 $x$ 求导,得到:

$$\frac{\mathrm{d}Q(x)}{\mathrm{d}x} = -2\alpha^2 \mathrm{e}^{-a(x-l)} \left\{ \begin{array}{l} -\left[M_0 + T_0 + \frac{1}{2}q_z l^2\right]\sin[\alpha(x-l)] + \\ \left[M_0 + \frac{1+\alpha l}{\alpha}T_0 + \frac{2+\alpha l}{2\alpha}q_z l\right]\cos[\alpha(x-l)] \end{array} \right\} \tag{4-55}$$

令 $\frac{\mathrm{d}Q(x)}{\mathrm{d}x} = 0$,得到:

$$x = l + \frac{1}{\alpha}\arctan\left[\frac{M_0 + \frac{1+\alpha l}{\alpha}T_0 + \frac{2+\alpha l}{2\alpha}q_z l}{M_0 + T_0 + \frac{1}{2}q_z l^2}\right]$$

当 $l < x < l + \frac{1}{\alpha}\arctan\left[\dfrac{M_0 + \frac{1+\alpha l}{\alpha}T_0 + \frac{2+\alpha l}{2\alpha}q_z l}{M_0 + T_0 + \frac{1}{2}q_z l^2}\right]$ 时,$\frac{\mathrm{d}Q(x)}{\mathrm{d}x} < 0$,$Q(x)$ 是减函数。

(3) 在 $x < -l$ 区间

由式(4-48)可以得到:

$$Q(x) = \frac{\mathrm{d}M(x)}{\mathrm{d}x} = \mathrm{e}^{\beta(x+l)} \left\{ \begin{array}{l} - \left[ 2\beta M_0 - (1+2\beta l) T_0 + (1+\beta l) q_z l \right] \sin(-\beta(x+l)) + \\ (- T_0 + q_z l) \cos(-\beta(x+l)) \end{array} \right\}$$

$$(4\text{-}56)$$

$$\frac{\mathrm{d}Q(x)}{\mathrm{d}x} = -2\beta^2 \mathrm{e}^{\beta(x+l)} \left\{ \begin{array}{l} - \left[ M_0 - T_0 + \frac{1}{2} q_z l^2 \right] \sin(-\beta(x+l)) + \\ \left[ M_0 - \frac{1+\beta l}{\beta} T_0 + \frac{2+\beta l}{2\beta} q_z l \right] \cos(-\beta(x+l)) \end{array} \right\}$$

令 $\dfrac{\mathrm{d}Q(x)}{\mathrm{d}x} = 0$,得到:

$$x = -l - \frac{1}{\beta} \arctan \left[ \frac{M_0 - \dfrac{1+\beta l}{\beta} T_0 + \dfrac{2+\beta l}{2\beta} q_z l}{M_0 - T_0 + \dfrac{1}{2} q_z l^2} \right]$$

当 $-l - \dfrac{1}{\beta} \arctan \left[ \dfrac{M_0 - \dfrac{1+\beta l}{\beta} T_0 + \dfrac{2+\beta l}{2\beta} q_z l}{M_0 - T_0 + \dfrac{1}{2} q_z l^2} \right] < x < -l$ 时,$\dfrac{\mathrm{d}Q(x)}{\mathrm{d}x} < 0$,$Q(x)$ 是减函数。

综合以上分析,在工作面附近的直接顶中,有两个剪力极值截面,即在 $E—E'$ 截面($x = l$)和 $F—F'$ 截面($x = -l$)。

在 $x = l$ 处,即 $E—E'$ 截面:$Q_e = T_0 + q_z l$;

在 $x = -l$ 处,即 $F—F'$ 截面:$Q_f = T_0 - q_z l$。

在不考虑剪力方向的情况下:

$$Q_{\max} = \max(|Q_e|, |Q_f|) \qquad (4\text{-}57)$$

通过对所建立的采场力学模型的分析,可以得出如下几点结论:

① 通过对模型结构特征和受力特征的分析,认为短壁工作面两侧弹性基础上的板结构可以用薄板理论来进行研究,并且将板的结构模型简化为条形板结构;

② 用数学力学解析方法推导出了条形板的挠曲方程,即工作面上方及两帮之上的直接顶下沉曲线方程式(4-23)、式(4-25)和式(4-41);

③ 分析了在垂直载荷作用下直接顶的内力,即直接顶的弯矩和剪力。

### 4.1.4    柱式充填体载荷计算

胶结充填房式采矿法能获得很大的经济效益。由于这种采矿方法的使用规模迅速扩大,研究房间人工煤柱工作状态的物理实质和建立煤柱的计算方法,将具有非常现实和迫切的意义。本书叙述两种计算人工煤柱的现有方法。

(1) 计算直到地表岩层的全部岩石重力,并且认为在采区内回采矿房的各阶段中,此载荷是不变的;采区中的煤柱和人工煤柱上的载荷分布与每个阶段的回采总面积、矿物及充填体的变形性质是相适应的。这时假定,在每个开采阶段采区内所有煤柱的变形都是一样的。这种假设并不一定是可取的。因为在特殊的情况下,只有在具有多裂隙弱岩石的顶板情况下,或者在开采跨度与开采深度相比是相当大的一些特殊情况下,才能形成直到地表的全部岩石重力传给人工煤柱的条件。其次,在很多情况下,顶板岩石的变形和破坏受岩石的限制,或者在坚硬围岩中局部赋存有矿体时,变形和破坏也受较小的开采跨度的限制。因此,这种计算方法可能会导致过分加大人工煤柱的宽度或充填体的强度。

（2）在盘区（采区、矿块）跨度范围内，人工煤柱上的载荷由岩石以下的岩层重力确定，以上的上覆岩层重力将由所留的盘区（采区）煤柱承受。这种假设同样只有在一些特殊情况下才是可取的。

上述研究结果表明，这两种计算方法都不能反映人工煤柱上载荷计算的普遍情况。

在计算胶结充填房式采矿方法的参数中，确定人工煤柱的支撑能力具有重要作用，而它的支撑能力与充填体的结构有关。用模型对二次性矿房进行各种不同的充填方式和在双向受压条件下，具有比值为 $b/h_0 = 0.5$ 的组合煤柱，研究煤柱支撑能力及其结构的关系。试验表明，同与二次性回采矿房不进行充填的相应人工煤柱相比较，联合煤柱的支撑能力也增高了。同时，相应的煤柱与二次性回采的矿房数目也有关系。因此，若将示意图 4-10（a）所示的煤柱支撑能力取作计算单位，则图中联合煤柱支撑能力分别增大为：$\sigma$ 为 $1.15 \sim 1.25$ 倍；$\beta$ 为 $1.15 \sim 1.25$ 倍；$\gamma$ 为 $1.50 \sim 1.60$ 倍。

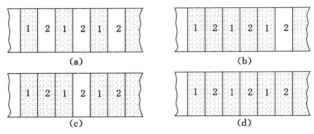

图 4-10　二次性矿房充填顺序
1——胶结充填；2——干式充填

因而，当胶结充填物有同样的某种强度时，可以用二次性矿房进行充填的方法，来提高充填体的支撑能力。可以用大致的平均系数来计算这种增大的数值，对示意图 4-10（a）、（b）、（c）、（d）分别为 1.0、1.2、1.4、1.6。由研究结果得出的煤柱上载荷分布特征和载荷值，以及层状顶板的垮落形状是建立基本计算图的依据，如图 4-11 所示。对采后充填开采方式，必须确定：胶结充填物的强度和开采跨度值（盘区宽度）之间的比值，盘区（采区）煤柱的必要强度和尺寸，而开采跨度值与采空区中的充填体结构有关；然后确定出采区人工煤柱的合理构筑范围；此外，应当对盘区开采过程中的房间矿物柱的强度进行校核计算。根据无支护矿房的顶板岩石稳定性和回采工艺条件，可将一次性和二次线回采矿房的宽度取成一样的。用高强度的充填物来充实相邻矿房组，可以形成盘区人工煤柱，由此盘区人工煤柱的宽度是矿房宽度的倍数。

人工煤柱可以承受垮落区 $ADE$ 内的岩石载荷，此载荷应与这些人工煤柱的支撑能力相适应，在图 4-11 中用假定标志线 $R_H$ 表示支撑能力。这时，在给定充填物强度的条件下，开采的最大跨距 $L$ 由三角形 $ADE$ 来确定：

$$L = 2h\cot\delta \tag{4-58}$$

或者根据跨距中的矿房数目确定：

$$L = (n+1)b + na \tag{4-59}$$

式中　$h$——垮落区的高度；

$\delta$——垮落角；

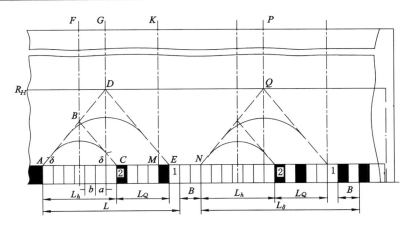

图 4-11　煤柱上压力计算示意图

矿房的开采顺序:1———一次性的;2———二次性的

$n$——在盘区跨度中二次性开采的矿房数目;

$a,b$——分别为一次性和二次性开采的矿房宽度。

当 $a=b$ 时,式(4-59)有下式形式:

$$L = (2n+1)b \tag{4-60}$$

从式(4-58)和式(4-60),有:

$$h = \frac{(2n+1)b}{2\cot \delta} \tag{4-61}$$

由三角形 $ADE$,确定传给人工煤柱上的总载荷:

$$P_H = \frac{1}{2}\gamma hL \tag{4-62}$$

每一个煤柱上的平均载荷:

$$R_{H \cdot CP} = \frac{P_H}{\sum b} = \frac{P_H}{(n+1)b} \tag{4-63}$$

将方程(4-61)和(4-62)中的 $h$ 和 $P_H$ 值代入式(4-63)可得:

$$R_{H \cdot CP} = \frac{\gamma L}{4\cot \delta} \frac{2n+1}{n+1} \tag{4-64}$$

为了简化计算,可取:

$$\frac{2n+1}{n+1} \approx \frac{2n+2}{n+1} = 2 \tag{4-65}$$

简化结果中的计算误差,可计入煤柱的强度富余系数中去。计算误差随着 $L$ 的增大而减小。

对所有的人工煤柱,充填体的必需强度可按跨距内中部煤柱所承受的最大载荷确定,其值为 $2R_{H \cdot CP}$ 或:

$$R_{H \cdot \max} = rL \tan \delta \tag{4-66}$$

充填体的计算强度取:

$$R_{H \cdot \max} = \frac{k\sigma_H}{n_3} \tag{4-67}$$

$$k = k_1 \cdot k_2 \cdot k_3 \cdot k_4$$

式中 $k_1, k_2, k_3, k_4$——分别为考虑煤柱宽度与高度比值的，由于二次性开采矿房的充填、煤柱支撑能力增大的，煤柱结构减弱和在煤柱中掘有巷道的，矿房顶板充填不满的系数；

$\sigma_H$——胶结充填物的抗压强度极限；

$n_3$——强度富余系数（用垮落法开采时，取 $n_3 = 1$）。

宽度为 $B$ 的采区和盘区煤柱上的总载荷，由采区范围中直到地表的岩石重力，减去采区内房间煤柱上必须支撑的岩体部分重力（即图 4-11 中的 $GDENQP$ 图形内岩石重力）来确定。表达式为：

$$R_H = \gamma\left[(L+B)H - \frac{1}{2}Lh\right] \tag{4-68}$$

按照式（4-58）置换 $h$，可得：

$$R_H = (L+B)\gamma H - \frac{1}{2}\gamma L \tan\delta \frac{L}{2} \tag{4-69}$$

但因为：

$$R_H = \frac{1}{2}\gamma L \tan\delta \tag{4-70}$$

所以最后可得出采区煤柱需要的强度：

$$\frac{R_B}{B} = \frac{k'\sigma_B}{n_3'} = \frac{1}{B}\left[(L+B)\gamma H - \frac{R_H}{2}L\right] \tag{4-71}$$

由此可见，从极限状态条件下的最大载荷出发，这样计算可以使开采盘区的参数与充填体所需的强度值相符合。自然，$\sigma_H, \sigma_B, L$ 和 $B$ 之间的关系可以是各种各样的，这可以根据技术经济分析进行选择优化方案。当采区内房间人工煤柱强度相当大时，再构筑采区人工煤柱不一定是合适的。但是对每种不同情况，应当分别确定采区煤柱的合理使用范围。

### 4.1.5　采场稳定性分析

对于短壁开采工作面来说，工作面的直接顶为承载层，工作面的两帮为煤体，通常来说煤体的弹性模量和抗压强度均要比一般的岩石要小，因此对于这种两帮支撑弱，顶板相对硬的短壁工作面可称之为"弱支硬板"工作面。

#### 4.1.5.1　两帮基础相同时的基本顶挠曲方程

工作面顶板结构受力模型如图 4-12 所示。

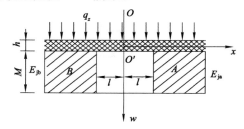

图 4-12　工作面顶板结构受力模型

（1）在 $-l \leqslant x \leqslant l$ 上

由式(4-41),直接顶的挠曲方程为:

$$W(x) = \frac{1}{D}\left\{\frac{1}{24}q_z(x-l)^4 + \frac{1}{6}(T_0 + q_zl)(x-l)^3 + \frac{1}{2}\left(M_0 + T_0l + \frac{1}{2}q_zl^2\right)(x-l)^2 - \right.$$

$$\left.\frac{1}{\alpha}\left[2M_0 + \frac{(1+2\alpha l)}{\alpha}T_0 + \frac{(1+\alpha l)}{\alpha}q_zl\right](x-l) + \frac{1}{2\alpha^2}\left[M_0 + \frac{(1+\alpha l)}{\alpha}T_0 + \frac{(2+\alpha l)}{2\alpha}q_zl\right]\right\}$$

(2) 在 $x \geqslant l$ 上

由式(4-41),直接顶的挠曲方程为:

$$W(x) = \frac{1}{2D\alpha^2}e^{-\alpha(x-l)}\left[-\left(M_0 + T_0l + \frac{1}{2}q_zl^2\right)\sin(\alpha(x-l)) + \left(M_0 + \frac{(1+\alpha l)}{\alpha}T_0 + \frac{(2+\alpha l)}{2\alpha}q_zl\right)\cos(\alpha(x-l))\right]_z$$

(3) 在 $x \leqslant -l$ 上

由式(4-41),直接顶的挠曲方程为:

$$W(x) = \frac{1}{2D\beta^2}e^{\beta(x+l)}\left[-\left(M_0 - T_0l + \frac{1}{2}q_zl^2\right)\sin(-\beta(x+l)) + \left(M_0 - \frac{(1+\beta l)}{\beta}T_0 + \frac{(2+\beta l)}{2\beta}q_zl\right)\cos(-\beta(x+l))\right]_z$$

由式(4-47)和式(4-48),$M_0$,$T_0$ 的值为:

$$M_0 = -\frac{q_zl}{R}\left\{\left[\frac{1}{2}\beta^2(1+\alpha l) + \frac{1}{2}\alpha^2(1+\beta l) + \frac{1}{3}\alpha^2\beta^2l^2\right]\times\left[\beta^3(1+\alpha l) + \alpha^3(1+\beta l) + \frac{4}{3}\alpha^3\beta^3l^3\right] - \right.$$

$$\left.\frac{1}{4}\left[\beta^3(2+\alpha l) + \alpha^3(2+\beta l)\right]\times\left[\beta^2(1+2\alpha l) - \alpha^2(1+2\beta l)\right]\right\}$$

$$T_0 = \frac{q_zl}{R}\left\{\alpha\beta(\beta^2 - \alpha^2)\left[\frac{1}{2}\beta^2(1+\alpha l) + \frac{1}{2}\alpha^2(1+\beta l) + \frac{1}{3}\alpha^2\beta^2l^2\right] - \frac{1}{2}\left[\beta^3(2+\alpha l) - \alpha^3(2+\beta l)\right]\times\left[\alpha\beta^2 + \alpha^2\beta + 2\alpha^2\beta^2l\right]\right\}$$

其中:

$$R = (\alpha\beta^2 + \alpha^2\beta + 2\alpha^2\beta^2l)\left[\beta^3(1+\alpha l) + \alpha^3(1+\beta l) + \frac{4}{3}\alpha^3\beta^3l^3\right] - $$

$$\frac{1}{2}\alpha\beta(\beta^2 - \alpha^2)\left[\beta^2(1+2\alpha l) - \alpha^2(1+2\beta l)\right]$$

$$\alpha = \left(\frac{E_{ja}}{4DM}\right)^{\frac{1}{4}}$$

$$\beta = \left(\frac{E_{jb}}{4DM}\right)^{\frac{1}{4}}$$

由于两帮基础力学特性相同,因此:

$$E_{ja} = E_{jb} \tag{4-72}$$

则:

$$\alpha = \beta \tag{4-73}$$

将式(4-72)和式(4-73)代入上述各式中,得到:

① 工作面中央直接顶 $O$—$O'$ 截面($x=0$)处:

弯矩: 
$$M_0 = -\frac{q_zl(\alpha^2l^2 + 3\alpha l + 3)}{6\alpha(\alpha l + 1)} \tag{4-74}$$

剪力: 
$$T_0 = 0 \tag{4-75}$$

② 在 $-l \leqslant x \leqslant l$ 上直接顶的挠曲方程:

$$W(x) = \frac{1}{D}\left\{\frac{1}{24}q_z(x-l)^4 + \frac{1}{6}q_zl(x-l)^3 + \frac{1}{2}\left(M_0 + \frac{1}{2}q_zl^2\right)(x-l)^2 - \right.$$

$$\frac{1}{\alpha}\Big[M_0 + \frac{(1+\alpha l)}{2\alpha}q_z l\Big](x-l) + \frac{1}{2\alpha^2}\Big[M_0 + \frac{(2+\alpha l)}{2\alpha}q_z l\Big]\Big\}$$

$$= \frac{1}{D}\Big\{\frac{1}{24}q_z x^4 + \frac{1}{2}M_0 x^2 + \frac{1}{2\alpha^2}\Big[M_0 + \frac{(2+\alpha l)}{2\alpha}q_z l\Big] - \frac{1}{24}q_z l^4 - \frac{1}{2}M_0 l^2\Big\} \tag{4-76}$$

在 $x=0$ 处,直接顶的挠度:

$$W_0 = \frac{1}{24}\frac{q_z l}{D\alpha^3(1+\alpha l)}(2\alpha^3 l^3 + 7\alpha^2 l^2 + 12\alpha l + 6)$$

③ 在 $x>l$ 上,直接顶的挠曲方程:

$$W(x) = \frac{q_z l e^{-\alpha(x-l)}}{12D\alpha^3(1+\alpha l)}\{(3-2\alpha^2 l^2)\sin[\alpha(x-l)] + (2\alpha^2 l^2 + 6\alpha l + 3)\cos[\alpha(x-l)]\} \tag{4-77}$$

④ 在 $x<l$ 上,直接顶的挠曲方程:

$$W(x) = \frac{q_z l e^{\alpha(x-l)}}{12D\alpha^3(1+\alpha l)}\left\{\begin{array}{l}(3-2\alpha^2 l^2)\sin[-\alpha(x+l)] + \\ (2\alpha^2 l^2 + 6\alpha l + 3)\cos[-\alpha(x+l)]\end{array}\right\} \tag{4-78}$$

**4.1.5.2 直接顶结构的危险点和面**

(1) 最大弯曲应力点

① 弯矩最大值

由于结构对称,取图 4-6 结构的右半部分进行分析,如图 4-13 所示。

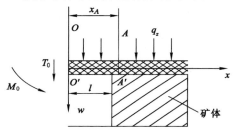

图 4-13 弯曲应力分析

在 $0 \leqslant x \leqslant l$ 上,直接顶的弯矩由式(4-76)可以得到:

$$M(x) = D\frac{\mathrm{d}^2 W(x)}{\mathrm{d}x^2} = \frac{1}{2}q_z x^2 + M_0 = \frac{1}{2}q_z x^2 - \frac{q_z l(2\alpha^2 l^2 + 6\alpha l + 3)}{6\alpha(\alpha-l)} \tag{4-79}$$

在 $x=0$ 处,弯矩有极小值(考虑了弯矩的作用方向),即:

$$M_0 = -\frac{q_z l(2\alpha^2 l^2 + 6\alpha l + 3)}{6\alpha(\alpha-l)} \tag{4-80}$$

在 $0 \leqslant x \leqslant l$ 上,弯矩 $M(x)$ 是 $x$ 的增函数。

当 $x>l$,直接顶的弯矩由式(4-77)可以得到:

$$M(x) = D\frac{\mathrm{d}^2 W(x)}{\mathrm{d}x^2}$$

$$= \frac{q_z l e^{-\alpha(x-l)}}{6\alpha(1+\alpha l)}\{(2\alpha^2 l^2 + 6\alpha l + 3)\sin[\alpha(x-l)] + (3-2\alpha^2 l^2)\cos[\alpha(x-l)]\} \tag{4-81}$$

令 $\dfrac{\mathrm{d}M(x)}{\mathrm{d}x} = 0$,得:

$$\frac{q_z l}{6\alpha(1+\alpha l)}\mathrm{e}^{-\alpha(x-l)}\{(4\alpha^2 l^2+6\alpha l)\sin[\alpha(x-l)]-(6+6\alpha l)\cos[\alpha(x-l)]\}=0$$

$$x_A=l+\frac{1}{\alpha}\arctan\frac{3(1+\alpha l)}{2\alpha^2 l^2+3\alpha l} \tag{4-82}$$

在 $x=x_A$ 处，弯矩有极值。并且，$l<x<x_A$ 时，$\dfrac{\mathrm{d}M(x)}{\mathrm{d}x}>0$，$M(x)$ 是 $x$ 的增函数；$x>x_A$ 时，$\dfrac{\mathrm{d}M(x)}{\mathrm{d}x}<0$，$M(x)$ 是 $x$ 的减函数。因此，$M(x_A)$ 是极大值。将式（4-82）代入式（4-81），得到：

$$M(x_A)=\frac{q_z l}{6\alpha(1+\alpha l)}\mathrm{e}^{-\arctan\frac{3(1+\alpha l)}{2\alpha^2 l^2+3\alpha l}}\times\begin{cases}(2\alpha^2 l^2+6\alpha l+3)\sin\left[\arctan\dfrac{3(1+\alpha l)}{2\alpha^2 l^2+3\alpha l}\right]+\\[2mm](2\alpha^2 l^2-3)\cos\left[\arctan\dfrac{3(1+\alpha l)}{2\alpha^2 l^2+3\alpha l}\right]\end{cases}$$

$$\tag{4-83}$$

在不考虑弯曲方向的情况下，直接顶最大弯矩：

$$M_{\max}=\max(|M(0)|,M(x_A))$$

② 最大弯曲应力

令：

$$|M(0)|=|M(x_A)|$$

将式（4-80）和式（4-83）代入上式得到：

$$\frac{q_z l(\alpha^2 l^2+3\alpha l+3)}{6\alpha(\alpha+l)}=\frac{q_z l}{6\alpha(1+\alpha l)}\mathrm{e}^{-\arctan\frac{3(1+\alpha l)}{2\alpha^2 l^2+3\alpha l}}\times$$

$$\begin{cases}(2\alpha^2 l^2+6\alpha l+3)\sin\left[\arctan\dfrac{3(1+\alpha l)}{2\alpha^2 l^2+3\alpha l}\right]+\\[2mm](2\alpha^2 l^2-3)\cos\left[\arctan\dfrac{3(1+\alpha l)}{2\alpha^2 l^2+3\alpha l}\right]\end{cases}$$

解得：

$$\alpha l=3.44$$

当 $\alpha l>3.44$ 时，$|M(0)|<|M(x_A)|$，在 $A\!-\!A'$ 截面上有最大弯矩；

当 $\alpha l<3.44$ 时，$|M(0)|>|M(x_A)|$，在 $O\!-\!O'$ 截面上有最大弯矩。

在软支硬板结构的短壁工作面中，一般 $\dfrac{E_j}{E_L}>100$：

$$\alpha=\left(\frac{E_j}{4DM}\right)^{\frac{1}{4}}=\left[\frac{3(1-\mu^2)E_j}{E_L h^3 M}\right]^{\frac{1}{4}},\alpha l=\left[\frac{3(1-\mu^2)E_j l^4}{E_L h^3 M}\right]^{\frac{1}{4}} \tag{4-84}$$

式中　$E_j$ ——工作面两帮岩体的弹性模量，MPa；

　　　　$E_L$ ——直接顶的弹性模量，MPa，一般 $\dfrac{E_j}{E_L}>100$；

　　　　$\mu$ ——直接顶的泊松比，$\mu\leqslant 0.2$；

　　　　$h$ ——直接顶的厚度，一般 $h\leqslant 1.2$ m；

　　　　$l$ ——工作面宽度的一半，$l\geqslant 1.25$ m；

　　　　$M$ ——工作面高度，一般 $\dfrac{l}{M}\approx 0.5$。

以上参数量代入式（4-84）得到在软支硬板结构的短壁工作面中，一般 $\alpha l>3.57$。

因此在软支硬板结构的短壁工作面中，$|M(0)|<|M(x_A)|$，也就是说直接顶中最大

弯矩在 $A$—$A'$ 截面,即在 $x_A = l + \dfrac{1}{\alpha}\arctan\dfrac{3(1+\alpha l)}{2\alpha^2 l^2 + 3\alpha l}$ 处,由工作面侧帮向里距离 $t = \dfrac{1}{\alpha}\arctan\dfrac{3(1+\alpha l)}{2\alpha^2 l^2 + 3\alpha l}$ 处的最大弯矩为:

$$M(x_A) = \frac{q_z l}{6\alpha(1+\alpha l)}\mathrm{e}^{-\arctan\frac{3(1+\alpha l)}{2\alpha^2 l^2 + 3\alpha l}} \times \left\{ \begin{array}{l} (2\alpha^2 l^2 + 6\alpha l + 3)\sin\left[\arctan\dfrac{3(1+\alpha l)}{2\alpha^2 l^2 + 3\alpha l}\right]+ \\ (2\alpha^2 l^2 - 3)\cos\left[\arctan\dfrac{3(1+\alpha l)}{2\alpha^2 l^2 + 3\alpha l}\right] \end{array} \right\}$$

(4-85)

在直接顶上表面 $A$ 处有最大拉应力,在直接顶下表面 $A'$ 处有相同大小的最大压应力,最大拉应力为:

$$\sigma_{\max} = \frac{6M_{\max}}{h^2} = \frac{6M(x_A)}{h^2}$$

(4-86)

如图 4-7 所示,最大拉应力所在位置参数:$t = \dfrac{1}{\alpha}\arctan\dfrac{3(1+\alpha l)}{2\alpha^2 l^2 + 3\alpha l}$。

由于直接顶岩石材料的抗压强度远大于抗拉强度,因此一般首先是在 $A$—$A'$ 截面的 $A$ 点发生拉伸破坏。由于结构对称,同样在工作面的左半部分也有相同的情况。

(2) 最大剪力

直接顶最大剪力分析如图 4-14 所示。

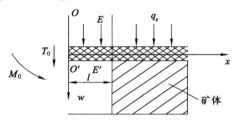

图 4-14　直接顶最大剪力分析

① 在 $0 \leqslant x \leqslant l$ 上直接顶的剪力,由式(4-79)得到:

$$Q(x) = \frac{\mathrm{d}M(x)}{\mathrm{d}x} = q_z x$$

(4-87)

在 $0 \leqslant x \leqslant l$ 上,$Q(x)$ 是 $x$ 的增函数,在 $x = l$ 处,达到最大值,即:

$$Q(l) = q_z l$$

(4-88)

② 在 $x > l$ 上直接顶的剪力,式(4-80)得到:

$$Q(x) = \frac{\mathrm{d}M(x)}{\mathrm{d}x} = -\frac{q_z l \mathrm{e}^{-\alpha(x-l)}}{6\alpha(1+\alpha l)}\{(6\alpha l + 4\alpha^2 l^2)\sin[\alpha(x-l)] - (6\alpha l + 6)\cos[\alpha(x-l)]\}$$

$$\frac{\mathrm{d}Q(x)}{\mathrm{d}x} = -\frac{q_z \alpha l}{6(1+\alpha l)}\{(3 - 2\alpha^2 l^2)\sin[\alpha(x-l)] + (2\alpha^2 l^2 + 6\alpha l + 3)\cos[\alpha(x-l)]\}$$

(4-89)

令 $\dfrac{\mathrm{d}Q(x)}{\mathrm{d}x} = 0$,得到:

$$x = l + \arctan\frac{2\alpha^2 l^2 + 6\alpha l + 3}{2\alpha^2 l^2 - 3}$$

(4-90)

当 $l < x < l + \arctan \dfrac{2\alpha^2 l^2 + 6\alpha l + 3}{2\alpha^2 l^2 - 3}$ 时，$\dfrac{\mathrm{d}Q(x)}{\mathrm{d}x} < 0$，$Q(x)$ 是 $x$ 的减函数。因此，在直接顶中，最大剪应力出现在 $x = l$ 的 $E\!-\!E'$ 截面上。

$$Q_{\max} = Q(l) = q_z l$$

（3）压应力集中

如图 4-13 所示，在工作面直接顶和两帮的交接处 $E'$ 点，由于直接顶和两帮的相互作用会出现应力集中，直接顶和两帮侧壁交接处的作用力大小可由式（4-5）得到：

$$
\begin{aligned}
p(x) &= \frac{E_j}{M} W(x) \\
&= \frac{q_z l \mathrm{e}^{-\alpha(x-l)}}{12 D \alpha^3 (1 + \alpha l)} \left\{ (3 - 2\alpha^2 l^2) \sin[\alpha(x-l)] + (2\alpha^2 l^2 + 6\alpha l + 3) \cos[\alpha(x-l)] + \frac{M}{E_j} q_z \right\}
\end{aligned}
$$

$$(4\text{-}91)$$

在 $E'$ 点处的压应力（$x = l$）为：

$$\sigma_z = p(l) = \frac{E_j}{M} \frac{(2\alpha^2 l^2 + 6\alpha l + 3) q_z l}{12 D \alpha^3 (1 + \alpha l)} + q_z = q_z \left[ \frac{(2\alpha^2 l^2 + 6\alpha l + 3)\alpha l}{3(1 + \alpha l)} + 1 \right] \quad (4\text{-}92)$$

## 4.2　壁式充填开采覆岩运动规律

采用 W. 布德雷克理论观点，在研究过程中假设无限延伸的厚 $m$ 的顶板岩层承受垂直均布压力 $P_z$，岩层的一部分支承在煤层上，而另一部分支承在充填体上。根据充填体的密实度和煤层变形特性不同，在煤层的开采边界上顶板岩层发生或大或小的弯曲。首先研究充填体上方的顶板弯曲，假设充填体同煤层一样为弹性地基。

在图 4-15 的坐标系中，弯曲线的微分方程为：

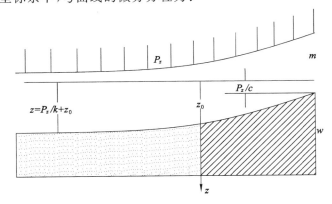

图 4-15　充填采煤条件下的顶板弯曲

$$EJ \cdot \frac{\mathrm{d}^2 z}{\mathrm{d}x^2} = -M(x) \tag{4-93}$$

顶板单位载荷为：

$$P_z - P = P_z - k(z - z_0) \tag{4-94}$$

式中，$P$ 为地基（充填体）的反作用力。煤层开采边界不是绝对刚性地基，因为在顶板压力的作用下，充填体具有一定范围 $z_0$ 的可缩性。充填体的反作用力等于：

$$P = k(z - z_0)$$

式中，$k$ 为地基（充填体）的阻力系数。

如果用 $T$ 表示横向力，则在横向力和弯曲力矩之间存在关系。如果从断面 $x$ 过渡到断面 $x+\mathrm{d}x$，横向力的变化用下式表示：

$$\mathrm{d}T = \left[k(z - z_0) - P_z\right]\mathrm{d}x$$

横向力的正向（向上）与地基反作用力方向一致。两次微分式(4-93)得：

$$EJ \cdot \frac{\mathrm{d}^4 x}{\mathrm{d}x^4} = -\frac{\mathrm{d}T}{\mathrm{d}x} = P_z - k(z - z_0) \tag{4-95}$$

代入参数：

$$a = \sqrt[4]{\frac{k}{4EJ}}$$

可以写出式(4-95)的积分形式：

$$z = \frac{P_z}{k} + z_0 + \mathrm{e}^{-ax}(C_1 \sin ax + C_2 \cos ax) + \mathrm{e}^{ax}(C_3 \sin ax + C_4 \cos ax)$$

当 $x \to \infty$，下沉值趋向于：

$$z = \frac{P_z}{k} + z_0$$

所以：

$$C_3 = C_4 = 0$$

因此弯曲线方程式为：

$$z = \frac{P_z}{k} + z_0 + \mathrm{e}^{-ax}(C_1 \sin ax + C_2 \cos ax) \tag{4-96}$$

所以弯曲线为波形线，其波形线方程式为：

$$2L = \frac{2\pi}{\alpha} = 2\pi \sqrt[4]{\frac{4EJ}{k}} \tag{4-97}$$

求算函数(4-96)的第一、第二、第三级导数：

$$\begin{cases} \dfrac{\mathrm{d}z}{\mathrm{d}x} = -\alpha \mathrm{e}^{-\alpha x}\left[(C_1 + C_2)\sin \alpha x + (C_2 - C_1)\cos \alpha x\right] \\[2mm] \dfrac{\mathrm{d}^2 z}{\mathrm{d}x^2} = 2\alpha^2 \mathrm{e}^{-\alpha x}\left[C_2 \sin \alpha x - C_1 \cos \alpha x\right] \\[2mm] \dfrac{\mathrm{d}^3 z}{\mathrm{d}x^3} = -2\alpha^3 \mathrm{e}^{-\alpha x}\left[(C_2 - C_1)\sin \alpha x + (C_2 + C_1)\cos \alpha x\right] \end{cases} \tag{4-98}$$

在开采边界($x=0$)处为：

$$\begin{cases} z = z_0 + \dfrac{P_z}{k} + C_2 \\[2mm] \dfrac{\mathrm{d}z}{\mathrm{d}x} = -\alpha(C_2 - C_1) \\[2mm] \dfrac{\mathrm{d}^2 z}{\mathrm{d}x^2} = -2\alpha^2 C_1 \\[2mm] \dfrac{\mathrm{d}^3 z}{\mathrm{d}x^3} = 2\alpha^3(C_1 + C_2) \end{cases} \tag{4-99}$$

现在研究煤层上方顶板的弯曲。弯曲线方程式可写成下述形式：

$$EJ \frac{\mathrm{d}^4 z}{\mathrm{d}x^4} = P_z - cz \tag{4-100}$$

当参数：
$$\beta = \sqrt[4]{\frac{c}{4EJ}}$$

式(4-99)的一般积分形式为：
$$z = \frac{P_z}{c} + e^{\beta x}(B_1 \sin \beta x + B_2 \cdot \cos \beta x) + e^{-\beta x}(B_3 \sin \beta x + B_4 \cdot \cos \beta x)$$

因为在无限远处 $x \to \infty, z \to \dfrac{P_z}{c}, e^{\beta x} \to 0, e^{-\beta x} \to \infty$，故必须是 $B_3 = B_4 = 0$。

弯曲线方程式为：
$$z = \frac{P_z}{c} + e^{\beta x}(B_1 \sin \beta x + B_2 \cos \beta x) \tag{4-101}$$

这是波形线，其波长为：
$$2L = \frac{2\pi}{\beta} = 2\pi \sqrt[4]{\frac{4EJ}{c}}$$

因为充填体的阻力系数远远小于煤层的阻力系数，$k < c$，故充填体上方的波长大于煤层上方的波长，$L' > L$。而参数 $\alpha < \beta$。

求算函数(4-101)的第一、第二、第三级导数：
$$\begin{cases} \dfrac{dz}{dx} = \beta e^{\beta x}\left[(B_1 - B_2)\sin \beta x + (B_2 + B_1)\cos \beta x\right] \\[2mm] \dfrac{d^2 z}{dx^2} = 2\beta^2 e^{\beta x}\left[-B_2 \sin \beta x + B_1 \cos \beta x\right] \\[2mm] \dfrac{d^3 z}{dx^3} = 2\beta^3 e^{\beta x}\left[-(B_1 + B_2)\sin \beta x + (B_1 - B_2)\cos \beta x\right] \end{cases} \tag{4-102}$$

在开采边界($x = 0$)处为：
$$\begin{cases} z = \dfrac{P_z}{k} + B_2 \\[2mm] \dfrac{dz}{dx} = \beta(B_1 + B_2) \\[2mm] \dfrac{d^2 z}{dx^2} = 2\beta^2 B_1 \\[2mm] \dfrac{d^3 z}{dx^3} = 2\beta^3(B_1 - B_2) \end{cases} \tag{4-103}$$

显然，根据方程式(4-99)，这些数值应等于函数和下沉 $z$(充填体上方)的导数的相应值，通过对比两种数值可以得到 5 个方程组，它可以计算出到目前为止尚未确定的常数 $C_1$，$C_2, z_0, B_1, B_2$。

$$z_0 = \frac{P_z}{k} + C_2$$

$$\frac{P_z}{c} + B_2 = z_0$$

$$\alpha(C_1 - C_2) = \beta(B_1 + B_2)$$

$$-2\alpha^2 C_1 = 2\beta^3(B_1 - B_2)$$

$$2\alpha^3(C_1 + C_2) = 2\beta^3(B_1 - B_2)$$

从上述方程式得：
$$C_2 = -\frac{P_z}{k}$$

$$C_1 = -\frac{\beta - \alpha}{\beta + \alpha} \cdot \frac{P_z}{k}$$

$$B_1 = \frac{\alpha^2}{\beta} \cdot \frac{\beta - \alpha}{\beta + \alpha} \cdot \frac{P_z}{k}$$

$$B_2 = \frac{\alpha^2}{\beta^2} \cdot \frac{P_z}{k}$$

$$z_0 = \frac{P_z}{c} + \frac{\alpha^2}{\beta^2} \cdot \frac{P_z}{k}$$

现在可将顶板弯曲线的方程式写成最后的形式。

在充填体上（$x \geqslant 0$）：

$$z = \frac{P_z}{c} + \frac{\alpha^2 + \beta^2}{\beta^2} \cdot \frac{P_z}{k} + \frac{P_z}{k} e^{-\alpha x} \left[ -\frac{\beta - \alpha}{\beta + \alpha} \cdot \sin \alpha x - \cos \alpha x \right] \tag{4-104}$$

$$\frac{\mathrm{d}z}{\mathrm{d}x} = -\alpha \frac{P_z}{k} \cdot e^{-\alpha x} \left[ -\frac{2\beta}{\beta + \alpha} \cdot \sin \alpha x - \frac{2\alpha}{\beta + \alpha} \cdot \cos \alpha x \right] \tag{4-105}$$

$$\frac{\mathrm{d}^2 z}{\mathrm{d}x^2} = 2\alpha^2 \cdot \frac{P_z}{k} \cdot e^{-\alpha x} \left[ -\sin \alpha x + \frac{\beta - \alpha}{\beta + \alpha} \cdot \cos \alpha x \right] \tag{4-106}$$

$$\frac{\mathrm{d}^3 z}{\mathrm{d}x^3} = -2\alpha^3 \cdot \frac{Pz}{k} \cdot e^{-\alpha x} \left[ -\frac{2\alpha}{\beta + \alpha} \cdot \sin \alpha x + \frac{2\beta}{\beta + \alpha} \cdot \cos \alpha x \right] \tag{4-107}$$

在煤层上方（$x \leqslant 0$）：

$$z = \frac{P_z}{c} + \frac{\alpha^2}{\beta^2} \cdot \frac{P_z}{k} e^{\beta x} \left[ \frac{\beta - \alpha}{\beta + \alpha} \cdot \sin \beta x + \cos \beta x \right] \tag{4-108}$$

$$\frac{\mathrm{d}z}{\mathrm{d}x} = \frac{\alpha^2}{\beta} \cdot \frac{P_z}{k} \cdot e^{\beta x} \left[ \frac{2\alpha}{\beta + \alpha} \cdot \sin \beta x + \frac{2\beta}{\beta + \alpha} \cdot \cos \beta x \right] \tag{4-109}$$

$$\frac{\mathrm{d}^2 z}{\mathrm{d}x^2} = 2\alpha^2 \cdot \frac{P_z}{k} \cdot e^{\beta x} \left[ -\sin \beta x + \frac{\beta - \alpha}{\beta + \alpha} \cdot \cos \beta x \right] \tag{4-110}$$

$$\frac{\mathrm{d}^3 z}{\mathrm{d}x^3} = 2\alpha^2 \beta \cdot \frac{P_z}{k} \cdot e^{\beta x} \left[ -\frac{2\beta}{\beta + \alpha} \cdot \sin \beta x - \frac{2\alpha}{\beta + \alpha} \cdot \cos \beta x \right] \tag{4-111}$$

根据式（4-110）和式（4-111），可以从以下方程式求出弯矩和横向力：

$$M = -EJ \frac{\mathrm{d}^2 z}{\mathrm{d}x^2} \tag{4-112}$$

$$T = EJ \frac{\mathrm{d}^3 z}{\mathrm{d}x^3} \tag{4-113}$$

在开采边界（$x = 0$）处横向力达到最大值，在此处该横向力等于顶板作用于煤层上全部压力，即：

$$T_{x=0} = -\frac{4\alpha^3 \beta}{\beta + \alpha} \cdot \frac{P_z}{k} \cdot EJ \tag{4-114}$$

因为：

$$\frac{4EJ}{k} = \frac{1}{\alpha^4} \tag{4-115}$$

故：

$$T_{x=0} = \frac{\beta}{\alpha(\beta+\alpha)} \cdot P_z \tag{4-116}$$

开采边界($x=0$)处的弯矩为:

$$M_{x=0} = -2\alpha^2 \cdot \frac{\beta-\alpha}{\beta+\alpha} \cdot \frac{P_z}{k} \cdot EJ$$

将式(4-115)值代入后得:

$$M_{x=0} = -\frac{\beta-\alpha}{2\alpha^2(\beta+\alpha)} \cdot P_z \tag{4-117}$$

但在横向力,即式(4-117)三级导数等于零处,式(4-112)的弯矩达到最大值。考虑上述条件得:

$$\tan\beta x = -\frac{\alpha}{\beta}$$

因此:

$$x = -\frac{1}{\beta}\arctan\frac{\alpha}{\beta}$$

将该值代入方程式 $\dfrac{\mathrm{d}z}{\mathrm{d}x} = \beta \cdot (B_1 + B_2)$,经整理后得:

$$M_{\max} = -\frac{1}{2a^2}\frac{\sqrt{\alpha^2+\beta^2}}{\alpha+\beta} \cdot \mathrm{e}^{-2\cot\frac{\alpha}{\beta}} \cdot P_z \tag{4-118}$$

正如式(4-116)和式(4-118)所示,横向力和弯矩最大值取决于下列因素:

——压力值 $P_z$,然后是深度;

——$\alpha$ 与 $\beta$ 的相互关系,即充填体和煤层上方的波长比。

如果煤层被视为绝对刚性地基,即 $\beta \rightarrow \infty$,该参数的变化范围为:$\alpha \leqslant \beta \leqslant \infty$,根据这种情况,$T_0$ 和 $M_{\max}$ 的区间将为:

$$\frac{1}{2\alpha} \cdot P_z \leqslant T_0 \leqslant \frac{1}{\alpha} \cdot P_z \tag{4-119}$$

$$\frac{0.16}{\alpha^2} \cdot P_z \leqslant M_{\max} \leqslant \frac{0.5}{\alpha^2} \cdot P_z \tag{4-120}$$

根据上述公式不难断定,作为地基的煤层越坚硬,弯矩和横向力越大。

参数 $\alpha$ 对横向力和弯矩有很大影响,这一点从式(4-118)、式(4-119)及式(4-120)中可看的尤为清楚。如果顶板坚硬和充填体密实,则参数 $\alpha$ 小,而弯矩和横向力则大。反之,如果顶板弯曲和充填体密实,这些数值就非常小。

用 $-c$ 乘以式(4-108)弯曲曲线横坐标轴,可得出煤层中的回采压力(应力)分布:

$$\sigma_z = -P_z - \frac{\alpha^2}{\beta^2} \cdot \frac{c}{k} \cdot P_z \cdot \mathrm{e}^{\beta x}\left(\frac{\beta-\alpha}{\beta+\alpha} \cdot \sin\beta x + \cos\beta x\right) \tag{4-121}$$

因为:

$$\frac{\alpha^2}{\beta^2} = \sqrt{\frac{k}{c}}$$

故:

$$\sigma_z = -P_z - \sqrt{\frac{c}{k}} \cdot P_z \cdot \mathrm{e}^{\beta x}\left(\frac{\beta-\alpha}{\beta+\alpha} \cdot \sin\beta x + \cos\beta x\right) \tag{4-122}$$

煤层中的压力也是按照波形曲线分布的。最大压力出现在长壁工作面,其压力为:

$$\sigma_{z\max} = -\left(P_z + P_z\sqrt{\frac{c}{k}}\right) = -P_z\left(1 + \sqrt{\frac{c}{k}}\right) \tag{4-123}$$

正如式(4-123)所示,煤层中的回采压力值取决于:

——煤层中的原始应力,即赋存深度;

——参数 $\beta$,它等于:

$$\beta = \sqrt[4]{\frac{c}{4EJ}}$$

如果底板和煤层坚硬,则系数 $c$ 较大,同时 $\beta$ 和压力(应力)$\sigma_{zmax}$ 也较大,而当底板软弱时,该压力就较小,同时充填密度($k$)大,压力也就较小。由此得知,在深度大的条件下,当顶、底板均为坚硬岩石时会出现不利的压力条件。井下的矿压观测充分证实了这一结论。最有代表性的冲击地压,正是出现在开采较深部的、强度较大的坚硬岩层内的煤层中。充填体中的应力(压力)分布由下式求出:

$$\sigma_p = -k(z - z_{x=0})$$

用式(4-96)和 $z_{x=0}$ 的式(4-104)的数值置换公式中的 $z$,得:

$$\sigma_p = -\left[P_z + e^{-\alpha} \cdot P_z^x \left(-\frac{\beta-\alpha}{\beta+\alpha} \cdot \sin\alpha x - \cos\alpha x\right)\right]$$

$$\sigma_p = -P_z\left[1 - e^{-\alpha x}\left(\frac{\beta-\alpha}{\beta+\alpha} \cdot \sin\alpha x + \cos\alpha x\right)\right] \tag{4-124}$$

将表达式(4-124)的一级导数视为零,则得到产生函数最大值的点:

$$\frac{\mathrm{d}\sigma_p}{\mathrm{d}x} = -\alpha e^{-\alpha x}\left(\frac{2\beta}{\beta+\alpha} \cdot \sin\alpha x + \frac{2\alpha}{\beta+\alpha} \cdot \cos\alpha x\right)P_z = 0 \tag{4-125}$$

从式(4-125)求出:

$$\begin{cases} \tan\alpha x = -\dfrac{\alpha}{\beta} \\[2mm] \tan(\pi - \alpha x) = \dfrac{\alpha}{\beta} \\[2mm] \alpha x = \pi - \arctan\dfrac{\alpha}{\beta} \\[2mm] x = \dfrac{1}{\alpha}\left(\pi - \arctan\dfrac{\alpha}{\beta}\right) \\[2mm] \sin\alpha x = \dfrac{\tan\alpha x}{\sqrt{1+\tan^2\alpha x}} = -\dfrac{\left(\dfrac{\alpha}{\beta}\right)}{\sqrt{1+\left(\dfrac{\alpha}{\beta}\right)^2}} \\[4mm] \cos\alpha x = \dfrac{1}{\sqrt{1+\tan^2\alpha x}} = \dfrac{1}{\sqrt{1+\left(\dfrac{\alpha}{\beta}\right)^2}} \end{cases} \tag{4-126}$$

考虑到在方程式(4-124)中的上述关系式(4-126),可得到:

$$\sigma_{pmax} = -\left(P_z + P_z \cdot \frac{\sqrt{\alpha^2+\beta^2}}{\alpha+\beta} \cdot e^{\arctan\frac{\alpha}{\beta}}\right)$$

将 $x = \infty$ 代入式(4-104)中,并求出充填体上方的顶板最大下沉量,此时:

$$z_{max} = \frac{P_z}{c} + \frac{\alpha^2+\beta^2}{\beta^2} \cdot \frac{P_z}{k}$$

式中,$P_z/c$ 表示在开始回采之前载荷和非载荷系统的水平差,在实际计算中可忽略不计。

因此：

$$z_{\max} = \frac{\alpha^2 + \beta^2}{\beta^2} \cdot \frac{P_z}{k}$$

在顶板弯曲的微分方程中所考虑的仅仅是弯矩，而忽略了横向力的影响，其结果所得到的是作为弯曲线的一定波长的波形线。T. 欧尔格进一步发展了上述理论，得出顶板的弯曲曲线取决于煤层的赋存条件、煤层厚度和顶板力学特性以及充填体的性能。图 4-16 为某矿井充填开采过程中不同顶板条件下的弯曲下沉曲线。

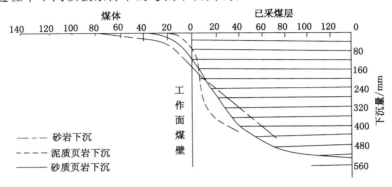

图 4-16　顶板弯曲曲线

# 5 膏体料浆输送基本理论与计算

在膏体充填中,管道输送是重要的工艺环节,探索充填料浆在管道中的运动规律,是充填料浆输送理论研究的基本内容。膏体充填系统充填管路分为以下三部分:从充填泵出口到进入工作面之前的充填管路称为干线管;沿工作面布置的充填管称为工作面管;由工作面管向采空区布置的充填管称为布料管。按照工作面正常充填程序,可将充填料浆在充填管路中的流动过程分为两类:一类是两相流,包括准备工作过程中的灰浆推水、矸石浆推灰浆和结束过程中的灰浆推矸石浆和水推灰浆;另一类是工作面正常充填过程的结构流。由于充填料浆输送过程的复杂性,还未能从根本上解决其基本理论问题,分清两相流和结构流间的结合点与分界点,因此充填料浆输送问题仍需要进一步研究,才能逐步改善料浆在输送过程中出现的堵管等问题。

## 5.1 两相流输送技术

### 5.1.1 两相流特征

由于固体粒状物料的管道水力输送较其他的运送方式有许多优点,在一些工业部门获得了广泛的应用。管道水力输送的技术问题是在固体物料输送量、输送距离和高差一定时选择适当的管径、浓度和流速,研究固液两相流输送技术对于自流充填系统的设计和安全生产极其重要。设计或检验一套管道自流输送系统,首先必须预计在给定条件下的最基本输送参数水力坡度,才能开展管道输送与其他输送工具之间以及管道在不同参数条件下的技术经济比较,从而确定最佳的输送方式。两相流又称非均质或固液悬浮体,它是工业生产实践中通常应用的形式。在两相流输送中,固体物料一般在紊流状态中输送,其悬浮程度主要取决于与紊流扩散有关的浆体流速,同时在某一压力的作用下,浆体在管道中的流动必须克服与管壁产生的阻力和产生湍流时的层间阻力,综合起来称为摩擦阻力损失即水力坡度。影响水力坡度的因素很多,主要有固体颗粒的粒径、粒级组成不均匀系数、物料密度、浆体流速、浆体浓度、黏度、温度、管道直径、管壁粗糙度以及管路的敷设状况等。在固液两相流实际应用中,应以大于临界流速的速度输送,否则会发生沉降堵管事故。堵管事故的发生,是管道水力输送固体物料时最令人担心的技术问题。除杂物进入管道堵塞外,部分堵塞是由于料浆浓度过高或料浆流速过低造成的。因此,在实际生产中输送浓度和输送速度的稳定是非常重要的。实践证明,输送速度越是稳定,相对而言水力坡度就越小。

### 5.1.2 充填材料的物理性能

影响水力坡度的充填材料的基本物理性能包括粒径组成、固体颗粒沉降速度、固体颗粒沉降阻力系数、固体颗粒的形状、充填骨料的悬浮等。

#### 5.1.2.1 粒级组成

（1）粒级组成的基本内容

固体物料的粒级组成也称为物料的级配，是指粒状物料中不同粒径颗粒的百分含量，工程中常用均匀系数与平均粒径来表达粒状物料的级配情况。粒状物料的均匀系数是指粒级组成均匀程度的系数，工程上通常以 $d_{90}/d_{10}$、$d_{95}/d_{cp}$、$d_{60}/d_{10}$ 来表示，$d_{95}$、$d_{90}$、$d_{60}$、$d_{10}$ 是相当于粒级组成中粒径累计曲线上 95%、90%、60%、10% 处各自对应的粒径，$d_{cp}$ 是加权平均粒径，是水力输送计算中常用的参数。$d_{95}$、$d_{90}$、$d_{60}$ 是粒状物料中较大颗粒的粒径，$d_{10}$ 是较小颗粒的粒径。$d_{90}/d_{10}$、$d_{95}/d_{cp}$、$d_{60}/d_{10}$ 越大，则表示粒状物料中大小颗粒的粒径相差越大，粒级组成越不均匀。塔博研究认为，当 $d_{60}/d_{10}=4\sim5$ 时，粒状物料的密实性最好，充填料级配比较合理。

（2）物料粒径对水力坡度的影响

在管道直径、灰砂比和料浆浓度相同的条件下，水力坡度随颗粒粒径的增大而增大，因为颗粒粒径大，重力也大，克服颗粒沉降所需的能量也大，但是相同浓度的大粒级料浆在低流速区和高流速区的阻力损失不都比小粒级料浆的阻力损失大，物料粒度对水力坡度的影响如图 5-1 所示。

物料中固体颗粒大、硬度大且表面呈多棱形多面体比圆球形物料阻力损失大，在水力输送中总是以加权平均粒径或等值粒径来大致反映全部固体颗粒的粗细，加权平均粒径的变化对均质浆体阻力损失的影

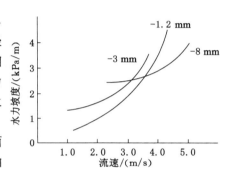

图 5-1  物料粒度对水力坡度的影响

响是很大的，因此采用管道输送固体物料对物料颗粒形状及颗粒粗细要严格筛选。一般认为，只要输送固体物料的粒径不超过管径的 1/3，含量不超过 50% 就可输送，但在实际应用中为了保持料浆输送稳定可行，以固体颗粒最大粒径不超过管径的 1/5~1/6 为宜。固体颗粒粒径大小和粒级组成，不仅要满足材料强度的需要，而且还要满足输送阻力损失小的要求，且固体最大颗粒和粒级组成是决定材料性质的重要因素。实践证明，对管道输送而言，材料颗粒组成的调整和输送浓度的提高可使料浆的输送性和稳定性保持较好的统一。

#### 5.1.2.2  固体颗粒静水沉降速度

颗粒在静水中由于重力作用产生自由沉降，当颗粒处于匀速下沉时定义为颗粒的沉降速度。沉降速度是固体颗粒的重要水力学特性，它表示固体在液体中相互作用时的综合特征，表示固体颗粒水力输送的难易程度，沉降速度越大颗粒就越难悬浮，也就越难水力输送，反之亦然，故沉降速度又称水力粗度。颗粒的密度、粒径、形状以及雷诺数等对颗粒沉降速度有较大影响。雷诺数 $Re$ 是流体流动时的惯性力与摩擦力的比值：

$$Re = (vD)/\mu p \tag{5-1}$$

式中　$v$ ——流体的速度，m/s；

　　　$D$ ——管径，mm；

　　　$\mu$ ——黏性系数。

圆形颗粒的沉降速度计算公式在不同情况时不同：

当 $Re \leqslant 1$（层流运动）时，用斯托克斯公式：

$$v_{\mathrm{s}} = 54.5 d_{\mathrm{s}}^2 \frac{(\rho_{\mathrm{s}} - \rho_{\mathrm{w}})}{\mu} \tag{5-2}$$

式中　　$d_{\mathrm{s}}$ ——固体颗粒直径；

　　　　$\rho_{\mathrm{s}}$ ——固体颗粒密度；

　　　　$\rho_{\mathrm{w}}$ ——水的密度。

当 $Re = 2 \sim 500$（介流运动）时,用阿连公式：

$$v_{\mathrm{s}} = 25.8 d_{\mathrm{s}} \left\{ \left[ \frac{(\rho_{\mathrm{s}} - \rho_{\mathrm{w}})}{\rho_{\mathrm{w}}} \right]^2 (\rho_{\mathrm{w}}/\mu) \right\}^{1/3} \tag{5-3}$$

当 $Re > 1\,000$（紊流运动）时,用牛顿-雷廷格公式：

$$v_{\mathrm{s}} = 51.1 \left[ \frac{d_{\mathrm{s}}(\rho_{\mathrm{s}} - \rho_{\mathrm{w}})}{\rho_{\mathrm{w}}} \right]^{1/2} \tag{5-4}$$

对非球状颗粒,上式中的 $d_{\mathrm{s}}$ 应换成当量直径：

$$d_{\mathrm{d}} = \left( \frac{6V_{\mathrm{p}}}{\pi} \right)^{1/3} \tag{5-5}$$

式中　　$d_{\mathrm{d}}$ ——非球状颗粒当量直径；

　　　　$V_{\mathrm{p}}$ ——固体颗粒实际体积。

现代流体力学直接或间接地利用临界速度和水力坡度来表征固相颗粒的沉降,圆满地解决了球状颗粒在流体中运动时受到阻力的理论计算问题,也通过球状颗粒的形状系数校正来获得非球状颗粒的沉降速度。表 5-1 是非球状固体颗粒的沉降修正系数,不同流态、不同形状固体颗粒的总阻力系数 $\psi$ 与雷诺数 $Re$ 的关系如图 5-2 所示。

表 5-1　　　　　　　　　　非球形颗粒的沉降速度修正系数

| 固体颗粒形状 | 修正系数 $\alpha$ | |
| --- | --- | --- |
| | 一般 | 平均 |
| 椭圆形颗粒 | 0.8～0.9 | 0.85 |
| 多角形颗粒 | 0.7～0.8 | 0.75 |
| 长方形颗粒 | 0.6～0.7 | 0.65 |
| 扁平形颗粒 | 0.4～0.6 | 0.5 |

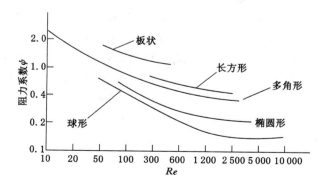

图 5-2　不同形状固体颗粒的 $Re$-$\psi$ 关系曲线

### 5.1.2.3　固体颗粒沉降阻力系数 $\psi$

固体颗粒在水中做等速沉降或被上升水流悬浮时,所受到的重力必须与阻力相平衡,即重力等于阻力和浮力之和。若颗粒为圆球形,可用下列方程式表示:

在层流和介流区内:

$$x = \frac{\rho_s - \rho_0}{2.65 - 1} \tag{5-6}$$

在紊流区内:

$$x = \sqrt{\frac{\rho_s - 1}{2.65 - 1}} \tag{5-7}$$

式中　$\rho_s$——固体颗粒密度,$kg/m^3$;

　　　$\rho_0$——水密度,$kg/m^3$。

$$\rho_s g \frac{\pi d^3}{6} = 6\psi \frac{\rho_0 v_s^2}{\pi d \rho_s} + \rho_s g \frac{\pi d^3}{6} \tag{5-8}$$

圆球形颗粒沉降阻力系数为:

$$\psi = \frac{\pi}{6} \frac{(\rho_s - \rho_w) g d}{\rho_s v_s^2} \tag{5-9}$$

式中　$\rho_s$——固体颗粒密度,$kg/m^3$;

　　　$d$——颗粒直径,m;

　　　$\rho_w$——水的密度,$kg/m^3$;

　　　$v_s$——颗粒的静水沉降速度,m/s。

在工程应用中,$\psi$ 的值通常依雷诺数而定:

当 $Re < 1$ 时,$\psi = 3\pi/Re$;

当 $Re = 25 \sim 500$ 时,$\psi = 5\pi/4\ Re^{0.5}$;

当 $Re \geqslant 500 \sim 1\ 040$ 时,$\psi = \pi/16$。

### 5.1.2.4　非球形颗粒干涉沉降

工程应用中的固体颗粒其外形是不规则的,表面粗糙、外形不对称,因此在静水中沉降时由于受力不均而产生颗粒的转动,同时在颗粒周围产生绕流现象,导致不规则形状的固体颗粒受到的流体阻力比球状颗粒大,沉降速度比球体的小。因此,非球形颗粒的沉降速度计算首先应算出其当量直径 $d_d$ 的沉降速度,再以修正系数 $C_s$ 进行修正。在实际输送中,固体颗粒是成群运动的,固体颗粒之间、固体颗粒与管壁之间难免会发生机械碰撞与摩擦,因此颗粒所受的阻力还要考虑这些内容。可以推想,机械碰撞的附加阻力与沉降环境(空间大小)、颗粒多少(浓度)等有关,可见固体颗粒之间的机械碰撞与摩擦产生的机会越多,固体颗粒下沉的阻力越大,干涉沉降速度越小,反之亦然。因此,当固体颗粒的粒度越细、浓度越大、形状越不规则、表面越粗糙时,流体对颗粒产生的阻力越大,沉降速度越小,反之越大。因此,干涉沉降是十分复杂的,难于用确定的数学方法计算。实践证明,干涉沉降速度比自由沉降速度小得多。长沙黑色冶金设计院丁宏达教授等用各种浓度的金属料浆进行实验,提出干涉沉降速度的计算公式:

$$v_{g.c} = v_s k_s \exp\left(-\frac{E_s m_t}{m_{m.t} - m_t}\right) \tag{5-10}$$

式中　$v_s$——单个球状固体颗粒在静水中的沉降速度;

$k_s$——与颗粒性质有关的实验系数(实验测定为 0.031 5~0.178);

$E_s$——与颗粒性质有关的指数(实验测定为 0.417~1.997);

$m_t$——固体物料的体积浓度;

$m_{m.t}$——最大沉降浓度。

#### 5.1.2.5 充填骨料悬浮条件

在固体物料的水力输送中,当料浆处于某一流速时,固体物料能否悬浮,直接影响料浆的顺利输送和系统的正常运行。对于矿山充填,就是根据料浆的配合比确定其最低输送速度。目前,固体物料的悬浮条件判定:$S_v \geqslant v_c$。$S_v$ 由下式计算:

$$S_v = 0.13v \left(\frac{\lambda_0}{KC_{u,v}}\right)^{1/2} \left[1 + 1.72\left(\frac{y}{r}\right)^{1.8}\right] \tag{5-11}$$

式中　$S_v$——垂直脉动速度均方差;

$v$——料浆的输送速度;

$\lambda_0$——摩擦阻力系数,可按尼古拉兹公式计算:$\lambda_0 = K_1 K_2 / (2\lg D/2\Delta + 1.74)^2$;

$K_1$——管路敷设质量系数,$K_1 = 1 \sim 1.15$;

$K_2$——管路接头系数,$K_2 = 1 \sim 1.18$;

$\Delta$——管壁绝对粗糙度;

$C_{u,v}$——$u$ 与 $v$ 之间的相关系数;

$K$——试验常数,$K = 1.5 \sim 2$。

### 5.1.3 材料特性

充填料浆的特性对其水力坡度具有直接的影响,在水力计算中通常所用料浆的特性有料浆配合比、浆体密度、在作业温度下输送流体的密度和黏度、料浆的体积浓度等。

#### 5.1.3.1 充填料浆配合比

充填料浆配合比取决于充填材料、充填系统、充填倍线、采矿对充填体质量的具体要求等,充填料浆配合比通常采用室内试验进行优化设计确定。此类试验将影响充填成本和充填质量的具体指标,任何新材料、新工艺的应用首先要经过配合比试验和具体参数的优选。目前,室内的料浆配合比试验多采用经验法,就是工程师根据对系统的了解情况,依据相关经验或参考以往资料对水灰比、灰砂比等作出预测,依此确定试验方案,进行强度试验,之后依据初步试验结果,对方案进行部分调整,如此往复使试验结果不断向真值靠近,对料浆的流动性能采取肉眼观察与估计的方法。这种试验方法具有试验量大、难以找到真值的缺点,因此建议采用正交设计或均匀设计等方法来安排试验,之后对试验结果进行回归分析,找到试验目标值(如抗压强度、流动性等)与各材料用量之间的数学关系,之后确定某些变量(如水泥耗量处于最小值),其余变量可对方程求导解出,最后对计算结果进行试验验证。这种方法具有试验量小、对真值的寻找快速、准确等优点。配合比对摩擦阻力损失的影响表现在以下方面:

(1) 料浆灰砂比

增大料浆灰砂比,即增大料浆的水泥含量,有利于减小水力坡度,这是因为在充填料浆的输送流速下,水泥的粒度很小,可以认为不发生沉降,它与水一起形成了重介质悬浮液,因为固体颗粒在重介质悬浮体中更容易悬浮,这就使固体颗粒在其中的沉降速度大大减小,从而减小了料浆沿管道流动的水力坡度。反之,减小水泥含量等于降低了固体颗粒所受的悬浮力,使浆体变成沉降型固液两相流,固体颗粒沉降速度的增大,会导致水力坡度的增大。水泥在充填料浆中不仅起到胶凝作用,还在管道输送过程中起到润滑作用,因此水泥含量的变化必然会影响到阻力损失的变化。

（2）料浆水灰比

水灰比的增大,也就是增大了料浆的输送浓度,因此也增加了水力坡度。

（3）混凝土外加剂

两相流管道水力输送中,外加剂对于摩擦阻力大小的影响非常大。首先,絮凝剂的加入增大了管道摩擦阻力,其原因是絮凝剂使细物料凝结,形成絮状集团,在这些凝聚的细料中,包裹了许多拌和水,使它们不能输送介质,而是和细料一起承担骨料的角色,因此严重影响了充填料浆的输送性能。但是,在许多矿山中充填细料都是先以很低的浓度通过管道输送到矿山充填搅拌站中,之后再用来制备充填料浆。为了保证充填料浆的输送浓度,只能采用加入絮凝剂的办法,因此絮凝剂是影响输送浓度的重要因素。在自流充填系统中,高效减水剂可以大幅度地提高充填料浆的浓度,其本质在于在不减少水量的条件下改善料浆的输送性,在保证料浆输送性的前提下减少用水量。

### 5.1.3.2 充填料浆密度

充填料浆的密度是指单位体积料浆的质量,多采用流量计法测定,也可用定容称重的方法或根据料浆的配合比计算。若充填料浆由三种材料组成,按照配合比计算充填料浆密度 $\rho$：

$$\rho = \frac{G_1 + G_2 + G_3}{G_1/\rho_1 + G_2/\rho_2 + G_3/\rho_3} \tag{5-12}$$

式中　$G_1, G_2, G_3$ ——三种充填材料单位体积消耗量;

　　　$\rho_1, \rho_2, \rho_3$ ——三种充填材料的密度。

在充填材料及物料用量比例确定的前提下,充填料浆密度增加,意味着充填料浆的质量浓度增加,因此沿程阻力损失增加。如果充填材料或各物料用量比例的变化使料浆密度增加,也会增加阻力损失。

### 5.1.3.3 充填料浆黏度

在充填料浆的水力计算中,由于水泥浆在流动或静停瞬间可以认为处于完全悬浮的状态,不发生沉降,因此水泥浆就成为重介质流体。对以上配合比料浆,水泥浆体积浓度17.7%,相对密度1.373,故可依据托马斯方程求得输送介质的相对黏度：

$$\frac{\mu_m}{\mu_o} = 1 + 2.5 m_{t.c} + 10.05 m_{t.c}^2 + k e^{B m_{t.c}} \tag{5-13}$$

式中　$\mu_m$ ——浆体黏度,Pa·s;

　　　$\mu_o$ ——悬浮介质(水)的黏度,Pa·s;

　　　$m_{t.c}$ ——水泥浆体积浓度;

　　　$k, B$ ——固体物料特性系数,对水泥可分别取 0.002 73、16.6。

代入上式有 $\frac{\mu_m}{\mu_o} = 1.813$,对矿山井下,温度可取 15 ℃,此时清水的黏度 $\mu_o$ 为 $1.139 \times 10^{-3}$ Pa·s,则水泥浆的黏度 $\mu_m = 0.002\ 0$ Pa·s。

### 5.1.3.4 输送流体积浓度

充填料浆的体积浓度($m_t$)是单位料浆体积内固体物料体积所占的百分含量,在几乎

所有的水力坡度计算公式中,料浆的浓度都使用体积浓度。对体积浓度的计算,通常使用以下两种方法:

第一种是密度(或比重)法:

$$m_t = \frac{\rho_j - \rho_0}{\rho_g - \rho_0} \tag{5-14}$$

式中　　$\rho_j$——料浆密度;

$\rho_0$——水的密度;

$\rho_g$——固体密度。

当料浆内有多种固体物料,其密度的计算通常采用平均法,即:

$$\rho_g = \rho_{g1} \cdot N_1 + \rho_{g2} \cdot N_2 \tag{5-15}$$

式中　　$\rho_g$——固体密度;

$\rho_{g1}$——第一种固体料浆密度;

$\rho_{g2}$——第二种固体料浆密度;

$N_1$——第一种固体料浆所占比例;

$N_2$——第二种固体料浆所占比例。

第二种是配合比算法,若固体物料由 $G_1$,$G_2$ 两种组成,则:

$$m_t = \frac{G_1/\rho_1 + G_2/\rho_2}{G_1/\rho_1 + G_2/\rho_2 + G_0/\rho_0} \tag{5-16}$$

式中　　$G_1$,$G_2$——单位体积两种物料用量;

$\rho_1$,$\rho_2$——单位体积两种物料密度;

$G_0$——单位体积水的用量。

摩擦阻力随着浓度的增加而增大,因为浓度的增大意味着单位体积浆体内固体物料含量的增长,为使所有固体物料悬浮,需克服固体颗粒的重力所消耗的能量也相应增加,因而使压头损失增加,水力坡度增大。

### 5.1.4　管道特性

管道对摩擦阻力大小的影响,表现在管径、管壁粗糙度、管道的材质和敷设状况等。

#### 5.1.4.1　管径对水力坡度影响

管径对摩擦阻力大小有重要影响,随着管径的增大其摩擦阻力减小,这是由于在一定时间内流过相同数量的料浆,大管径要比小管径接触面积小,因而摩擦阻力也随着减小,管道对水力坡度的影响如图 5-3 所示。

#### 5.1.4.2　管壁粗糙度对水力坡度影响

管壁粗糙度与摩擦阻力大小呈正比,即管壁越粗糙摩擦阻力越大,反之亦然。在充填料浆中掺入水泥、粉煤灰等超细物料,虽然能够增加料浆的黏度,但却大大改善了管壁边界层的摩擦阻力,因为超细物料在管壁形成了一层润滑膜,有助于减小管道阻力。图 5-4 为管壁粗糙的钢管与管壁光滑的塑料管在相同条件下摩擦阻力的比较。

#### 5.1.4.3　管道其他因素对水力坡度影响

管道的材质对水力坡度也有很明显的影响,如高碳钢管路的摩擦阻力大于低碳钢;管路的敷设如法兰盘的连接,是否保证管心对准等会影响料浆的压力损失。同时,在充填系统中,弯管数量的增加也会增加料浆的水力坡度。在影响料浆管道输送的以上诸因素中,如物

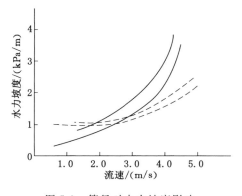

图 5-3　管径对水力坡度影响

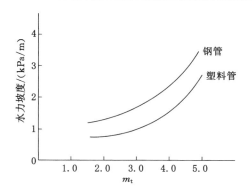

图 5-4　管壁粗糙度对水力坡度影响

料和管径确定以流速的影响程度最大,浓度次之。

在设计和实际应用过程中,对输送管道必须综合考虑以上各因素,要全面兼顾,不能顾此失彼,应将试验和理论计算结合起来,合理确定管道输送参数,使其获得最佳的工艺技术效果和经济效益。

### 5.1.5　水力坡度计算

充填料浆水力坡度的计算,在水力输送固体物料工程中极其重要。在深井充填中,它关系到管道管径、输送速度、降压措施及满管输送措施、耐磨管型等关键参数的选择和确定,因此占有重要地位。两相流输送理论是在紊流理论的基础上发展起来的,至今还不完善,目前主要流行的有扩散理论(适合平均粒径 $d_g \leqslant 0.25 \sim 2$ mm 的情况)、重力理论和扩散-重力理论(适合 $d_g > 5$ mm 的情况)。

两相流水力计算公式尽管很多,但都是基于上述理论发展起来的,因此均只适合于具体的固体物料或输送条件,都存在着一定的局限性。生产实践证明,这些计算公式的计算值往往有一定的误差,因此在应用时要从多方面比较分析,或在工程应用之前通过专门试验来验证所计算的输送参数值。目前,国内一般采用金川公式和瓦斯普"复合系统"的计算法。

#### 5.1.5.1　金川公式

金川公式是在对大量棒磨砂胶结充填料浆进行试验的基础上,通过对试验资料的总结和归纳整理,由金川有色金属公司、长沙矿山研究院、长沙有色冶金设计院共同对环管试验资料进行分析整理,采用参数组合,通过对数坐标作图法,使曲线直线化推导出来的,之后用国内外的一些实测数据进行了校验,同时亦与其他一些公式进行了比较。结果证明,金川水力坡度计算的公式相对误差较小,可以作为水力输送固体物料的设计计算公式。金川公式为:

$$i_j = 9.8 i_0 \left\{ 1 + 108 m_t^2 \left[ \frac{gD(\rho_g - 1)}{v^2 \sqrt{C_x}} \right]^{1.12} \right\} \tag{5-17}$$

式中　$i_j$——水平直管料浆水力坡度,Pa/m;

$i_0$——水平直管清水水力坡度,Pa/m,$i_0 = 9.8\lambda \dfrac{L}{D} \cdot \dfrac{v^2}{2g}$。

摩擦系数 $\lambda$ 值,根据对无缝钢管($4^{\#}$)测定结果,考虑管道敷设的情况,按尼古拉茨公式乘以系数 $K$ 求得:

$$\lambda = \frac{K_1 K_2}{\left(2\lg \dfrac{D}{2\Delta} + 1.74\right)^2} \tag{5-18}$$

式中　$K_1$ ——管道敷设系数，取值为 $1\sim1.15$，视管道敷设的平直程度而选取；

　　　$K_2$ ——管道接头系数，取值为 $1\sim1.18$，视管段法兰盘的焊接、其间的连接质量和接头数的多少而选取；

　　　$m_t$ ——料浆的体积浓度，%；

　　　$g$ ——重力加速度，$m^2/s$；

　　　$D$ ——管径，m；

　　　$\Delta$ ——当量粗糙度，mm；

　　　$v$ ——料浆流速，m/s；

　　　$C_x$ ——颗粒沉降阻力系数，$C_x = \dfrac{4}{3} \cdot \dfrac{(\rho_g - \rho_0)gd}{\rho_0 v_c^2}$；

　　　$d$ ——物料颗粒粒径，cm；

　　　$\rho_g$ ——固体物料密度，$t/m^3$；

　　　$\rho_0$ ——水的密度，$t/m^3$；

　　　$v_c$ ——颗粒的静水沉降速度，m/s。

### 5.1.5.2　瓦斯普（Wasp）"复合系统"计算法

瓦斯普"复合系统"的计算法在南非深井矿山尾砂充填中得到了普遍应用，瓦斯普认为复合系统的水头损失是各粒级组成的载体部分与剩余固体颗粒的非均质部分在管道输送中各自产生的水头损失之和，即：

$$i_j = i_w + i_{x \cdot p} \tag{5-19}$$

式中　$i_w$ ——"两相载体"运动产生的水头损失，$i_w = \dfrac{4fv^2}{2gD} \cdot \dfrac{\rho_j}{\rho_0}$；

　　　$i_{x \cdot p}$ ——剩余固体颗粒形成非均质浆体在运行中产生的附加水头损失，若以杜兰德公式为例：

$$i_{x \cdot p} = 82 m_{t \cdot x \cdot p} \left[ \left(\frac{gD}{v^2}\right)\left(\frac{\rho_g - \rho_0}{\rho_0}\right)\frac{1}{\sqrt{C_x}} \right]^{1.5} i_0 \tag{5-20}$$

　　　$m_{t \cdot x \cdot p}$ ——非均质部分的体积浓度，$m_{t \cdot x \cdot p} = \left(1 - \dfrac{m}{m_c}\right)m_t$；

　　　$m/m_c$ ——管顶 $0.08\,D$ 处与管轴心处固体体积浓度之比，按紊流维持颗粒悬浮的扩散机理的算式：$\dfrac{m}{m_c} = 10^{-(1.8v_c/K\beta U_1)}$；

　　　$v_c$ ——固体颗粒沉降速度，mm/s；

　　　$K$ ——卡门常数；

　　　$\beta$ ——伊斯梅尔系数，当粒径为 $0.1$ mm 时 $\beta = 1.3$，当粒径为 $0.16$ mm 时 $\beta = 1.5$；

　　　$U_1$ ——摩擦流速，m/s，$U_1 = \overline{v}\sqrt{\dfrac{\lambda}{2}}$；

　　　$\overline{v}$ ——浆体平均流速，m/s。

实践表明，按瓦斯普"复合系统"计算的水力坡度值偏大。

### 5.1.5.3 临界流速及有关参数计算

（1）临界流速的计算

在非均质料浆的管道输送中，当其他参数确定时，流速与水头损失的关系如图 5-5 所示。从图可见，当流速升高时，水力坡度随流速的增大而增大，但是当流速进一步升高，水力坡度反而随流速的增加而减小，一直到达 $A$ 点，之后水力坡度又上升。通常把 $A$ 点的流速称为淤积临界流速，而当流速大于 $B$ 点时，浆体为均匀悬浮状态，其水力坡度线为直线，工程上两相流的速度选取范围应在 $A$、$B$ 之间。

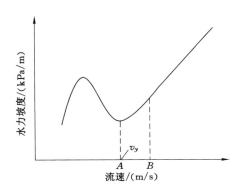

图 5-5 非均质浆体的水头损失与流速关系曲线

临界流速的计算，通常采用水力坡度函数对流速进行求导的办法或利用经验公式。刘德忠对浓度进行分区，给出非均质浆体临界流速的计算公式：

当 $\rho_j < 1.3$ g/cm³ 时：

$$v_{y \cdot t} = 9.5 \left[ gDv_c (\rho_j - \rho_0) \right]^{0.334} m_t^{0.167}, \text{m/s} \tag{5-21}$$

当 $\rho_j > 1.3$ g/cm³ 时：

$$v_{y \cdot t} = 9.5 \{ gDv_c \left[ (\rho_j - \rho_0)/\rho_0 \right] \}^{0.334} m_t^{0.617} \left[ 1 - (m_t/d_{50}^{0.5}) \right]^{0.334} \tag{5-22}$$

（2）临界管径的计算

浆体输送临界管径的计算可按下式进行：

$$D = 0.384 \sqrt{\frac{A}{m_z \rho_j v b}} \tag{5-23}$$

式中　$D$ ——最小输送管径，mm；

　　　$A$ ——每年输送总量，万 t/a；

　　　$m_z$ ——料浆质量浓度，%；

　　　$\rho_j$ ——料浆密度，t/m³；

　　　$v$ ——浆体输送速度，m/s；

　　　$b$ ——每年工作天数，d。

（3）通用管径的计算

浆体输送通用管径的计算公式：

当 $\delta \leqslant 3$ 时：

$$D_t = \left[ \frac{0.13 Q_j}{\mu^{0.25} (\rho_j - 0.4)} \right]^{0.43} \tag{5-24}$$

当 $\delta > 3$ 时：

$$D_t = \left[ \frac{0.113\ 2 Q_j \delta^{0.125}}{\mu^{0.25} (\rho_j - 0.4)} \right]^{0.43} \tag{5-25}$$

式中　$D_t$ ——通用管径，m；

　　　$\delta$ ——固体颗粒的不均匀系数，$\delta = d_{90}/d_{10}$；

$Q_j$ ——浆体流量，$m^3/s$；

$\mu$ —— $d_{cp}$ 颗粒的静水沉降速度，$m/s$。

适用条件：$0.5\ mm < d_{cp} < 10\ mm$，$100\ mm \leqslant D \leqslant 400\ mm$。当计算管径与标准管径不符，可对计算管径适当进行放大，以便选用与计算管径接近的标准管径。

（4）管壁厚度的计算

输送管道管壁厚度的计算公式很多，对于矿山充填比较普遍采用的公式：

$$t = \frac{kpD}{2[\delta]EF} + C_1 T + C_2 \tag{5-26}$$

式中　　$t$ ——输送管道壁厚，mm；

$\quad\quad p$ ——钢管允许最大工作压力，MPa；

$\quad\quad [\delta]$ ——钢管的抗拉许用应力，MPa，常取最小屈服应力的 $80\%$；

$\quad\quad E$ ——焊接系数；

$\quad\quad F$ ——地区设计系数；

$\quad\quad T$ ——服务年限，a；

$\quad\quad C_1$ ——年磨钝余量，mm/a；

$\quad\quad C_2$ ——附加厚度，mm；

$\quad\quad k$ ——压力系数。

（5）充填垂直钻孔套用管材壁厚的计算

$$\delta = \frac{pD}{2[\delta]} + K \tag{5-27}$$

式中　　$\delta$ ——管材壁厚公称厚度，mm；

$\quad\quad p$ ——管道所承受的最大工作压力，MPa；

$\quad\quad D$ ——管道的内径，mm；

$\quad\quad [\delta]$ ——管道材质的抗拉许用应力，MPa；不同管材的抗拉许用应力如下：对于焊接钢管，$[\delta]$ 取 $60\sim80\ MPa$；对于无缝钢管，$[\delta]$ 取 $80\sim100\ MPa$；对于铸铁钢管，$[\delta]$ 取 $20\sim40\ MPa$；

$\quad\quad K$ ——磨蚀、腐蚀量，mm，对于钢管 $K$ 取 $2\sim3\ mm$，对于铸铁管 $K$ 取 $7\sim10\ mm$。

### 5.1.5.4　充填系统水力计算

深井矿山充填系统的设计中，最大的技术困难在于地表到井下采场的高差大，造成充填系统中垂直管道过长，水平管道过短引起的管道磨损严重、管道压力过大等问题。为了解决这些问题，研究满管输送技术的具体实现措施成为解决管道输送的关键。图 5-6 是一个典型深井矿山充填管路布置示意图。

（1）变径管满管输送的水力坡度

变径管满管输送系统示意如图 5-6 所示。设水平管长 $L$、管径 $D$，垂直管长 $H$、管径 $aD$（$a < 1$ 为降压满管输送系统；$a = 1$ 为均匀管径输送系统；$a > 1$ 为高压满管输送系统，考虑到矿山的具体情况，$a \leqslant 1$）。为计算简便起见，假设管道材质相同，即水力粗糙度、管道敷设和接头系数相同，水力坡度的计算公式选择金川公式。

水平管道中摩擦阻力系数：

$$\lambda_1 = \frac{K_1 K_2}{\left(2\lg\dfrac{D}{2\Delta} + 1.74\right)^2} \tag{5-28}$$

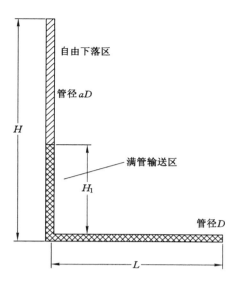

图 5-6 深井矿山充填管路布置示意图

清水水力坡度：

$$i_{01} = \lambda_1 \frac{L}{D} \cdot \frac{v_1^2}{2g} \tag{5-29}$$

料浆水力坡度：

$$i_{j1} = i_0 \left\{ 1 + 108 m_t^2 \left[ \frac{gD(\gamma_g - 1)}{v_1^2 \sqrt{C_x}} \right]^{1.12} \right\} \tag{5-30}$$

垂直管道中摩擦阻力系数：

$$\lambda_2 = \frac{K_1 K_2}{\left( 2\lg \frac{aD}{2\Delta} + 1.74 \right)^2} \tag{5-31}$$

令 $\dfrac{\lambda_1}{\lambda_2} = \left( \dfrac{2\lg \frac{aD}{2\Delta} + 1.74}{2\lg \frac{D}{2\Delta} + 1.74} \right)^2 = k$，则不难推出：

$$k = \left( 1 + \frac{2\lg a}{P} \right)^2 \tag{5-32}$$

式中 
$$P = 2\lg \frac{D}{2\Delta} + 1.74$$

当水平管道选择好后，$P$ 为一定值。可见，$k$ 是随垂直管道的直径变化系数 $a$ 的变化而变化的，因此：

$$\lambda_1 = k\lambda_2 \tag{5-33}$$

清水的水力坡度为：

$$i_{02} = \lambda_2 \frac{L}{D} \cdot \frac{v_2^2}{2g} \tag{5-34}$$

垂直管中的流速 $v_2$ 为：

$$v_2 = v_1 / a^2 \tag{5-35}$$

$$\frac{i_{01}}{i_{02}} = ka^5 \tag{5-36}$$

当管道直径变化时,清水的水力坡度变化较快,如管道直径减小率为 $a$,则水力坡度的增长与直径减小率呈现 5 次方的增长关系。垂直管道料浆的水力坡度为:

$$i_{j2} = i_{02}\left\{1 + 108m_t^2\left[\frac{gD(\gamma_g - 1)}{v_2^2\sqrt{C_x}}\right]^{1.12}\right\} \tag{5-37}$$

用式(5-32)除以式(5-37)并将式(5-34)、式(5-35)、式(5-36)代入,可得到以下结果:

$$\frac{i_{j1}}{i_{j2}} = \frac{a + A}{1 + a^{5.6}A}ka^5 \tag{5-38}$$

式中,$A = 108m_t^{3.96}\left[\dfrac{gD(\gamma_g - 1)}{v^2\sqrt{C_x}}\right]^{1.12}$,说明充填料浆的性能在水平和垂直管道中相同,式中同时将水平管的直径当成不变量。

由以上计算结果不难看出,管径的变化对充填料浆的水力坡度的影响很大,料浆水力坡度与管径缩小的比例呈指数关系增长。可见,变径管满管流输送系统在理论上是完全可行的。

(2) 变径管满管流输送系统垂直管道高度 $H_1$ 的确定

在水平和垂直管径确定的条件下,为了克服料浆沿管道输送的沿程阻力损失,所需要的自然静压头是一定的,如图 5-6 中的 $H_1$,此时系统的能量处于平衡状态:

$$\gamma_1 H_1 = i_{01}L + i_{02}H_1 \tag{5-39}$$

以下推导系统中的水平管长与所需要的压头即垂直管道中满管部分长度 $H_1$ 之间的关系,这个关系的确定可以让我们对满管流输送的具体参数有一个清晰的认识,同时在满管流输送系统的设计中能尽快找到所需要的垂直管道直径。将以上的计算结果代入式(5-39),可得到垂直管长 $H_1$ 与水平管长 $L$ 的关系:

$$H_1 = BL \tag{5-40}$$

其中:

$$B = \frac{i_{j1}}{\gamma_j - i_{j2}} = \frac{1}{\dfrac{\gamma_j}{i_{j1}} - \dfrac{1 + a^{5.6}A}{k(1 + A)a^5}} = \left[\frac{\gamma_j}{i_{j1}} - \frac{1 + a^{5.6}A}{k(1 + A)a^5}\right]^{-1} \tag{5-41}$$

式中  $B$——垂直管长与水平管长之比;

$i_{j1}$——水平料浆水力坡度;

$i_{j2}$——垂直管道料浆水力坡度;

$\gamma_j$——料浆浓度;

$a$——管道直径变化系数;

$k$——压力系数。

由式(5-41)不难看出,垂直管段中满管部分的长度由料浆性质、水平管段中料浆的摩擦阻力损失、垂直管直径、水平管长度决定。为了达到满管流输送的具体目的,应该使 $H_1 = H$,此时可以得到 $H = BL$。因此:

$$B = H/L \tag{5-42}$$

上式说明,满管流输送系统的关键在于正确确定 $B$ 值。在特定的充填系统条件下,系统的垂高 $H$ 和水平管道长度 $L$ 是已知的,因此 $B$ 值也就相应确定。由于各个矿山系统不同,满管输送的 $B$ 值也存在差异。具体设计过程中在确定了 $B$ 值的前提下,选择垂直管道直径即确定 $a$ 时可能会出现以下情况:

① 由于 $B$ 值过大,使所求得的 $a$ 值很小,此时应依据 $a$ 值的具体情况,选择在垂直管道中添加耗能装置或采用分段减压方案;

② 依据 $B$ 值求得垂直管道直径即确定 $a$ 的计算过程中,出现所选管径为非标准管道,此时,选择垂直的标准管道直径应略大于计算值,之后在垂直管中布置一两个阻尼孔。

## 5.2　结构流输送技术

### 5.2.1　结构流特征

矿山充填料浆浓度由低到高,黏度相应增大,当充填料浓度大于沉降临界浓度后,料浆的输送特性将由非均质流转为似均质结构流。理想的结构流浆体沿管道的垂直轴线没有可测量的固体浓度梯度,这种料浆体在管道中与管道的摩擦力若大于等于浆体的重力,在没有外加压力的推动时料浆不能利用自重压头自行流动。当管道中存在着足以克服管道阻力的压力差,物料可沿管道流动。在采场只有少量泌水的充填料浆可称为高浓度充填料,在采场无泌水现象的充填料浆称为膏体充填料。实验表明,高浓度充填料可视为结构流,一般可以借助自重、外加泵压输送。

料浆的临界浓度随着固体物料密度及物料粒度的组成而发生变化,一般是料浆固体物料密度越小、粒度越细,其临界浓度越低。因此,对于每种不同的充填料浆,需要通过实验才能找出其临界浓度值。

结构流是物料在流动以后的状态,它像固体那样做整体移动,以类似"柱塞"的形式流动,如图 5-7 所示。"柱塞"由一层连续的水膜分隔的物料与细颗粒组成,"柱塞"与管壁之间由一层很薄的润滑层分隔开来。

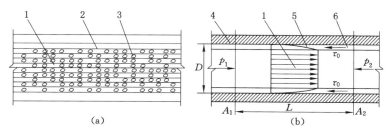

图 5-7　结构流在管道中运动状态

（a）流运状态及结构;（b）动力学模型及速度分布

$D$——管道内径;$L$——单位管道长;$\tau_0$——初始切应力;$A_1,A_2$——管道两断面;$p_1,p_2$——$A_1,A_2$ 断面压力;
1——柱塞浆体;2——细泥浆润滑层;3——水膜层;4——管壁;5——速度分布线;6——润滑层

结构流在管道横断面上的速度分布如图 5-7（b）所示,"柱塞"全宽横断面上的速度为常数,这是因为集料颗粒间不发生相对移动,只有润滑层的速度有变化,自柱塞边界至管壁,速度急剧下降而趋于零。

流变学是材料流动和变形的科学,是研究材料在外力作用下产生的应力-应变关系随时间发展的科学。对于同时具备黏、弹、塑性的高浓度充填料浆来说,需要以流变参数作为可测定参数,进而确定流变模型,以计算充填料通过管道输送的阻力损失。管道内流体的切应力 $\tau$。从管壁处向管心方向,其间将经过一切应力等于屈服应力 $\tau_0$ 的流层,从该层到管心的范围内,流体的切应力 $\tau$ 小于屈服应力(初始切应力)$\tau_0$,故这一范围内的浆体不发生剪切变形,因而不存在层间的相对移动,即切变率为零。结构流只要克服初始切应力 $\tau_0$ 即可开始流动。随着流速的增加,管道阻力相应增大,因而阻碍着接近管道的物料的运动,使物料首先减速。由于摩擦阻力的存在,近壁存在层流层,层流层中的速度一层比一层大,直至等于"柱塞"运动的速度。随着速度的进一步增加,润滑层中产生紊流运动。因此,管道中充填浆体的流变模型按非牛顿流体表达为:

$$\tau = \tau_0 + K \left(\frac{\mathrm{d}u}{\mathrm{d}y}\right)^n \tag{5-43}$$

式中　$\tau$——流体的切应力,Pa;

　　　$\tau_0$——流体屈服应力,Pa;

　　　$K$——表征黏滞性的实验常数,表示流体状态特性;

　　　$n$——流变特性指数,结构流和层流状态时,$n=1$;

　　　$\dfrac{\mathrm{d}u}{\mathrm{d}y}$——切变率,$\mathrm{s}^{-1}$。

膏体充填料浆表现出明显的宾汉体流变特性,即切应力与切变率的变化呈线性。高浓度料浆均具有较大的屈服应力,都属非牛顿流体,但这类充填料浆在管道输送过程中的切应力随切变率的变化关系并非完全是一条直线,而是偏离宾汉体直线向下弯曲呈现出伪塑性。因而,高浓度充填料一般流变模型属赫谢尔-布尔克莱(Hershel-Bulkley)体(简称 H-B 模型),可用式(5-44)描述:

$$\tau = \tau_0 + \mu_{\text{H-B}} \left(\frac{\mathrm{d}u}{\mathrm{d}y}\right)^n \tag{5-44}$$

式中　$\mu_{\text{H-B}}$——H-B 黏度,Pa·s;

　　　$n$——流变特性指数,$n<1$。

### 5.2.2　影响流体阻力的因素

结构流充填料浆沿管道流动必然受到阻力,该阻力由两个分力组成,即料浆与管壁之间的摩擦力和料浆产生湍流时的层间阻力。料浆与管壁之间的摩擦力和料浆的层间阻力统称为流体阻力,单位管道长度内的流体阻力即为阻力损失或水力坡度。流体阻力的大小取决于多种因素,一般说来流体阻力与水灰比的大小、输送速度、输送压力、料浆浓度、物料粒度组成及细粒级含量有密切关系。

为了通过充填系统的自重压差或泵压能够将充填物料连续地沿管道输送到采场,必须使流体阻力小于充填料的自重或输送泵所能达到的最大压力。流体阻力较小时,可减轻输送泵与输送管道的磨损,尤其在输送管道很长的条件下要求流体阻力小显得格外重要。当结构流体含有足够的水达到饱和水状态时,其压力降与管道长度呈线性关系变化。流体在未饱和水状态的压力降与管道长度呈指数函数的关系变化,这是物料含水量未达到饱和水状态时表现的特性。一般矿山充填物料容易达到饱和水状态,润滑层起着如同液体一样的作用,管壁不会对集料颗料产生干扰作用。此时,单位管道中的流体阻力可视为常数,水平管道中流动着的结构流体的压力降沿管道呈线性关系。

（1）水灰比对流体阻力影响

料浆的水灰比直接影响阻力的大小，水灰比太小则不能使充填料达到饱和水状态，难以在料浆与管壁之间形成润滑层，因而导致输送阻力大。艾德（Ede）针对泵送混凝土提出了如图 5-8 所示的一种典型流体的水灰比对其流体阻力的影响模式。当水灰比由 0.3 增至 0.6 时，流体即从未饱和水状态、过渡状态转变为饱和水的状态，处于过渡状态的流体阻力由两种性质的阻力组成。由图 5-8 可见，若料浆处于饱和水状态，其流体阻力是最低的。当料浆所含集料孔隙率大、水泥含量低、具有很大的渗透性时，料浆可能脱水，脱水带来的后果将使料浆从饱和水状态转变成过渡状态或未饱和水状态，从而使流体阻力相应地急剧增大，对物料的输送极为不利。因此，应特别注意充填物料可输送状态的稳定性。

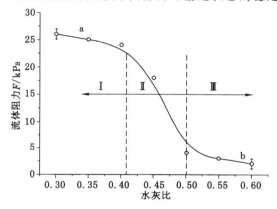

图 5-8　水灰比对流体阻力的影响

Ⅰ——未饱和水状态；Ⅱ——过渡状态；Ⅲ——饱和水状态

a——未饱和混凝土；b——饱和混凝土

（2）输送压力对流体阻力影响

假设任一流体在圆管中以某一固定速度流动，作用于该流体某单元上的所有力可表示为：

$$F = \frac{D}{4} \cdot \frac{\mathrm{d}p}{\mathrm{d}x} \tag{5-45}$$

式中　$F$——流体阻力，指作用于管内壁单位面积上的力；

　　　$\dfrac{\mathrm{d}p}{\mathrm{d}x}$——沿流动方向的压力变化率；

　　　$D$——管道内直径；

　　　$p$——输送压力。

由式（5-45）经变换可得：

$$\frac{\mathrm{d}p}{\mathrm{d}x} = \frac{4F}{D} \tag{5-46}$$

可见流体阻力 $F$ 可用各种不同直径的水平直管的单位长度上所需压力的大小来表示，如图 5-9 所示。当流体阻力相同时，管径越小，每米管道长度所需压力越大。随流体阻力的增大，管径越小，这种单位长度所需的压力急剧增加。因此，应根据生产能力的要求，选择合理的管径。

（3）输送速度对流体阻力影响

充填料进入结构流运动状态后，即料浆浓度达到形成结构流的临界浓度以上，其输送阻力与输送速度的关系，由一般的水力输送下凹曲线变化到近似线性关系；浓度进一步提高后，则成为向上凸的曲线关系，如图 5-10 所示。这种上凸曲线关系，意味着高速输送时随流速的增加流体阻力的增长趋势变缓。在低流速区段，则随着输送速度的增大，流体的阻力损失随之快速增加。由于结构流体的黏度大，流体阻力也大，因而均在低流速下输送。因此，输送高浓度或膏体充填料时，流速的增大将导致阻力损失快速增大，但是在相同条件下的试验结果并不相同，尤其在低速条件下两者差别相当大，只有在较高速度时两组结果比较吻合。

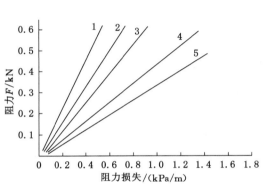

图 5-9　不同管径流体阻力与阻力损失关系

1——管径 305 mm；2——管径 203 mm；

3——管径 152 mm；4——管径 102 mm；5——管径 76 mm

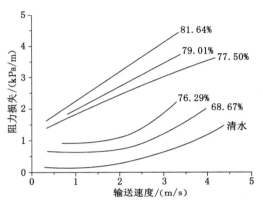

图 5-10　料浆输送速度与输送阻力损失关系

（4）粒级与浓度对流体阻力影响

物料的粒级组成是构成结构流体的决定因素，其中足够的细物料能够使料浆形成悬浮状，是组成结构流体不可缺少的组分。由于结构流料浆的细物料含量较高，因而料浆的黏度大、阻力损失大。在结构流体中增加水泥等超细物料的含量，有利于在压力作用下于管壁形成润滑层，可减少沿管道的摩擦阻力。一般地，要求膏体泵送料中 $-25~\mu\mathrm{m}$ 的超细物料含量要大于 25％，以保证在管壁处形成足够的润滑层。

浓度对输送阻力的影响更加明显，一般来说流体的阻力损失随着浓度的增大而增大，如图 5-10 所示。浓度的增大也就意味着固体物料的重力所需消耗的能量也相应增加，因而阻力损失也就增大。另外，料浆浓度增大后，其黏度也增大，摩擦阻力也就相应增加。

### 5.2.3　流体阻力计算公式

（1）结构流阻力公式

当用柱塞泵输送膏体料浆，在管道内可看作结构流运动，由运动方程推导出结构流状态下的流体阻力损失计算公式为：

$$i = \frac{16}{3\rho D}\tau_0 + \frac{32v}{\rho D^2}\mu \tag{5-47}$$

式中　$i$——流体阻力损失，Pa/m；

$\tau_0$ ——料浆屈服应力，Pa；

$\rho$ ——料浆的相对密度；

$v$ ——料浆流速，m/s；

$\mu$ ——料浆黏度，Pa·s。

式(5-47)右边第一项相当于初始应力的大小，第二项为输送料浆时消耗的能量，因为是在结构流状态下输送物料，故处在流速的一次指数范围内，用式(5-47)计算管道输送充填物料的流体阻力时，一般需乘上适当的安全系数。

（2）压差阻力公式

在工程应用中，水泥与水混合会发生水化水解反应，引起料浆输送性能变坏，即新配制的充填料与输送过程中充填料的 $\tau_0$ 及 $\mu$ 的大小有差异。同时，采用的黏度计类型不同，$\tau_0$ 及 $\mu$ 的数值也有差别，致使式(5-47)的应用受到限制。因此，通常利用管道输送料浆的试验结果计算料浆阻力。假定充填料连续稳定地流经截面 $A_1$ 及 $A_2$（图5-7），将流体的外力投影到流体轴线上，得到计算管道输送的流体阻力 $F$ 的计算公式为：

$$F = \frac{D}{4} \cdot \frac{p_1 - p_2}{L}\tag{5-48}$$

式中　$F$——流经管段的流体阻力，MPa；

$p_1, p_2$ ——管段起点及终点压力，MPa，用压力计在输送试验管道上测定；

$L$——管段长度，m。

在式(5-48)与式(5-46)中，$\dfrac{p_1 - p_2}{L}$ 与 $\dfrac{\mathrm{d}p}{\mathrm{d}x}$ 的意义相当，但前者易于测出，应用比较方便。

（3）金川公式

由长沙矿山研究院与中国有色工程设计研究总院在金川公司大量实验基础上，提出的适用于输送高浓度料浆的流体阻力公式为：

$$i_\mathrm{m} = i_0 \left\{ 1 + 106.9\varphi^{4.42} \left[ \frac{gD(\rho_\tau - 1)}{v^2 \sqrt{C_\mathrm{x}}} \right]^{1.78} \right\}\tag{5-49}$$

式中　$i_\mathrm{m}$ ——料浆的水力坡度，kPa/m；

$i_0$ ——清水的水力坡度，kPa/m；

$\varphi$ ——料浆的体积分数，%；

$v$ ——料浆的平均流速，m/s；

$D$ ——输送管径，mm；

$g$ ——重力加速度，980 cm/s²；

$\rho_\tau$ ——固体物料密度，g/cm³；

$C_x$ ——反映颗粒的自由特性的阻力系数，由下式确定：

$$C_\mathrm{x} = \frac{4}{3} \times \frac{(\rho_\tau - 1)gd}{\omega^2}\tag{5-50}$$

式中　$d$ ——固体颗粒的平均颗粒直径，mm；

$\omega$ ——固体颗粒的自由沉降速度，cm/s。

## 5.2.4　高浓度充填料浆输送

（1）流动性

通过料浆坍落度试验测定高浓度胶结充填料浆的流动性及流动状态。坍落度的力学含义是料浆因自重而坍落，又因内部阻力而停止的最终形态量，它的大小直接反映了料浆的流动性特征与流动阻力的大小。采用标准的圆锥筒，高度 300 mm、上口直径 100 mm、下口直径 200 mm，按建筑工程规范测定不同灰砂比条件下各种浓度充填料浆的坍落度，如图 5-11 所示，图 5-12 为充填料浆坍落度与浓度的关系曲线。由图 5-12 表明，在灰砂比相同的情况下，坍落度随着浓度的增大而降低；当浓度增大到一定值后，坍落度急剧降低。在坍落度试验中，使料浆变形的外力是自重，胶结充填料的固体物料密度、细度的变化范围大，对于不同固体物料构成的充填料浆，同一坍落度指标的料浆浓度存在较大差别。实验表明，煤矿膏体充填料浆的坍落度在 18～20 cm 时，流动性较好。试验一表明最佳输送浓度为 72％；试验二表明最佳输送浓度为 77％。

图 5-11　充填料浆坍落度测定

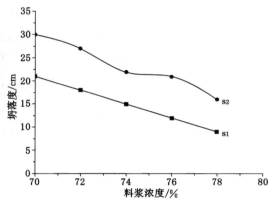

图 5-12　充填料浆坍落度与浓度关系

（2）沉缩率

高浓度胶结料在浇筑之后，由于固体颗粒的沉降而逐步密实，加上水泥水化，一部分水从料浆中析出，充填料逐渐凝聚，产生凝聚性体积收缩。充填料沉缩高度 $h$ 与料浆高度之比为沉缩率，一般通过浇筑试验测定。显然，料浆浓度越高，沉缩率越小，达到最大沉缩浓度的料浆不再出现沉缩，只存在水泥水化凝固产生的沉缩，其沉缩率将很小。

（3）泌水性

泌水性是高浓度胶结充填料凝固过程的重要特性，特别是当充填料浓度为 70％～75％时，含水量达 25％～30％，超过了水泥水化所需要的水量，除了一部分水形成结晶水和毛细水成为胶结体的一部分，其余水分则通过泌水渗出。以积水层高度与料浆高度之比作为泌水率，用以表征泌水特性。实验发现，当胶结料浓度（质量分数）＞75％时，初凝时析出的水分，在凝固过程中 48 h 后又将全部被充填体吸收。

（4）流变性

流变参数是表征高浓度胶结充填料浆特性的重要参数，也是压力损失计算的重要依据。测定出料浆的流变参数可以推算出不同管径的水力梯度，可简化试验，并能大大减少试验用料。

**5.2.5　料浆输送参数确定**

（1）输送浓度

　　料浆输送浓度是胶结充填工艺设计过程中需要确定的重要参数。一般希望胶结充填料以最高的浓度满足高强度的要求,实现最少水泥消耗量的目标,但充填料浆浓度越高其流动性越差,特别是当采用自流输送方式时,充填料浓度受到限制。因此,充填料浆的浓度主要取决于输送工艺,一般根据采矿工艺对胶结充填体强度的要求,通过强度试验确定充填料浆的下限浓度,通过料浆特性的试验研究确定最高输送浓度。高浓度胶结充填料输送管径的选择,主要根据所要求的输送能力和所选定的料浆输送流速来确定,一般可按式(5-51)计算输送管径:

$$D = \sqrt{\frac{4Q}{3\ 600\pi v}} \tag{5-51}$$

式中　　$D$——输送管径,m;

　　　　$Q$——输送能力,m³/h;

　　　　$v$——料浆流速,m/s。

　　(2) 料浆流速

　　对于(似)膏体胶结料,由于颗粒细而且浓度高,呈伪均质流,料浆稳定性好,即使在0.1 m/s的低速条件下也不沉淀,可以选择低流速下输送,以降低输送阻力,节省能耗。泵送充填料浆一般选择料浆流速在0.5~1.0 m/s之间,对于自流输送的充填料浆,流速取决于管径及充填系统的实际输送倍线,进行充填系统设计时,可通过 L 形管道自流试验,按式(5-52)确定流速:

$$v = \frac{4Q}{3\ 600\pi D^2} \tag{5-52}$$

　　(3) 输送倍线

　　利用自然压头自流输送膏体充填料时,由于不能通过外压调整输送距离,料浆的输送特性必须保证充填料借助自重流入采场,才能满足工业应用的要求。因此,引入输送倍线参数来描述料浆的这种特性。所谓输送倍线,就是输送料浆的管道系统的管道总长度与管道系统入口至出口之间垂直高差之比,即:

$$N = \frac{L}{H} \tag{5-53}$$

式中　　$N$——系统输送倍线;

　　　　$L$——系统水平管道、垂直管道与弯管道的总长度,m;

　　　　$H$——充填系统管道入口与出口间的垂直高差,m。

　　自流输送的条件是依靠料浆所产生的自然压头能够克服管道系统中料浆的阻力,则所需的料浆自重压头必须大于料浆的阻力,才能实现有效输送。在工程设计和工业应用中,若输送管路弯管少,可不考虑局部损失和负压影响,则系统自流输送的条件可简化为:

$$H \cdot \rho > i \cdot L \tag{5-54}$$

式中　　$\rho$——料浆密度,t/m³;

　　　　$i$——料浆的阻力损失,$1 \times 10^4$ Pa/m。

　　式(5-54)中的 $\frac{\rho}{i}$ 由料浆的特性参数和输送管道的管径大小决定。对于输送特性参数一定的料浆,$\frac{\rho}{i}$ 也是充填系统在相应管径条件下实现自流输送的极限输送倍线,只有当系统的输送倍线小于该值才能顺利地实现自流输送。以上计算作了简化处理,即无弯管局部损失、垂直管道为满管料浆,但当管道系统较复杂,存在较多的弯管时,其局部损失不可忽略,应在管道阻力损失中考虑弯管的局部损失。因此,系统实际的可输送倍线比 $\frac{\rho}{i}$ 要小,设计时必须考虑这一因素。输送倍线既表征了料浆在管道系统内借助自重能自流输送的水平距离,同时也表征了管道系统的工程特征,包括管线变向(弯管)、垂直管线与水平管线长度等特征。因此,输送倍线实质上是受料浆特性与管道系统影响的一个综合参数,表征了充填料浆与充填系统的综合特征。由于每个充填系统的管路布置都不相同,则这个参数对充填料浆输送系统的工程设计与生产管理至关重要。

### 5.2.6　膏体充填料浆泵压输送

充填料浆浓度大于最大沉降浓度时呈膏体状态,通常称为膏体充填料。膏体充填料的塑性黏度与屈服切应力均很大,一般条件下不采用自流输送工艺,往往采用往复式活塞泵压送。在充填倍线较小的条件下,若充填系统垂直管段的料浆重力可以克服管道阻力,也可以采用自流输送工艺。当充填系统在地表存在水平管段,这一水平段需克服屈服切应力向垂直管道给料,并在充填结束时清洗地表水平管路时需要外加压力,这时则可以形成泵压-自流联合工艺输送充填料。膏体充填料在采场不脱水,因此沉缩率非常小,加上采用泵压接顶效果好,可获得高质量充填体,这对有保护地表、控制地压等特殊要求的矿山具有重要意义。膏体充填料的内摩擦角较高,凝固时间迅速,能较快地对围岩产生支撑作用。因此,在充填后较短时间内即可进行采煤作业,可以提高充填采矿法的开采强度。

(1)膏体充填料基本特性

膏体充填料浆中的固体颗粒不产生游离沉淀,料浆成为稳定结构型。由于膏体料浆像塑性结构体一样在管道中做整体运动,其中的固体颗粒不发生沉淀,层间也不出现交流,而呈现"柱塞"状运动状态。膏体柱塞断面上的速度和浓度为常数,只是润滑层的速度有一定的变化。近柱塞体管壁处的速度梯度、摩擦阻力与柱塞体表面润滑层的黏度有关。细粒物料像一个圆环,集中在管壁周围的润滑层慢速运动,起到润滑的作用。由于膏体料浆的塑性黏度和屈服切应力均很大,因而一般需施加外力克服膏体屈服应力后方可流动。膏体料浆的浓度(质量分数)一般为 75%~82%,添加粗集料后的膏体充填料浓度(质量分数)可达 81%~88%。膏体充填料的形成需要相当数量的细粒级物料,才能使其在高稠度下获得良好的稳定性和可输性,达到不沉淀、不离析、不脱水以及管壁润滑层的特性。这种膏体物料不透水,因此充填物料的渗透性便失去了意义,改变了传统充填料浆渗透性大于 10 cm/h 的要求。粗集粒不能单独在高浓度条件下输送,将其与细物料混合后形成膏状,以细物料作为载体,则可通过泵压输送。由粗细物料混合而成的膏体充填料可以形成密度更大、力学强度更高、沉缩率更小的充填体。

(2)膏体充填料流变特性

膏体充填料在通过泵压输送时,往往加入粗集料以提高其力学强度。由于组分的增加,使得料浆流变参数的变数更多,需要通过实验确定的因素更多。膏体充填料的浓度对流变参数 $\tau_0$ 和 $\mu$ 的影响最为敏感,$\tau_0$,$\mu$ 随膏体浓度的提高而增大,当料浆浓度超过某一值时,$\tau_0$,$\mu$ 将急剧增大。膏体的粒度组成对流变参数影响很大。在膏体中添加粗粒径惰性材料(一般粒径为 $-25$ mm),在同样浓度下,屈服应力和黏度都下降。但从可泵性角度,应当以更高的浓度输送才能保证输送物料的稳定性。在固体物料配比不变的情况下,加粗粒径集料的膏体的屈服应力和塑性黏度均随膏体浓度的增加而增大。可泵性是膏体泵送的一个综合性指标,其实质是反映膏体在管道泵送过程中的流动状态,这一综合指标反映膏体在泵送过程中的流动性、可塑性和稳定性。流动性取决于固、液相的比率,也就是膏体的浓度和粒度组成;可塑性则是克服屈服应力后产生非可逆变形的一种性能;而稳定性则是抗沉淀、抗离析的能力。可泵性是膏体充填料的关键性输送特征指标,还反映了膏体在管路系统中对弯管、锥形管、管接头等管件的通过能力。保证膏体物料能在管内顺利地输送,必须同时满足管壁摩擦阻力小、物料不离析和形态稳定等要求。膏体物料中适量的超细粒级含量对满足这些输送要求很重要。$-25~\mu m$ 的细物料能使膏体料浆保持稳定不离析、不泌水,其摩擦阻力损失也较小。如果所产生的摩擦阻力较大,输送泵的负载也随之增大,泵送距离以及流量也会受到限制,管内膏体的压力过大甚至会出现泵送困难。如果膏体在输送中产生离析现象,就会引起管道堵塞事故。因此,必须对膏体泵送充填材料进行常压和高压下的泌水试验,以选择稳定性良好的配比,特别是含粗集料的膏体,为使其在管道中顺利流动,必须使膏体呈柱塞状。如果管内膏体中的粗集料产生离析,则粗集料会形成相互接触状态,因而产生很大的摩擦阻力。若集料聚集在弯管处,将容易堵塞管道,所以必须保证膏体的稳定性好,使膏体充填料在较长时间内中断输送也不致离析沉淀。输送过程中,膏体的形态不能发生大的变化,尤其是膏体材料的坍落度、强度、泌水性等特性不应产生大的变化。如果压送过程中因集料吸水使膏体坍落度下降至 $4\sim6~cm$,将会导致管道堵塞。从粒径级配的角度以 $0.25~mm$ 为界,将组成膏体的材料分成粗料和细料。小于 $0.25~mm$ 的颗粒与水形成混合浆体黏附在粗集料的表面,并充填空隙,$-25~\mu m$ 的超细物料起着形成稳定性膏体的决定作用。膏体料浆的流动性能用坍落度来表征最为直观。膏体充填料坍落度是因膏体自重而坍落,又因内部阻力而停止的最终形态量,它的大小直接反映了膏体物料流动性特征与流动阻力的大小。可泵送的膏体物料的坍落度可在一个范围内变化,坍落度过小则所需泵送压力很大。

# 6　膏体料浆管道输送预防堵管技术

## 6.1　防堵管监测系统研究现状

　　管道压力是反映管道系统运行状态的重要参数之一,实施管道压力监测是保证系统安全运行的必要条件。传统的压力监测方法大部分是介入式和非介入式测量方法。介入式有机械式、压敏元件式等测量法。这些方法的测压点不易变动,且破坏管路结构的整体性,特别在高压条件下,容易留下安全隐患。非介入式管道压力监测方法,主要采用超声波作为管道压力测试手段,该方法是基于流体中的超声波传播特性参数(如衰减系数、声速等)对压力变化敏感的性质监测的。由于声衰减系数在监测过程中存在诸多不确定性,易受外界条件干扰,所以一般选择声速作为测量对象,在固定的声程条件下,声速的测量转化为传播时延的测量。

　　目前世界上已有的管道监测主要集中在管道腐蚀和管道泄露方面,美国等发达国家立法要求管道必须采取有效的泄漏监测系统。输油管道检漏方法主要有三类:生物方法、硬件方法和软件方法。生物方法是一种传统的泄漏监测方法,主要是用人或经过训练的动物(狗)沿管线行走查看管道附件的异常情况、闻管道中释放出的气味、听声音等监测泄露。这种方法直接准确,但实时性差,耗费大量的人力。硬件方法主要有直观监测器、声学监测器、气体监测器、压力监测器监测等。直观监测器是利用温度传感器测定泄漏处的温度变化,如用沿管道铺设的多传感器电缆。声学监测器是当泄漏发生时流体流出管道会发出声音,声波按照管道内流体的物理性质决定的速度传播,声音监测器监测出这种波而发现泄漏。如美国休斯敦声学系统公司(ASI)根据此原理研制的声学检漏系统(WaveAlert),由多组传感器、译码器、无线发射器等组成,天线伸出地面和控制中心联系,这种方法受监测范围的限制,必须沿管道安装很多声音传感器。气体监测器则需使用便携式气体采样器沿管道行走,对泄漏的气体进行监测。软件方法:它采用由 SCADA 系统提供的流量、压力、温度等数据,通过流量或压力变化、质量或体积平衡、动力模型和压力点分析软件的方法监测泄漏。国外公司非常重视输油管道的安全运行,管道泄漏监测技术比较成熟,并得到了广泛的应用。壳牌公司经过长期的研究开发生产出了一种商标名称为 ATMOS Pine 的新型管道泄漏监测系统,ATMOS Pine 是基于统计分析原理而设计出来的,利用优化序列分析法(序列概率比试验法)测定管道进出口流量和压力总体行为变化以监测泄漏,同时兼有先进的图形识别功能。该系统能够监测出 1.6 kg/s 的泄漏而不发生误报警。目前国内油田长距离输油管道大都没有安装泄漏自动监测系统,主要靠人工沿管线巡视,管线运行数据靠人工读取,这种情况对管道的安全运行十分不利。我国长距离输油管道泄漏监测技术的研究从 20 世纪 90年代开始已有相关报道,但只是近两年才真正取得突破,在生产中发挥作用。清华大学自动化系、天津大学精密仪器学院、北京大学、石油大学等都在这一方面做过研究,如中洛线(中原—洛阳)濮阳首站到滑县段安装了天津大学研制的管道运行状态及泄漏监测系统(压力波法),东北管道局1993年应用清华大学研制的检漏系统(以负压波法为主,结合压力梯度法)进行了现场试验。但是在管道不均质输送中异常压力在线监测方面,全世界范围内就其理论研究和实际产品开发方面做的工作还很少。

## 6.2　膏体充填管道输送材料特性

膏体充填原材料以煤矸石、粉煤灰与胶结料加之矿井水(经过实验,满足充填材料正常凝结固化要求)进行配比搅拌,最后将拌制好的膏体浆液通过充填泵输送至井下。膏体管道输送介质一般具有以下几个特点:

(1)浓度高。一般膏体充填材料质量浓度>75%,目前最高浓度达到88%。而普通水砂充填材料浓度低于65%,如我国阜新矿区水砂充填水砂比,新平安矿为2.7∶1~5.3∶1,新邱一坑为1.2∶1~2.1∶1,高德八坑为2∶1,按照质量浓度小于50%。

(2)流动状态为柱塞结构流。水砂充填料浆管道输送过程中呈典型的两相紊流特征,管道横截面上浆体的流速为抛物线分布,从管道中心到管壁,流速逐渐由大减小为零;而膏体充填料浆在管道中基本是整体平推运动,管道横截面上的浆体基本上以相同的流速流动,称之为柱塞结构流。

(3)料浆基本不沉淀、不泌水、不离析。膏体充填材料这个特点非常重要,可以降低凝结前的隔离要求,使充填工作面不需要复杂的过滤排水设施,也避免或减少了充填水对工作面的影响,充填密实程度高。而普通水砂充填,除大部分充填水需要过滤排走以外,常常还在排水的同时带出大量的固体颗粒,其量高者达40%,只在少数情况下低于15%,产生繁重的沉淀清理工作。

(4)无临界流速。最大颗粒料粒径达到25~35 mm,流速小于1 m/s仍然能够正常输送,所以膏体充填所用的煤矸石等物料只要破碎加工即可,可降低材料加工费,低速输送能够减少管道磨损。

(5)相同胶结料用量强度较高,可降低价格较贵的胶结料用量,降低材料成本。

(6)膏体充填体压缩率低。一般水砂充填材料(包括人造砂)压缩率为10%左右,级配差的甚至达到20%,水砂充填地表沉陷控制程度相对较差,通常水砂充填地表沉陷系数为0.1~0.2(新汶矿区水砂充填地表沉陷系数为0.13~0.17),许多条件尚需要与条带开采结合,留设条带煤柱才能够达到保护地表建筑物的目的。而膏体充填材料中固体颗粒之间的空隙由胶结料和水充满,一般压缩率只有1%左右,控制地表开采沉陷效果好,"三下一上"压煤有条件得到最大限度的开采出来。

与金属矿膏体充填比较,煤矿膏体充填的主要特点是:① 成本要求更低。目前煤矿可以接受的充填开采的吨煤增加成本为金属矿山充填可接受成本的一半左右。② 煤矿膏体充填没有如金属矿山那样有质量比较稳定的尾砂作骨料,煤矿附近能够用作充填的原材料常常是煤矸石、粉煤灰等固体废物,物料成分复杂、变化大。③ 早期强度要求高。中国矿业大学根据不同条件,提出全采全充法、短壁间隔充填法、长壁间隔充填法、冒落区充填法和离层区充填等五种膏体充填方法,其中,减沉效果最好的全采全充法、短壁间隔充填法、长壁间隔充填法都是紧随采煤工作面边采边充填,充填工作是在充填区直接顶板保持完整的条件下进行的,充填数小时以后膏体充填体必须有一定强度,满足脱模条件,能够实现自稳,并对顶板有适当的支撑作用,否则,只能多面轮流采煤-充填才能够保证煤炭产量。

## 6.3 管道压力监测堵管卸料阀门研制

### 6.3.1 管道压力监测技术

目前,国内外监测管道压力的方法主要有以下几种:

(1) 液柱式压力监测法

液柱式压力监测是以流体静力学原理为基础的,它们一般以水银或水为工作液体,采用U形管或单管进行测量,常用于低压、负压或压力差的监测,测量精度相对比较低,仅适用于管道压力简单的监测。

(2) 传感器压力监测法

压力传感器种类很多。根据传感器选用的敏感元件不同,可以分为压阻式传感器、应变式传感器、压电式传感器及光纤式传感器等,测量原理如图 6-1 所示,其主要原理是利用压力传感器测量流体时,敏感元件受压产生变形,带动电阻产生变化,进而电流产生变化,同时也可根据变形的大小换算出被测流体的压力,也可将变形量转换成电阻、电荷量等电气参数,通过电流、电压的变化表现出来。

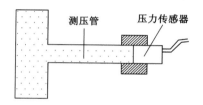

图 6-1 传感器压力监测法

(3) 管路弹性变形的非介入式液压监测法

根据液体介质对金属管壁的压力作用,使管路径向产生弹性形变的基本原理,通过监测管路外径微小变形量算出管路内部压力,压力与应变关系如下:

$$p = \frac{E(b^2 - a^2)r}{(1-\mu)a^2 + (1+\mu)a^2 b^2} u \tag{6-1}$$

式中  $u$——管壁内任意一点的径向位移,mm;

  $\mu$——管路材料的泊松比;

  $E$——管路材料的弹性模量,Pa;

  $a$——管路内径,mm;

  $b$——管路外径,mm;

  $p$——液体压力,Pa;

  $r$——管壁内任一点至管道轴心的距离,mm。

目前,已建的管道运输系统,最大工作压力为 21 MPa(阿塞拜疆-意大利输气管道)。液压系统工作压力一般小于 25 MPa,即使工作在最大压力条件下,管道的变形量也不大。例如,对于外径 32 mm,壁厚 5 mm 的钢管,当管道内部压力为 25 MPa 时,外径变形也只有十几微米。对于管路的微小变形,可采用线性可调差动变压器 LVDT 监测,如基于 LVDT 的外部压力系统 EPMS(External Pressure Measurement System),在 0.7~34.5 MPa 的范围内,测量精度优于 15%。

上述测量方法,如液柱式压力监测法及更为常用的传感器压力监测法,在监测过程中需在被测管道上开孔,通过引压管将被测流体引入压力监测仪表中。因此,这些方法适用于测压点固定的场合。但是在管壁上开孔,会给维修和监测带来不便,特别在高压状态下,管壁开孔使管道承压能力大大降低,可能造成流体渗漏。此外,引压系统的性能和可靠性左右着整个测量系统的性能,例如引压管受堵将导致测压不正确、引压管太长使测压系统的动态性能变差等。基于管路弹性变形的非介入式液压监测法避免了破坏管路结构的缺陷,但是该技术应用还不成熟:监测精度低于传统压力监测方法、易受环境因素(特别是温度)影响;对于不同规格管路需配备不同夹具以满足测量要求,压力监测实时性不高等。

(4)管道压力超声监测技术

超声波是指频率大于 20 kHz 的声波,有时简称超声。利用超声的传播和信息载体的特性,监测材料的缺陷,测量物体的几何尺寸、物理化学性质及其他非声学性质与参量,例如介质密度、黏度、硬度、内部缺陷或结构、流体流速等,即为超声监测技术。目前,基于超声监测技术的管道监测方法研究较多的是超声流量计的研究。借鉴超声流量监测方法,实现超声压力监测的数学模型可以表示为:

$$P = f(X_1, X_2, \cdots, X_n) \tag{6-2}$$

式中　$X_1, X_2, \cdots, X_n$——待测特征参量,如声速 $c$,传播时延 $t$,相位 $\varphi$,温度 $T$ 等;

$P$——监测压力。

按照监测参量的不同,已提出的非介入式管道压力超声监测方法可以分为时差法、相位差法、共振法等。但是这种测量方法存在如下问题:一是介质的声特性阻抗不均匀导致散射衰减;二则异性介质界面的不光滑使得界面处也存在散射衰减。以上两种衰减,都具有随机性,所引起的声强变化与压力因素无关,而又与压力因素引起的变化难以区分,造成测压困难。换言之,该方法适用测量单一介质自由场的特征参数。

### 6.3.2　管道压力监测卸料阀门研制

以某矿煤矸石膏体充填管道的现状及井下目前的条件为例,管道内为固、液大颗粒非均质流,颗粒不均,最大颗粒粒径≤25 mm,粒径≤5 mm 颗粒占到输送量 40% 左右;输送介质浓度高,达到 75% 左右;输送介质持水性强;管道压力信号变化大且不显著,一般的压力、应变式传感器无法直接用来测量。况且煤矿井下复杂的开采条件,发声设备非常多,一般的超声监测超声波(单一介质)在煤矿这种恶劣条件下也无能为力。因此,研究重点主要在以下两个方面:一是选择合适的压力传感器;二是研制一种测压机构,把直接测量高浓度不均质体的压力转换为间接测量,以避免大颗粒煤矸石颗粒对传感器的损坏,压力监测及堵管卸料阀门正是基于此种考虑而设计研制的。压力监测及堵管卸料阀门主要功能是能对充填管道系统压力实时监测并能通过卸料判断故障点,同时操作回路上带安全阀,在不同的位置设立不同的安全压力值,通过开启检查管道内积杂物的情况,是保证充填可靠性的装置之一。正常充填时,岗位司机对压力进行在线监测并实时记录汇报。当压力出现异常时,集控室决定开启放浆口。此闸阀有预防堵管、快速准确定位堵管位置和防止事故扩大的作用。压力监测及堵管卸料阀门的主要结构及液压原理如图 6-2 和图 6-3 所示,加工实物如图 6-4 所示。

### 6.3.3　管道压力监测卸料阀门实施方式

具体实施方式结合图 6-2 进行说明:一种带有压力监测功能的膏体充填堵管卸料闸门,

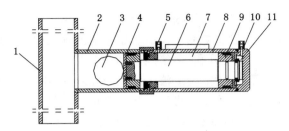

图 6-2　管道压力监测卸料阀门结构示意

1——主管道;2——卸料管道;3——卸料口;4——挡板;5——油口;6——活塞杆;

7——小腔;8——液压缸;9——活塞;10——油口;11——大腔

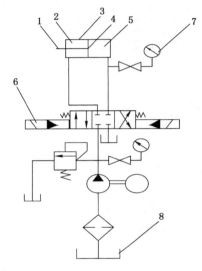

图 6-3　管道压力监测卸料阀门液压原理

1——活塞杆;2——小腔;3——液压缸;4——活塞;

5——大腔;6——三位四通电磁阀;

7——压力传感器;8——油箱

图 6-4　管道压力监测卸料阀门

包括连接在充填管路上的主管道,主管道的管壁上设置有与主管道相连通的卸料管道,卸料管道的管壁上开设有卸料口,卸料管道的端部连接有液压缸,液压缸的活塞杆朝向卸料管道,活塞杆的端部设置有圆形挡板,挡板的外壁与卸料管道的内壁密封接触,当活塞杆完全伸出时,挡板位于主管道与卸料口之间的卸料管道内,将主管道密封,当活塞杆完全缩回时,挡板位于卸料口与卸料管道的端部之间的卸料管道内,将卸料口打开;液压缸内设置有活塞,活塞将液压缸分为大腔和小腔两个腔室,大腔的端部设置有油口,油口通过管路与三位四通电磁阀的第三油口相连通,油口与三位四通电磁阀之间的管路上设置有压力传感器,压力传感器与单片机连接,压力传感器可将监测到的信号传递给单片机,单片机与三位四通电磁阀电连接,单片机根据接收到的压力信号,判断是否发生堵管事故,决定是否发信号给三位四通电磁阀,让三位四通电磁阀换向,如果发生堵管事故,单片机发信号给三位四通电磁阀,让三位四通电磁阀换向,使大腔回油,活塞杆缩回液压缸内,打开卸料口,实现卸料的目的。上述小腔的端部设置有油口,油口通过管路与三位四通电磁阀的第二油口相连通,三位四通电磁阀的第一油口与油泵相连通,油泵通过带有滤油网的管路与油箱相连通。三位四通电磁阀的第四油口与油箱连通。

# 6.4  监测系统设计及工作原理

### 6.4.1  监测系统组成

矸石膏体充填输送管道压力在线监测系统采用"KJ216煤矿动态监测系统"硬件平台构建,硬件主要包括:(1)井上监测服务器;(2)通信接口;(3)井下监测主站;(4)多功能监测分站;(5)矿用数据光端机及配套防爆电源、电缆。KJ216煤矿动态监测系统采用多级总线分布式结构,本质安全型设计,系统组成如图6-5所示。井上设监测服务器,监测服务器采用工业级PC扩展光纤接口,井下设一台光端机,光端机内置光纤、以太环网接口,用户可选择光纤专线、环网方式与井上监测服务器连接。监测主站下位连接多功能监测分站,分站连接压力传感器,监测分站具有数据显示、总线通信等功能,分别与分站之间通过RS485总线连接。

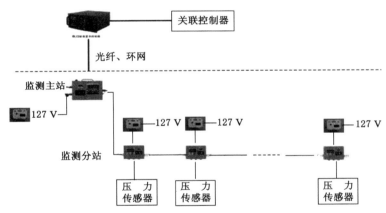

图 6-5  KJ216 监测管道压力在线监测系统

### 6.4.2  监测方法

井上部分监测服务器及通信接口安装在输送泵站控制机房内,由值班员监控操作运行。

井下在车场部分设一台监测主站,负责巡测各个监测分站的数据,并将数据传送到井上的监测服务器,可选择光纤专线、以太环网其中一种通信方式。输送管道沿线布置5个压力监测点,每个监测点配一台多功能监测分站,实时采集数据,当分站接收到主站的巡测指令时将数据发送到主站。当每个压力监测点出现压力异常时,井上的监测服务器自动报警。井下的供电采用KDW28型隔爆兼本安型直流电源。每台监测主站及分站配置一台本安型电源,本安电源的输入采用交流127 V电源供电。

### 6.4.3  工作过程

传感器、变送器输出的模拟信号接入多功能监测分站的输入通道,多功能分站的单片计算机采集数据,由LCD显示并存储,当监测数据超限时自动报警。监测主站由计算机控制定时向分站发出指令,分站根据指令的不同将不同的监测数据发送给监测主站。监测主站将下位分站的数据巡测完成后,将数据打包发送到井上的监测服务器。监测服务器的监测分析软件,采用组态模拟显示管道各部位的压力。当数据超限时自动报警并记录报警事件信息。监测服务器预留控制接口,可连接输送控制单元,当管道压力值超过预先设置的动作值时自动停止输送设备。

### 6.4.4　监测系统实现

（1）管道压力监测

管道压力监测采用了硅压阻压力传感变送器,硅压阻传感器具有良好的动态响应范围,频响范围达到 5 kHz,可监测管道内瞬间的脉动冲击。传感器输出的毫伏级电压信号由变送器转换成标准信号输出给监测分站的数据采集电路。压力传感器选型上要考虑过载特性,管道输送过程因水锤惯性效应产生的脉动冲击可能达到正常压力的数倍以上。传感单元隔离组件设计时采用储能缓冲设计。

（2）数据采集与通信

多功能分站采用了 16 位计算机控制,定时采集输入通道的数据,采用 16 位 A/D 转换电路,实时采集输送管道内的压力值,并通过显示器翻屏显示出当前输送管道的压力值和流量值,当采集到的数据超过设定的报警值时可以进行声光报警。多功能分站将采集得到的信息通过 RS485 总线回传到监测主站,监测主站能够将数据通过光纤、矿用电缆或者井下环网连接到井上数据通信接口,接口将收到的数据通过 RS232 口传输到监测服务器。

（3）软件功能

监测服务器的监测分析软件,采用组态实时模拟显示出管道各部位的压力数据,当数据超限时自动报警并记录报警事件信息。监测分析软件可以将数据进行存储,形成历史数据,供用户查询,还可以显示输送管道某段时间的压力值的曲线图。具有报表输出、打印等功能,还可以设置每台泵的动作值,当管道压力值超过预先设置的动作值时自动停止输送设备。

## 6.5　监测系统硬件研究

监测系统硬件部分一般由传感器、信号调理电路、单片机及外围电路组成。对于监测对象上的模拟量,首先由传感器收集到原始信号,并被送入采样保持器和放大器,信号通过采样保持电路之后,为模数转换作了准备,信号通过 A/D 转换器后,模拟量变成了数字量,然后送给监测系统的主控芯片,A/D 转换采用 ADC0817。单片机输出数字信号通过串口将数据输入到计算机。单片机对数据进行数值计算、数值分析和处理,根据处理结果显示、记录各监测点数据。通过软件编程,计算机可以实现各监测点现场在线监测,提供管道是否堵塞的早期诊断及报警,实现系统自动监测功能。监测系统硬件的总体方案如图 6-6 所示。

监测系统硬件由以下七部分组成:(1)传感器:考虑到本系统信号采集的实时性要求,本系统采用的是硅压阻式传感器。(2)信号调理电路:由于放大倍数较大,本系统信号调理电路采用 AD620 和 OP07 组成两级放大电路。(3)MCS-51 单片机:考虑到芯片的经济性、兼容性等因素,本系统使用 AT89C52 作为主控芯片,本研究的 MCS-51 单片机采用 AT59C52,AT59C52 是 ATMEL 公司生产的低电压、高性能 CMOS 8 位单片机。(4)A/D

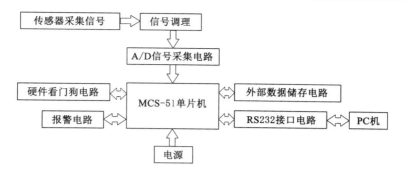

图 6-6　监测系统硬件总体方案

信号采集电路：基于管道监测点多、传感器多、数据量大的特点，A/D 电路采用 16 路 8 位 A/D 转换器 ADC0817。（5）外部数据存储电路：基于采集数据量大的特点，而 AT89C52 只有 256bytes 的随机存储器（RAM），所以有必要扩展一个外部数据存储器。（6）报警电路：采用简单、实用的蜂鸣器报警。（7）硬件看门狗电路：采用 MAX813 硬件看门狗电路。（8）电源电路：实现系统供电电压（交流 220 V）与系统工作电压（±5 V）之间的转换。（9）RS232接口电路：实现单片机与计算机之间信息交互。

### 6.5.1　传感器方案研究

工程上通常把直接作用于被测量物体，能按一定规律将其转化成同种或别种量值输出的器件，称为传感器。传感器的分类方法很多，按被测量分类，可分为位移传感器、力传感器、温度传感器等；按传感器工作原理分类，可分为机械式、电器式、光学式、流体式等；按信号变换特征，可分为物性型和结构型；根据敏感元件和被测对象之间的能量关系，可分为能量转换型和能量控制型；按输出信号分类，可分为模拟式和数字式。进行管道压力监测，物理学中将单位面积所受到的流体作用力定义为流体的压强，而工程上则习惯于称其为"压力"。

#### 6.5.1.1　应变式传感器

应变式传感器是基于测量物体受力变形所产生应变的一种传感器，电阻应变片则是其最常采用的传感元件。它是一种能将机械构件上应变的变化转换为电阻变化的传感元件。目前应用最广泛的是电阻应变式传感器，它是一种由电阻应变片和弹性敏感元件组成起来的传感器，将应变片粘贴在弹性敏感元件上，当弹性敏感元件受到外作用力、力矩、压力、位移、加速度等各种作用时，弹性敏感元件将产生位移、应力、应变，则电阻应变片将它们再转换成电阻的变化。电阻应变片的基本构造如图 6-7 所示，它一般由敏感栅、基底、引线、盖片等组成。敏感栅由直径为 0.01～0.05 mm、高电阻系数的

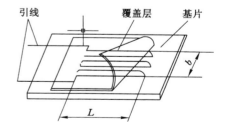

图 6-7　应变片基本构造

细丝弯曲而成栅状，它实际上是一个电阻元件，是电阻应变片感受构件应变的敏感部分。敏感栅用黏合济将其固定在基底上。基底的作用应保证将构件上应变准确地传递到敏感栅上去。因此，它必须做得很薄，一般为 0.03～0.06 mm，使它能与试件及敏感栅牢固地黏结在一起。另外，它还应有良好的绝缘性能、抗潮性能和耐热性能。基底材料有纸、胶膜、玻璃纤

维布等。纸具有柔软、易于粘贴、应变极限大和价格低廉等优点,但耐温耐湿性差,一般在工作温度低于 70 ℃ 下采用。为了提高耐湿耐久性和使用温度,可浸以酚醛树脂类黏合剂,使用温度可提高至 180 ℃,且时间稳定性好,适用于测力等传感器使用。胶膜基底是由环氧树脂、酚醛树脂、聚酯树脂和聚酰亚胺等有机黏合剂制成的薄膜,胶膜基底具有比纸更好的柔性、耐湿性和耐久性,且使用温度可达 100~300 ℃。玻璃纤维布能耐 400~450 ℃ 高温,多用作中温或高温应变片基底。引出线的作用是将敏感栅电阻元件与测量电路相连接,一般由 0.1~0.2 mm 低阻镀锡铜丝制成,并与敏感栅两输出端相焊接。

在测试时,将应变片用黏合剂牢固地粘贴在被测试件的表面上,随着试件受力变形,应变片的敏感栅也获得同样的变形,从而使其电阻随之发生变化,而此电阻变化是与试件应变成比例的。因此,如果通过一定测量线路将这种电阻变化转换为电压或电流变化,然后再用显示记录仪表将其显示记录下来,就能知道被测试件应变量的大小。应变式传感器具有很多优点:分辨力高,能测出极微小的应变,如 1~2 微应变;误差较小,一般小于 1%;尺寸小、重量轻;测量范围大,从弹性变形一直可测至塑性变形(1%~2%),最大可达 20%;既可测静态,也可测快速交变应力;具有电气测量的一切优点,如测量结果便于传送、记录和处理;能在各种严酷环境中工作,如从宇宙真空至数千个大气压;从接近绝对零度低温至近 1 000 ℃ 高温;离心加速度可达数十万个"$g$";在振动、磁场、放射性、化学腐蚀等条件下,只要采取适当措施,亦能可靠地工作;价格低廉、品种多样,便于选择和大量使用。

### 6.5.1.2　压阻式传感器

金属丝和铂式电阻应变片传感器有着广泛的运用,但是随着要求的监测精度和灵敏度越来越高,其缺点也越来越明显,后来出现了半导体应变片和扩展型半导体应变片很好地弥补了这个不足,应用半导体应变片制成的传感器称为固态压阻式传感器,它的突出优点是灵敏度高(比金属丝高 50~80 倍)、尺寸小、横向效应小、滞后和蠕变都小,因此得到越来越广泛的应用。压阻式压力传感器因其采用硅集成电路工艺技术和硅三维加工技术制造,利用硅优良的力学特性,用硅膜作为弹性敏感元件,两者一体化、尺寸小,因而固有频率很高,加上硅材料的弹性模量很高,硅压阻监测元件是惠斯顿电桥模式,因此,硅压阻式压力传感器频响带宽从零开始,最高可达 1 MHz 以上。利用半导体扩散硅技术,将 P 型杂质扩散到一片 N 型底层上,形成一层极薄的 P 型层,装上引线接点后,即形成扩散型半导体应变片。若在圆形硅膜上扩散出 4 个 P 型电阻组成的惠斯登电桥的 4 个桥臂,这样的敏感器件叫作压阻式压力传感器。应变式电桥电路是传感器接口中经常使用的电路,主要用来把传感器的电阻、电容、电感变化转换成电压或电流信号。压阻式应变片传感器大多采用惠斯登电桥电路,其基本思想是将温度变化引起的测量误差在电路中给予抵消,不致于在输出信号中得到反映。利用差动结构并采用恒流源作为电桥电源,如图 6-8 所示。将具有相同热特性的应变片接入桥路各臂,组成等臂全桥电路,设:

$$R_1 = R_0 + \Delta R + \Delta R_t;$$
$$R_2 = R_0 - \Delta R + \Delta R_t;$$
$$R_3 = R_0 - \Delta R + \Delta R_t;$$

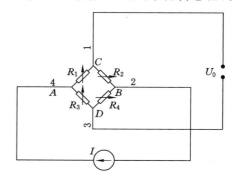

图 6-8　应变片基本构造

$$R_4 = R_0 + \Delta R + \Delta R_t$$

式中　　$R_0$——桥臂电阻初始值；

　　　　$\Delta R$——工作情况下的电阻变化量；

　　　　$\Delta R_t$——温度引起的电阻增值。

供桥电源为恒流源时，由于电桥两个支路电阻相等，两个支路中电流也相同，即：

$$I_1 = I_2 = \frac{1}{2}I \tag{6-3}$$

电桥的输出为：

$$
\begin{aligned}
U_0 &= U_{AC} - U = I_1 R_1 - I_2 R_3 \\
&= \frac{1}{2}I(R_0 + \Delta R + \Delta R_t) - \frac{1}{2}I(R_0 - \Delta R + \Delta R_t) \\
&= I\Delta R
\end{aligned} \tag{6-4}
$$

由于 $\dfrac{\Delta R}{R} = K\varepsilon$，所以：

$$U_0 = IR_0 K\varepsilon \tag{6-5}$$

电桥的输出与应变呈正比，当然也与电源电流呈正比，必须使恒流源的电流大小稳定不变。但是电桥输出与温度无关，不受温度的影响，这是差动结构采用恒流源的优点。基于以上性能要求的考虑，最终决定选择陕西省宝鸡市麦克公司的 MPM480 型压阻式压力传感器，采用带不锈钢隔离膜的压阻式 OEM 压力传感器作为信号测量元件，并经过计算机自动测试，用激光调阻工艺进行了宽温度范围的零点和温度性能补偿。信号处理电路位于不锈钢壳体内，将传感器信号转换为标准输出信号。整个产品经过了元器件、半成品及成品的严格测试及老化筛选，性能稳定可靠。该产品以其优良的可靠性、灵活性和多样性，广泛应用于石油、化工、冶金、电力、水文等工业过程现场的压力测量和控制中，MPM480 型压阻式压力变送传感器实物如图 6-9 所示。

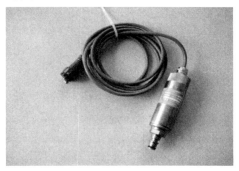

图 6-9　MPM480 型压阻式压力传感器

MPM480 型压阻式压力传感器结构接插件外形结构排列如图 6-10 所示，防爆型产品的结构如图 6-11 所示，MPM480 型压阻式压力传感器的电气接线图如图 6-12 所示。

传感器量程覆盖范围宽；全不锈钢结构，压力接口形式多样，具有齐平膜型、卫生型、防腐型等多种形式，防护等级 IP65；输出信号形式多样，现场可调校，可显示；反极性保护和瞬间过电流过电压保护，符合 EMI 防护要求；本安防爆型产品符合 GB 3836.4 标准要求，取得了防爆合格证，防爆标志为 ExiaⅡCT6；隔爆型产品符合 GB 3836.2 的要求规定，取得了隔

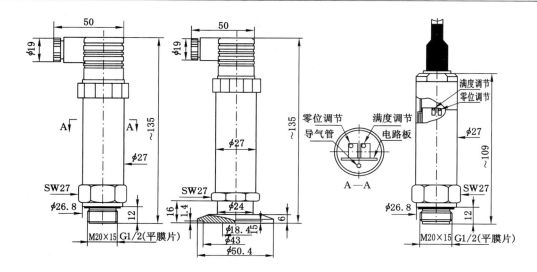

图 6-10　接插件外形结构排列

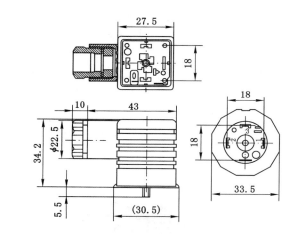

图 6-11　防爆型产品的结构

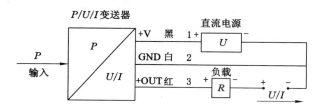

图 6-12　电气接线图

爆证书,防爆标志为 Exd Ⅱ CT6;产品已取得 CE 认证和 RoHS 认证;产品已获国家专利,专利号是 ZL002 26957.0。

测量范围:0~100 MPa;过载:1.5 倍满量程压力或 110 MPa(取最小值);压力类型:表压或绝压或密封表压型;精确度:±0.25％FS(典型);±0.5％FS(最大);长期稳定性:

±0.1%FS/a(典型);±0.2%FS/a(最大);零点温度漂移:±0.03%FS/℃(≤100 kPa);
±0.02%FS/℃(>100 kPa);满度温度漂移:±0.03%FS/℃(≤100 kPa);±0.02%FS/℃
(>100 kPa);工作温度:−30~80 ℃;防爆型:−10~60 ℃;贮存温度:−40~120 ℃;供电
电源:15~28 V DC(本安型经安全栅供电)、15~28 V DC、15~28 V DC;输出信号:4~
20 mA DC、0~10/20 mA DC、0~5/10 V DC;传输方式:二线、三线;负载电阻:≤(U−15)/
0.02 Ω、≤(U−15)/0.02 Ω、>5 K;外壳防护:电缆线和接插件连接均为IP65;电气连接:接
插件或电缆1.5 m;壳体:不锈钢1Cr18Ni9Ti;膜片:不锈钢316L;O形圈:氟橡胶;橡胶套
管:丁腈橡胶。

传感器负载特性如图6-13所示。

### 6.5.2  信号调理电路研究

由于MPM480型压阻式压力传感器输出为0~100 mV,信号比较微弱,单片机不能直
接采集,中间必须经过放大处理。采集过程中由于不可避免有噪声信号,所以进行滤波等信
号调理也是必不可少的。由于放大倍数较大,本研究采用AD620和OP07组成两级放大
电路。

#### 6.5.2.1  放大电路的精准电源研究

由于AD620是精密元件,所以它的供电电源必须是精准的,故需要设计十分精准的
+5 V电源,其电路设计图如图6-14所示。在图中,采用LM336-5.0接于供电电压
"+5 V"与"地(GND)"、"−5 V"与"地(GND)"之间。LM336属于三端精密基准电压源,可
广泛用于数字电压表、数字欧姆表、稳压电源和运算放大器的电路中,LM336基准电压的典
型值为2.490 V/5.0 V,其基准电压值和电压温度系数均可由外总电路调整到最佳特性。
通常是用电位器和两只硅二极管构成温度补偿电路,将基准电压调至2.490 V/5.0 V,使电
压温度系数为最小。

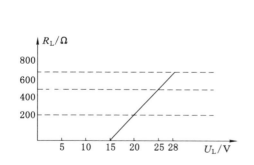

图6-13  MPM480型压阻式压力传感器负载特性

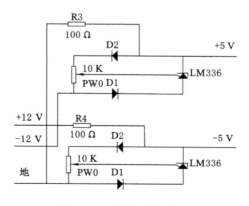

图6-14  精准电源电路图

#### 6.5.2.2  放大电路的结构研究

管道压力监测系统信号调理电路如图6-15所示,由AD620和OP07组成两级放大电
路。AD620是精密仪器用放大器,增益范围为1~1 000,只需外接一个电阻进行调节,增益
线性误差为$100×10^{-6}$ FSR,共模抑制比为90 dB,单位增1 MHz,工作电源电压为±3.2~
±18 V,广泛应用于传感放大器、数据采集系统以及自动控制系统等。OP07为双电源供电

低噪声、高精度单运算放大器,共模抑制比为 126 dB,单位增益带宽为 1.2 MHz,工作电源电压为 ±3～±18 V,广泛应用于传感放大器等场合。共有 5 条输入线:分别是 AD620 的同相输入端和反相输入端、+12 V 线、−12 V 线和地线。第 6 条线为经两级放大的压力传感器的输出线,此线接 ADC0817 的 16 路输入通道的模拟量输入端口 IN0～IN15 中的一个端口。在图 6-15 中,各个参变量的大小分别为:C01＝C02＝C03＝C04:规格为 16 V、100 μF;其余电容的规格为:0.1 μF;R3＝R4＝R7＝R8＝R9:均为 100 Ω;R10:R11:为 10 kΩ;$R_1$＝$R_2$:规格为 1 W、220 Ω;R5＝R6:为 24 kΩ;R0:100 kΩ;R12:33 kΩ。

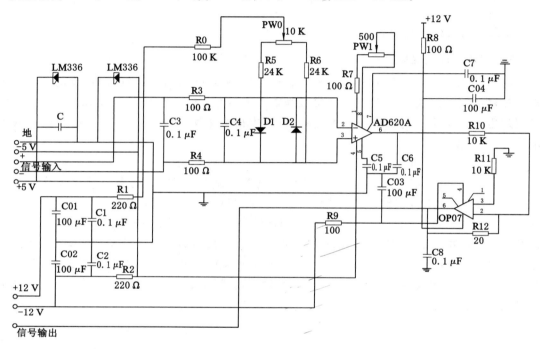

图 6-15  管道压力监测系统信号调节电路

### 6.5.2.3  放大电路各部分的功能

对于 AD620 级放大,PW0 为调零电阻;PW1 是增益调节电阻,即可调节放大倍数。二极管 D1 和 D2 的作用是用来限制输送到集成运算放大器两输入端之间的信号幅度,即集成运放输入端承受过高的差模输入电压,此时 D1 和 D2 起到输入保护的作用。在输入端的 RC 电路起滞后补偿作用,在低频时,R 和 C 起作用;在高频时,R 可防止电容短路使高频段放大倍数不致衰减过多,保证带宽不致压缩过多。

在对压力传感器的电压信号进行放大时,首先调节电位器 PW0,使空载时的输出电压尽量小,以消除误差。然后,调节电位器 PW1,获取适宜的放大倍数。AD620 的放大倍数 $G$ 通过跨接在 AD620 的 1 脚和 8 脚之间的电阻 $R_G$ 计算出来。

$$G = \frac{49.4 \ \text{kΩ}}{R_G} + 1 \tag{6-6}$$

对于 OP07 级放大,放大倍数为:

$$A_u = -\frac{R_{12}}{R_{10}} = -\frac{20}{10} = -2 \tag{6-7}$$

即放大倍数为 2 倍。R11 的作用是平衡电阻,它保证了集成运算放大器同相输入端和反相输入端外接电阻相等,使集成运算放大器处于平衡状态。

### 6.5.3 微处理器选型

八位单片机由于内部构造简单,体积小,成本低廉,被广泛应用于各种控制系统中,至今在单片机应用中,仍占有相当的份额。因此,本系统仍以八位单片机作为控制核心,而八位单片机种类繁多,各有特色,其应用场合也随其特点有所不同。因此,对几种主流八位单片机作一个简单的比较。

#### 6.5.3.1 51 系列单片机

该类产品硬件结构合理,指令系统规范,生产历史"悠久",已经成为市场上最为流行的单片机之一。它优点之一是无论从内部的硬件还是到软件都有一套完整的按位操作系统。因而,这不仅可以进行位的逻辑运算,而且对于一个较复杂的程序,当在运行过程中遇到分支的时候,可以通过对标志位的置位、清零或监测操作,很容易地确定程序的运行方向。此外,51 系列单片机具有乘法和除法指令,编程相当方便等特点。

#### 6.5.3.2 PIC 系列单片机

该类单片机是当前市场份额增长最快的单片机之一,其 CPU 采用 RISC 结构,属精简指令集,采用 Harvard 双总线结构,运行速度快(指令周期 160～200 ns)。此外,它还具有低工作电压、低功耗、驱动能力强等特点。它的驱动能力为低电平吸入电流达 25 mA,高电平输出电流可达 20 mA,相对于 51 系列而言,这是一个很大的优点,它可以直接驱动数码管显示且外部电路简单。但是,在编程过程中,它需要反复地选择对应的存储体,数据的传送和逻辑运算基本上都得通过工作寄存器 W 来进行,因此,编程不是很方便。

#### 6.5.3.3 AVR 系列单片机

该类单片机显著的特点为高性能、高速度、低功耗。它取消机器周期,以时钟周期为指令周期,实行流水作业。但其通用寄存器仅有 32 个(R0～R31),前 16 个寄存器(R0～R15)都不能直接与立即数打交道,因而通用性有所下降。而且当程序复杂时,通用寄存器应用起来就显得比较紧张。

本系统中,对单片机的速度要求不是很高,而且显示将选用 LCD 显示器。因此,输出电平也不需要很大的驱动能力。从软件上讲,编程需要进行大量的数据运算,这对于编程复杂的 PIC 系列单片机和寄存器资源有限的 AVR 系列单片机也都不是很合适。此外,考虑到开发人员的熟练掌握程度和单片机的价格,本系统选用了当今最流行的八位单片机 51 系列的典型产品 C8051F310。C8051F310 是新华龙电子公司生产的一种低功耗、低电压、高性能的 8 位单片机。片内带有一个 16 KB 的闪速存储器,可以在系统编程,扇区大小为 512 字节,并且内部有 1280 字节内部数据 RAM。它采用了 CMOS 工艺和新华龙电子公司的高密度非易失性存储器 (NURAM)技术,而且其输出引脚和指令系统都与 MCS-51 兼容。片内的 FLASH 存储器允许在线改编程序或用常规的非易失性存储器编程器来编程,操作十分方便。

### 6.5.4 A/D 信号采集电路研究

针对一段较长管道的多点监测,考虑到数据采集系统的实时性和经济性的要求,本单片机监测系统 A/D 信号采集电路采用 ADC0817。ADC0817 八位逐次逼近式 A/D 转换器是一种单片 CMOS 器件,包括 8 位的模/数转化器、16 通道多路转换器和与微处理器兼容的控制逻辑。它具有如下特点：分辨率为 8 位；最大不可调误差为 ±1 LSB；单一 ＋5 V 供电，模拟输入范围为 0～5 V；具有锁存控制的 16 路模拟开关；可锁存三态输出，输出与 TTL 兼容；转换速度取决于芯片的时钟频率；时钟频率范围：10～1 280 kHz，ADC0817 的芯片引脚如图 6-16 所示。

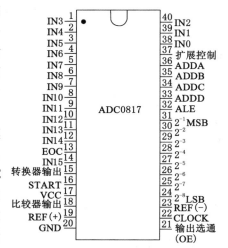

图 6-16 ADC0817 的芯片引脚配置图

引脚功能如下：IN0～IN15：16 路输入通道的模拟量输入端口；$2^{-1}$～$2^{-8}$：8 位数字量输出端口。START，ALE：START 为启动控制输入端口，ALE 为地址锁存控制信号端口。这两个信号端可连接在一起，当通过软件输入一个正脉冲，便立即启动模/数转换。EOC，OE：EOC 为转换结束信号脉冲输出端口，OE 为输出允许控制端口。这两个信号亦可连接在一起表示模/数转换结束。OE 端的电平由低变高，打开三态输出锁存器，将转换结果的数字量输出到数据总线上。REF（＋），REF（－），VCC，GND：REF（＋）和 REF（－）为参考电压输入端，VCC 为主电源输入端，GND 为接地端。一般 REF（＋）与 VCC 连接在一起，REF（－）和 GND 连接在一起。CLK：时钟输入端。ADDA～ADDD：16 路模拟开关的四位地址选通输入端，以选择对应的输入通道。其对应关系如表 6-1 所示。

表 6-1　　　　　　　　　　　　地址码与输入通道对应关系

| 地　址　码 | | | | 对应的输入 |
|---|---|---|---|---|
| D | C | B | A | 通道 |
| 0 | 0 | 0 | 0 | IN0 |
| 0 | 0 | 0 | 1 | IN1 |
| 0 | 0 | 1 | 0 | IN2 |
| 0 | 0 | 1 | 1 | IN3 |
| 0 | 1 | 0 | 0 | IN4 |
| 0 | 1 | 0 | 1 | IN5 |
| 0 | 1 | 1 | 0 | IN6 |
| 0 | 1 | 1 | 1 | IN7 |
| 1 | 0 | 0 | 0 | IN8 |
| 1 | 0 | 0 | 1 | IN9 |
| 1 | 0 | 1 | 0 | IN10 |
| 1 | 0 | 1 | 1 | IN11 |
| 1 | 1 | 0 | 0 | IN12 |
| 1 | 1 | 0 | 1 | IN13 |
| 1 | 1 | 1 | 0 | IN14 |
| 1 | 1 | 1 | 1 | IN15 |

ADC0817 与 AT89C52 的接口,AT89C52 单片机的 ALE 信号经触发器二分频后接 ADC0817 的 CLOCK。AT89C52 单片机时钟频率采用 12 MHz,AT89C52 单片机 ALE 脚输出的是 1 MHz,经过触发器二分频后接到 ADC0817 CLOCK 端的频率是 500 kHz,符合 ADC0817 的时钟频率要求。多角转换器输出(COM 脚)与比较器输入相连。用 P2.7 来控制 A/D 转换启动与转换结果的读取,ADC0817 的地址锁存端(ALE)与启动端(START)相连,利用 P2.7 和 WR 提供的信号将由 P0.0~P0.3 提供的 4 位地址送入 ADC0817 中进行锁存、译码。当转换结束时 EOC 输出高电平,可作为转换结束的中断和查询信号,作为 AT89C52 外部中断信号经反相器送入 INT1。ADC0817 的工作时序图如图 6-17 所示,从时序图可以看出,当送入启动信号后 EOC 有一段高电平保持时间,表示上一次转换结束,它容易引起误控。因此,在启动转换后应经一段延迟时间后再进行开中断。

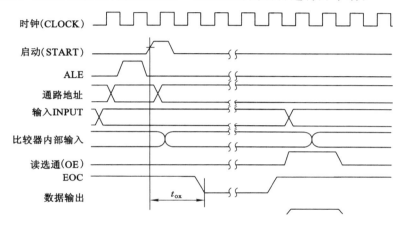

图 6-17　ADC0817 的工作时序图

### 6.5.5　报警电路研究

本次研发采用蜂鸣器多级报警电路,采用的蜂鸣器在每次 PC 机发出自检命令,单片机收到命令时,使蜂鸣器发出 20 kHz 的噪声信号,如果系统出现故障,便使 PC 机产生报警信号;反之,PC 机没有报警信号。这样便可以对系统实施自检功能。由于单片机的 I/O 口驱动能力有限,一般不能直接驱动压电式蜂鸣器,因此选用 PNP 型晶体管组成晶体管驱动电路,单片机 I/O 口(P2.6)输出经驱动电路放大后即可驱动蜂鸣器。蜂鸣器驱动电路如图6-18所示。

### 6.5.6　系统电源电路和复位电路

系统供电电压为交流 220 V,经过 7805 稳压后提供+5 V 电压,使用 7805 稳压使系统具有很好的实用性。

#### 6.5.6.1　7805 原理及封装

7805 的原理图如图 6-19 所示,7805 的封装如图 6-20 所示,1 脚为输入端,2 脚为公共地端,3 脚为输出端。

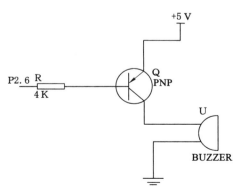

图 6-18　蜂鸣器报警电路

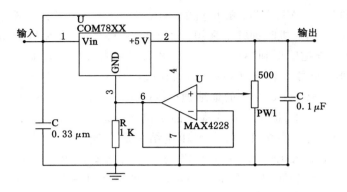
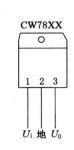

图 6-19　7805 的内部结构图　　　　　　　　　图 6-20　7805 的封装

### 6.5.6.2　系统电源电路

系统电源电路输入为交流 200 V,输出为直流＋5 V,给单片机系统提供稳定的直流电源。系统电源电路图如图 6-21 所示。

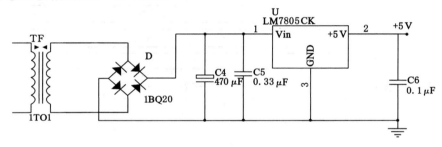

图 6-21　系统电源电路

### 6.5.6.3　系统复位电路

MCS-51 单片机通常采用上电复位和开关复位组电路,如果把这两组组合起来就形成了复杂的系统复位电路,能够很好地保证单片机系统的复位,复位电路的核心就是保证 RST 引脚上出现 10 ms 以上稳定的高电平,这样就可以实现稳定的复位了。本系统复位电路如图 6-22 所示。

## 6.5.7　串口通信电路研究

### 6.5.7.1　串口通信基本理论

数据通信是为了实现计算机与计算机或终端与计算机之间的信息交互而产生的一种通信技术。

（1）通信方式

数据的传输模式有并行、串行传输。并行传输是构成字符的二进制代码在并行信道上同时传输的方式。在传输时,一次传输一个字符,收发双方不存在同步问题,而且速度非常快。但它需要并行信道,所以线路投资大,不适合远距离传输。而串行传输是构成字符的二进制代码序列在一条信道上以位为单位、按时间顺序且按位传输的方式。其传输速度慢,但只需一条通道,易于实现,是计算机通信采用的主要传输方式。在本系统中采用的串行通信方式,其传送方式通常有三种:一种为单向(或单工)配置,只允许数据向一个方向传送;另一

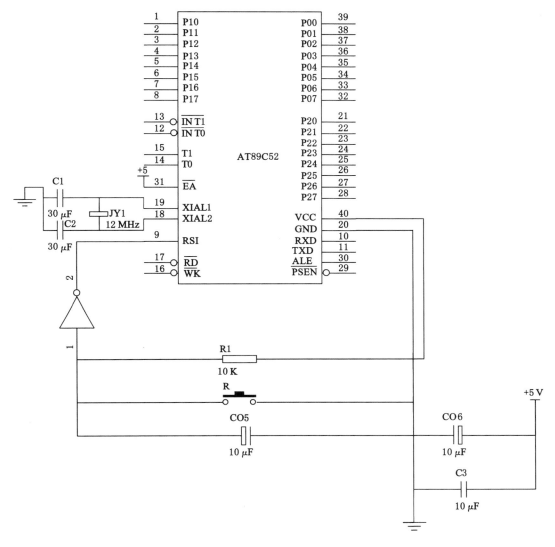

图 6-22  系统复位电路

种是半双向(或半双工)配置,允许数据向两个方向中的任一方向传送,但每次只能有一个站发送;第三种是全双向(或全双工)配置,允许同时双向传送数据。因此,全双工配置是一对单向配置,它要求两端的通信设备都具有完整和独立的发送和接收能力。而串行通信中又包括两种基本通信方式:异步通信和同步通信。

(2)异步通信

在异步通信中,数据是一帧一帧(包含一个字符或一个字节数据)传送的,每一串行帧的数据格式如图 6-23 所示。

在帧格式中,一个字符由 4 个部分组成:起始位、数据位、奇偶校验位和停止位。首先是一个起始位(0),然后是 5~8 位数据(规定低位在前,高位在后),接下来是奇偶校验位(可省略),最后是停止位(1)。起始位(0)信号只占用一位,用来通知接收设备一个待接收的字符开始到达。线路上在不传送字符时应保持为 1。接收端不断监测线路的状态,若连续为 1

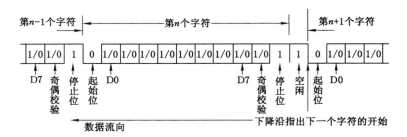

图 6-23　异步通信的一帧数据格式

以后又测到一个 0，就知道发来一个新字符，应马上准备接收。字符的起始位还被用作同步接收端的时钟，以保证以后的接收能正确进行。

　　起始位后面紧接着是数据位，它可以是 5 位（D0～D4）、6 位、7 位或 8 位（D0～D7）。奇偶校验（D8）只占一位，但在字符中也可以规定不用奇偶校验位，则这一位可省去。也可用这一位（1/0）来确定这一帧中的字符所代表信息的性质（地址/数据等）。停止位用来表征字符的结束，它一定是高电位（逻辑 1）。停止位可以是 1 位、1.5 位或 2 位。接收端收到停止位后，知道上一字符已传送完毕，同时，也为接收下一个字符做好准备——只要接收到 0，就是新的字符的起始位。若停止位以后不是紧接着传送下一个字符，则使线路电平保持为高电平（逻辑 1）。

　　（3）同步通信

　　同步通信中，在数据开始传送前用同步字符来指示（常约定 1～2 个），并由时钟来实现发送端和接收端同步，即监测到规定的同步字符后，下面就连续按顺序传送数据，直到通信告一段落。同步传送时，字符与字符之间没有间隙，也不用起始位和停止位，仅在数据块开始时用同步字符 SYNC 来指示，其数据格式如图 6-24 所示。同步字符的插入可以是单同步字符方式或双同步字符方式，然后是连续的数据块。同步字符采用 ASCII 码中规定的 SYNC 代码。即 16H。按同步方式通信时，先发送同步字符，接收方监测到同步字符后，即准备接收数据。

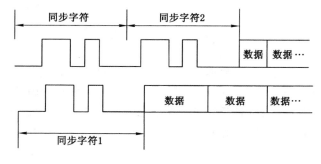

图 6-24　同步传送的数据格式

　　在同步传送时，要求用时钟来实现发送端与接收端之间的同步。为了保证接收正确无误，发送方除了传送数据外，还要同时传送时钟信号。同步传送可以提高传输速率，但硬件比较复杂。

　　（4）通信协议

协议就是一些规则,简单地说就是为了能相互理解,必须用同一种语言说话。在简单的数据传输中,通信只朝一个方向进行,从发射端到接收端。通信可能在发射端和接收端之间受到外界的干扰而使数据发生错误,因此需要协议来保证接收端正确接收到从发射端来的数据,并确定所接收数据是否是实际数据。协议必须增加一些信息到主要信息中,包括识别代码、错误检验等,增加信息的数量必须是所需信息中最少的。协议必须能可靠地将有用的数据从错误数据中分离出来。通常是在数据流中嵌于错误检验格式来实现。奇偶校验、校验和CRC都是检错码的常用格式。一个协议如果能够纠正数据的错误,则认为该协议是可靠的。

### 6.5.7.2 本系统采用的方式

在本系统中主要应用了 AT89C52 单片机上的可编程全双工通用异步接收/发送器(UART)进行数据通信。它是一个全双工的串行口,具有四种工作方式,并具有多机通信的特点;不仅可以和终端、系统主机等进行通信,而且也可以作为 MCS-51 系统之间的通信口。发送时数据由 TXD(P3.1)端送出,接收时数据由 RXD(P3.0)端输入。两个数据缓冲器(SBUF),一个用作发送,另一个用作接收。短距离的机间通信可直接使用 UART 的 TTL电平,使用驱动芯片可接成 RS-232C 和通用微机串口进行通信。波特率时钟必须从内部定时器 1 或定时器 2 获得。若在应用时要求 RS-232C 完全的握手功能,则需借助单片机其他管脚利用软件进行处理。该串口和其他标准串行接口芯片一样,输入输出均为 TTL 电平。这种以 TTL 电平传输数据的方式,抗干扰性差,传输距离短。为了提高串行通信距离,可采用的标准串行接口有 RS-232C、RS-422A、RS-485 等。不同的串行标准接口的特点不同,选择原则是:可靠性、通信距离与通信速度、通信信道的抗干扰能力。RS-232C 是一部串行通信中应用最广泛的标准总线,它标准的信号传输的最大电缆长度为 30 m,最高数传速率为 20 kB/s;RS-422A 是一种电器标准,采用平衡驱动和差分接收的方法,并且能在长距离、高速率下传输数据,其最大传输率为 10 Mbit/s,在此速率下,电缆允许长度为 12 m,如果采用较低传输速率时,最大距离可达到 1 200 m;RS-485 是 RS-422A 的变型,它对于多站互连是十分方便的,最大传输率为 10 Mbit/s,最大距离可达到 1 200 m。

通过比较它们的特点,考虑是短距离传输,而且是一对一传输,采用 RS-232。电脑的串口是 RS-232 电平的,而单片机的串口是 TTL 电平的,两者之间必须有一个电平转换电路,本系统采用了专用芯片 MAX232 进行转换,虽然也可以用几个三极管进行模拟转换,但还是用专用芯片更简单可靠。本系统采用了三线制连接串口,也就是说和电脑的 9 针串口只连接其中的 3 根线:第 5 脚的 GND、第 2 脚的 RXD、第 3 脚的 TXD。这是最简单的连接方法,但是对本系统来说已经足够使用了。MAX232 芯片是 MAXIM 公司生产的、包含两路接收器和驱动器的 RS-232 电平转换芯片,适用于各种 232 通信接口,其管脚如图 6-25 所示。MAX232 芯片内部有一个电源电压变换器,可以把输入的 +5 V 电源电压变换成 RS-232C 输出电平所需的 ±10 V 电压。所以采用此芯片接口的串行通信系统只需单一的 +5V 电源就可以了。通过它把 AT89C52 和计算机相连,如图 6-26 所示。

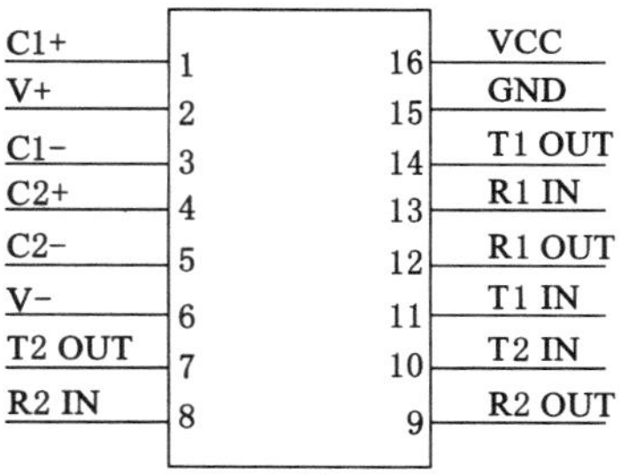

在进行电路调试时,通信可能不成功。其原因可以

图 6-25　MAX232 引脚图

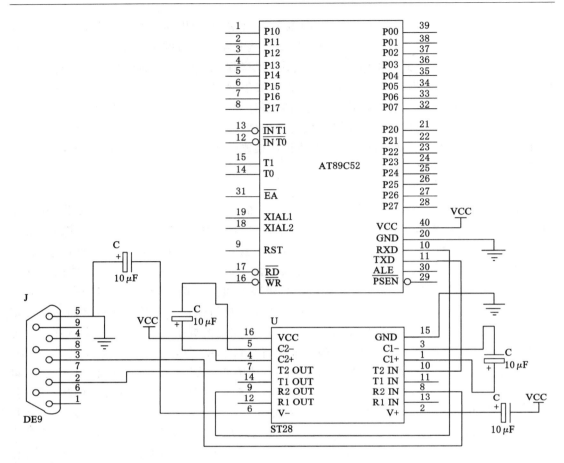

图 6-26 MAX232 硬件接口电路图

归结为两类:线路问题和软件问题。下面说明一下检查方法,如怀疑是线路问题,则按下述方法进行检查:通信线路是否有断路或短路现象;通信点之间的中继器或驱动器(如MAX232)工作是否正常;本机的 RXD 是否与对方的 TXD 端连接好;与 PC 机通信,还应检查 PC 机的串口是否正常(PC 机串口比较容易损坏);检查单片机的工作频率。因为个别情况下晶振的振荡频率会与标称值相差较大。

### 6.5.7.3 软件功能

监测服务器的监测分析软件,采用组态实时模拟显示出管道各部位的压力数据,当数据超限时自动报警并记录报警事件信息。监测分析软件可以将数据进行存储,形成历史数据,供用户查询,还可以显示输送管道某段时间的压力值的曲线图。具有报表输出、打印等功能,还可以设置每台泵的动作值,当管道压力值超过预先设置的动作值时自动停止输送设备。

### 6.5.8 硬件抗干扰研究

系统的抗干扰性能是系统可靠性的重要指标,由于管道压力监测系统多在强噪声和电磁干扰等恶劣环境下运行,所以对本系统的各个单元的抗干扰性能提出了较高的要求,尤其是单片机抗干扰问题更加严重。本研究分别从硬件和软件着手,采取一系列有效的抗干扰措施来抑制系统中出现的各种干扰。

在硬件抗干扰技术中,为了加强系统的稳定性和可靠性,采用了硬件"看门狗"电路和印刷电路板的抗干扰技术。

#### 6.5.8.1 硬件看门狗电路

单片机程序在运行过程中会因为受到干扰导致失控,引起程序乱飞,或程序陷入"死循环",此时最直接的抗干扰方法是采用硬件看门狗电路。通过 P1.0 给出复位脉冲可使系统复位,程序重新启动运行。硬件看门狗电路如图 6-27 所示。

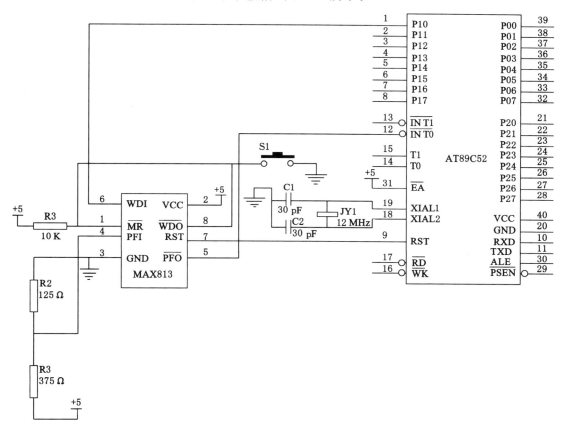

图 6-27 硬件看门狗电路

系统采用含有芯片 MAX813 的看门狗电路,芯片 MAX813 的各管脚说明如下:

① MR:手动复位端。当该端输入低电平保持 140 ms 以上,MAX813 就能产生复位信号,该复位信号由 7 管脚输出,脉宽为 200 ms。

② VCC:工作电源,接+5 V。

③ GND:电源接地端。

④ PFI:电源故障输入端。当该端输入电压低于 1.25 V 时,MAX813 使电源故障输出端产生的信号由高电平变为低电平。

⑤ PFO:电源故障输出端。电源正常时,保持高电平;电源电压变低或掉电时,输出由高电平变为低电平。

⑥ WDI：看门狗信号输入端。程序正常运行时，必须每隔 1.6 s 之内，向该端送一次信号；若超过 1.6 s，MAX813 接收不到喂狗信号，则产生看门狗输出。

⑦ RST：复位信号输出端。上电时，自动产生 200 ms 的复位脉冲；手动复位端输出低电平时，该端也产生复位信号输出。

⑧ WDO：看门狗信号输出端。正常工作时输出保持高电平；看门狗输出时，该端输出信号由高电平变为低电平。

由此可见，当系统由于某些不明原因而陷入死循环时，MAX813 芯片的 WDI 端不会从 CPU 的 P1.0 管脚得到喂狗信号，此时 RST 端将向 CPU 发出复位信号使 CPU 复位，这样就有效地保证了系统的正常运行。

#### 6.5.8.2 印刷电路板的抗干扰

电子设备印刷电路板设计、布线及地线系统对系统的抗干扰性能具有不可忽视的影响。有时尽管原理电路设计正确无误，但因为印刷电路板设计、布线及接地的不合理，可能会导致系统设备无法正常运行工作。我们在管道压力在线监测系统的 PC 机及单片机的电路板设计过程中遵循、采用下述设计原则：

（1）地线设计

在本系统中，既存在数字的，又有模拟的，考虑到系统的模拟信号是低频信号，所以采用单点粗线接地。用地线把数字区与模拟区隔离，数字地与模拟地要分离，最后接于电源地。

（2）去耦电容

在直流电源回路中，负载的变化会引起电源干扰，特别在数字电路中，当电路从一种状态转换为另一种状态时，就会在电源线上产生一个很大的尖峰电流，形成瞬变的噪声。利用电容、电感等储能元件可以抑制因负载变化而产生的干扰。为了去耦滤波，印刷电路板的电源与地之间并接了去耦电容，即 10 $\mu$F 电解电容可以去掉低频干扰成分，0.1 $\mu$F 电容可以去掉高频干扰部分，依此可消除电源线与地线中的脉冲电流干扰。为保护芯片，在每个芯片的电源与地之间也并接了去耦电容。

#### 6.5.8.3 布线规则

① 布线时尽量减少回路环的面积，以降低感应噪声。

② 布线时，电源线和地线要尽量粗。除减小压降外，更重要的是降低耦合噪声。

③ IC 器件尽量直接焊在电路板上，少用 IC 座，这样可以增强器件的稳定性。

④ 晶振布线时，晶振和单片机引脚尽量靠近，用地线把时钟区隔离起来，晶振外壳接地并固定。

### 6.5.9 监测主站、分站和电源设计

本监测系统由压力传感器、分站、主站、电源、光端机和监测服务器组成。本安型分站负责一个测点一个功能子系统数据采集和通信，本安型分站的下位机为监测分站或一体化监测传感器，下位总线采用 RS485 总线，下位总线最大可负载 16 个测点（压力监测传感器）。上位通信采用 RS485 总线连接监测主站。监测分站同时可以通过 LCD 显示当前测点的压力数据及通信状态。本安型分站及监测主站均通过隔爆兼本安型电源供电。本监测系统主站如图 6-28 所示，分站和电源如图 6-29 所示。

### 6.5.10 系统主要技术指标

（1）系统综合技术指标

图 6-28 监测主站

图 6-29 监测分站及电源

① 系统监测点数　　　5 点；

② 系统通信距离　　　＜20 km；

③ 巡测周期　　　　　＜2 s；

④ 传输接口　　　　　OPTS-SC/ST 9 600 bps(光纤)；

　　　　　　　　　　NPORT 5150　RJ45　9 600 bps(环网)；

⑤ 通信速率　　　　　600～19 200 bps。

（2）控制电磁阀

① 工作电压　　　　　DC 18 V；

② 工作电流　　　　　40～200 mA；

③ 通　　径　　　　　10 mm；

④ 换向时间　　　　　与原有的手动换向时间相同；

⑤ 防爆形式　　　　　本质安全型。

（3）传感器

① 工作电压　　　　　DC 12～18 V；

② 感应距离　　　　　10 mm；

③ 外　　径　　　　　M30；

④ 接口方式　　　　　3 线制；

⑤ 防爆形式　　　　　本质安全型。

（4）多功能监测分站

① 显示方式　　　　　LCD 中文显示　16 * 4　LED 背光；

② 通信方式　　　　　RS-485　1 200 bps；

③ 通信距离　　　　　5 km(至主站)；

④ 电源　　　　　　　DC 18 V(本安电源)150 mA；

⑤ 防爆形式　　　　　本质安全型　Exibl。

（5）光端机

① 显示方式　　　　　LED 显示；

② 下位通信方式　　　RS485　9 600 bps；

③ 上位通信方式　　　光纤专线　9 600 bps；

④ 通信距离　　　5 km(下位分站)；20 km(上位)；

⑤ 电　　源　　　DC 18 V(本安电源)60 mA；

⑥ 防爆形式　　　本质安全型　Exibl。

# 6.6　监测系统软件设计

　　本系统由上位机和下位机组成，上位机主要是发送命令和接收数据，并对接收到的数据进行处理、分析，通过软件界面显示数据的变化情况，从而实现在线监测功能。下位机是采集、存储、处理信号，并将信号数据发送到上位机。以下分别介绍上位机与下位机的软件设计，系统结构框图如图 6-30 所示。

图 6-30　系统结构框图

### 6.6.1　下位机应用程序设计

#### 6.6.1.1　下位机系统流程设计

　　下位机主要完成信号的采集、放大及滤波处理，并对其进行 A/D 采样，将采样的结果传回上位机，由上位机对传回的数据进行分析及处理，从而实现现场在线监测功能。信号采集、放大、滤波、A/D 采样等在前面几章已经充分讲述，本章主要讲述单片机串口通信部分。在基于数据融合的管道压力在线监测系统中，使用 AT89C52 作为下位单片机系统。通过单片机汇编语言编程，各下位单片机可实现的主要作用与功能分别为：

　　① 通过 ADC0817 芯片对滤波后的数据进行 A/D 采集、存储并对数据进行滤波；

　　② 单片机 AT89C52 接收信号经处理与上位 PC 机进行串行通信；

　　③ 接收上位机蜂鸣器命令字，控制蜂鸣器，实现系统的自检功能。

　　下位机系统流程设计如图 6-31 所示。

　　系统的自检原理是：上位机若需要自检某一通道的下位机，发出与之唯一对应的命令字，该下位机核对正确后，对该噪声信号进行放大、滤波、A/D 采样后，送往上位机。显然，如果系统能够正常工作运行，上位机就会给出该通道的警示，并发出警报；反之，上位机不会给出警报，因此便可以对系统实施自检功能。程序首先对单片机进行初始化，将上位机传送的下位单片机地址或蜂鸣器命令字进行核对，若核对地址正确，启动 ADC0817 的 A/D 转换，存储转换结果于内存单元，再回送同步码，PC

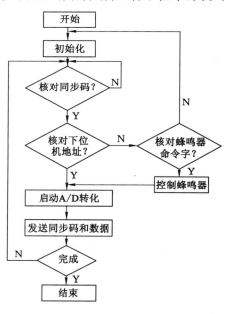

图 6-31　下位单片机程序流程图

机验证正确，表明握手成功，可以传送数据；若核对下位单片机地址错误，继续核对蜂鸣器命令字，正确则利用单片机的 T0 定时器定时中断在 P2.6 口产生方波信号触发蜂鸣器，这样，按照核对地址正确的流程，继续照样执行，从而实现自检功能。

#### 6.6.1.2 单片机串行口设计

对串行口进行初始化编程只用两个控制字分别写入特殊功能寄存器 SCON(98H)和电源控制寄存器 PCON(87H)中即可。串行通信方式共有 4 种,在本程序设计中采用方式 1。它是 10 位通用异步接口。TXD 与 RXD 分别用于发送与接收数据。收发一帧数据的格式为 1 位起始位、8 位数据位(低位在前)、1 位停止位,共 10 位。在接收时,停止位进入 SCON 的 RB8,且此方式的波特率可调。串行口方式 1 的发送接收时序如图 6-32 所示。

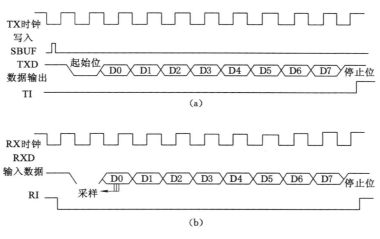

图 6-32 串行口方式 1 的发送接收时序
(a) 发送时序图;(b) 接收时序图

方式 1 发送时,数据从引脚 TXD(P3.1)端输出。当执行数据写入发送缓冲器 SBUF 的命令时,就启动了发送器开始发送。发送时的定时信号,也就是发送移位时钟 T1 送来的溢出信号经过 16 分频或 32 分频(取决于 SMOD 的值)而得到的,TX 时钟就是发送波特率。可见方式 1 的波特率是可变的。发送开始的同时,变为有效,将起始位向 TXD 输出;此后每经过一个 TX 时钟周期(16 分频计数器溢出一次为一个时钟周期,因此,TX 时钟频率由波特率决定)产生一个移位脉冲,并由 TXD 输出一个数据位;8 位数据位全部发送完后,置位 TI,并申请中断置 TXD 为 1 作为停止位,再经过一个时钟周期,失效。方式 1 接收时,数据从引脚 RXD(P3.0)端输入。接收是在 SCON 寄存器中 REN 位置 1 的前提下,并监测到起始位(RXD 上监测到 10 的跳变,即起始位)而开始。接收时,定时信号有两种:一种是接收移位时钟(RX 时钟),它的频率和传送波特率相同,也是时钟 T1 送来的溢出信号经过 16 分频或 32 分频而得到的;另一种是位监测器采样脉冲,它的频率是 RX 时钟的 16 倍,亦即在一位数据期间有 16 位监测器采样脉冲,为完成监测,以 16 倍于波特率的速度对 RXD 进行采样。为了接收准确无误,在正式接收数据前还必须判定这个 10 的跳变是否是由于干扰引起的。为此,在这位中间连续对 RXD 采样三次,取其中两次相同的值进行判断。这样能较好地消除干扰的影响。当确认是真正的起始位后,就开始接收一帧数据。当一帧数据接收完毕后,必须同时满足以下两个条件,这次接收才正有效:① RI=0,即上一帧数据接收完成后,RI=1 发出的中断请求已被响应,SBUF 中数据已被取走。由软件使 RI=0,以便提供"接收 SBUF 已空"的信息。② SM2=0 或收到的停止位为 1(方式 1 时,停止位进入

RB8),则将接收到的数据装入串行口的 SBUF 和 RB8,并置位 RI;如果不满足,接收到的数据不能装入 SBUF,这意味着该帧信息会丢失。值得注意的是,在整个接收过程中,保证 REN=1 是一个先决条件。只有当 REN=1 时,才能对 RXD 进行监测。波特率即数据传送速率,表示每秒钟传送二进制代码的位数,它的单位是 b/s。波特率对于 CPU 与外界的通信是很重要的。假设数据传送速率是 120 字符/s,每个字符格式包含 10 个代码位(1 个起始位、一个终止位、8 个数据位)。这时,传送的波特率为:

$$10 \text{ b/字符} \times 120 \text{ 字符/s} = 1\ 200 \text{ b/s} \tag{6-8}$$

每一位代码的传送时间:

$$T_{\mathrm{d}} = \frac{1\mathrm{b}}{1\ 200 \text{ b/s}} = 0.833 \text{ ms} \tag{6-9}$$

波特率是衡量传输通道频宽的指标,它和传送数据的速率并不一致。如上例中,因为除掉起始位和终止位,每一个数据实际只占 8 位,所以数位的传送速率为:

$$8 \times 1\ 200 \text{ b/s} = 9\ 600 \text{ b/s} \tag{6-10}$$

异步通信的传送速度在 50~19 200 b/s 之间。常用于计算机到终端机和打印机之间的通信、直通电报以及无线通信的数据发送等。本系统采用异步串行通信。本系统中的数据通信是在单片机和微机之间进行的。在单片机与微机之间进行通信时,双方要正确选择一致的波特率,而且 SMOD 位的选择影响单片机波特率的准确度,即影响波特率的误差范围。因而在单片机波特率设置时,对 SMOD 的选取也要适当考虑。为了保证通信的可靠性,通常波特率相对误差不要大于 2.5%,当单片机与微机之间进行通信时,尤其要注意这一点。

本系统中单片机使用串行口方式 1 进行数据发送。用定时器 1 选用工作模式 2 作为波特率发生器。此时波特率由下式计算:

$$波特率 = \frac{2^{\mathrm{smod}}}{32} \times \frac{f_{\mathrm{osc}}}{12 \times (256 - x)} \tag{6-11}$$

由上式可以得出定时器 $T_1$ 模式 2 的初始值 $x$。

$$x = 256 - \frac{f_{\mathrm{osc}} \times (\mathrm{smod} + 1)}{384 \times 波特率} \tag{6-12}$$

假如单片机的时钟 $f_{\mathrm{osc}} = 12 \text{ MHz}$,串口模式为方式 1,smod=0,若单片机与微机的波特率都选为 9 600 bps,定时器 T1 的初始值为:

$$x = 256 - \frac{12 \times 10^6 \times (0 + 1)}{384 \times 9\ 600} = 256 - 3.26 \approx 253 \tag{6-13}$$

此时,波特率实际为:

$$波特率 = \frac{2^0}{32} \times \frac{12 \times 10^6}{12 \times (256 - 253)} \approx 10\ 417 \tag{6-14}$$

波特率相对误差为:

$$误差 = \frac{10\ 417 - 9\ 600}{9\ 600} \times 100\% = 8.5\% \tag{6-15}$$

用同样的计算方法可得:当 SMOD=1 时,波特率相对误差为 6.99%。实验表明,不论 SMOD=0 或 1,单片机与微机在这种条件下均不能实现正常的发送与接收。若双方的波特率都取 4 800 bps,且 SMOD=1 时,波特率相对误差为 0.16%,实验证明通信完全可靠,故本系统采用 4 800 bps 的波特率进行通信。

### 6.6.2 上位机应用程序设计

#### 6.6.2.1 开发语言的选取

随着计算机的迅速普及和计算机控制技术的发展,计算机被广泛应用于自动化控制领域。在很多的控制系统中,下位机主要完成对现场数据的采集和对设备一级的监控,上位机则要完成对整个系统的采集、分析、处理和监控以及数据、图形显示、打印、人机对话等工作。而上位机与下位机大多是通过 PC 机的 RS-232 串行接口实现通信。本研究设计的基于数据融合的管道压力在线监测系统的上位机是 PC 机,下位机是 MCS-51 单片机。随着可视化软件 VB、VC、Delphi 和 Java 等的出现,使编写数据通信程序变得极为方便。由 VC 不但提供了良好的界面设计能力,而且在串口通信方面也有很强的功能,它使得开发应用系统的周期缩短,开发效率高,因此本书选择 VC 来开发基于数据融合的管道压力在线监测系统的软件。

#### 6.6.2.2 数据库语言的选取

(1) Microsoft SQL Server

SQL Server 2000 是 Microsoft 公司推出的 SQL Server 数据库管理系统,该版本继承了 SQL Server 7.0 版本的优点,同时又比它增加了许多更先进的功能。具有使用方便,可伸缩性好且与相关软件集成程度高等优点,可跨越从运行 Microsoft Windows 98 的膝上型电脑到运行 Microsoft Windows 2000 的大型多处理器的服务器等多种平台使用。

(2) Microsoft Access

Microsoft Office Access(前名 Microsoft Access)是由微软发布的关联式数据库管理系统。它结合了 Microsoft Jet Database Engine 和图形用户界面两项特点,是 Microsoft Office的成员之一。其实 Access 也是微软公司另一个通信程序的名字,想与 ProComm 以及其他类似程序来竞争。可是事后微软证实这是个失败计划,并且将它中止。数年后他们把名字重新命名于数据库软件。另外,Access 还是 C 语言的一个函数名和一种交换机的主干道模式。

(3) 选取原则和依据

Microsoft Access 的缺点:

① 数据库过大,一般百兆以上(纯数据,不包括窗体、报表等客户端对象),性能会变差。

② 虽然理论上支持 255 个并发用户,但实际上根本支持不了那么多,如果以只读方式访问大概在 100 个用户左右,而如果是并发编辑,则大概在 10~20 个用户。

③ 记录数过多,单表记录数过百万性能就会变得较差,如果加上设计不良,这个限度还要降低。

④ 不能编译成可执行文件(.exe),必须要安装 Access 运行环境才能使用。

由于矸石膏体管道压力监测数据量极大,每 2.6 s 数据上传一次,因此选择 Microsoft SQL Server 作为数据库开发语言。

#### 6.6.2.3 应用程序设计

应用程序设计一般经过以下过程:

① 客户需求分析。这部分主要调查清楚用户对应用程序的使用要求,即程序要实现

的功能。这部分工作相当重要,如果客户需求不清楚,会导致程序的反复修改,造成极大的时间浪费和不必要的开销。

② 程序界面设计。这阶段主要完成程序界面的整体设计。

③ 程序代码的实现及程序调试。

④ 应用程序的发布,即完成安装程序的制作。

图 6-33 为上位机通信程序流程图。

在本系统中,串行通信方式是半双工方式,数据可以向两个方向中的任何一个方向传送,但每次只能有一个发送;根据通信协议,上位 PC 机与下位单片机在发送和接收数据之前,首先要求两机握手成功。当 PC 机向下位单片机发送三个同步码,再发送下位机地址或蜂鸣器控制字后,下位单片机核对三个同步码和地址,核对地址正确的下位单片机,连续回送三个同步码,回送正确,说明两机握手成功,下位单片机即可开始数据传送。

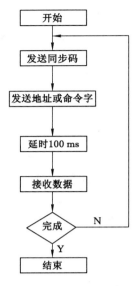

图 6-33 上位机通信程序流程

### 6.6.2.4 软件界面设计

在 VC 中实现串行通信有三种方法:一种是用 VC 提供的具有强大功能的通信控件;另一种方法是调用 Windows API 函数,使用 Windows 提供的通信函数来编写串行通信应用程序;第三种是利用动态链接库实现串行通信。某煤矿膏体充填系统上位机程序主界面如图 6-34 所示。

图 6-34 软件主界面

### 6.6.2.5 软件抗干扰设计

所有的抗干扰不可能完全依靠硬件来解决,而采取软件抗干扰措施,往往成本低,见效快,起到事半功倍的效果。本系统采取了如下的软件抗干扰措施:

(1)中值滤波算法

监测信号被采入计算机后,还需经过预处理才能被应用程序使用。预处理的主要任务是去除混杂在有用信号中的各种干扰信号。干扰信号多呈毛刺状,且作用时间短,具有随机性。对于传感器采集到的信号,有可能是某种外部干扰所致,导致采集到的数据不正确。对于这些干扰信号所产生的影响,我们采用了中值滤波的办法来消除,数字滤波实质是一种程序滤波,与模拟滤波相比不需要额外的硬件设备,不存在阻抗匹配问题,可靠性高,稳定性好。

中值滤波方法对缓慢变化的信号中由于偶然因素引起的脉冲干扰具有良好的滤波效果。其原理是:对信号连续进行 $n$ 次采样,然后对采样值排序,并取序列中位值作为采样有效值,采样次数 $n$ 一般取为大于 3 的奇数。在管道压力在线监测系统中,管道的压力是通过压力传感器获取的,且压力传感器获取的是模拟信号,经放大和 A/D 转换后,变成计算机可采集的离散信号,所以必然存在转换误差。为此,专门设计了中值滤波程序,把干扰滤掉。在本书中,连续三次采样,并对这三次采样值进行比较,去掉最大的和最小的,留中间值作为本次的采样值,这样就把许多干扰和偶然因素滤掉。

（2）指令冗余

当 CPU 受到干扰后,程序脱离正常轨道运行,若程序跑飞到某一条单字节指令上,便自动纳入正轨。若跑飞到某多条字节指令上,又恰恰在取指令时刻落到其操作数上,从而将操作数当作指令码来执行,将引起程序混乱。

为了使跑飞的程序在程序区迅速纳入正轨,应该多用单字节指令,并在关键地方人为地插入一些单字节指令 NOP,因为当程序跑飞到某条单字节指令上,就不会发生将操作数当成指令来执行的错误,从而使程序纳入正轨。这便是指令冗余。

因此在一些对程序流向起关键作用的指令前插入两条 NOP 指令。这些指令有RET、RETI、ACALL、LCALL、SJMP、AJMP、JZ、JNZ、JC、JNC、JB、JNB、JNC、DJNZ 等。在某些对系统工作状态起至关重要的指令（如 SETB EA)前也可插入两条 NOP 指令,以保证这些指令正确执行。

（3）软件陷阱

采用"指令冗余",使跑飞的程序恢复正常是有条件的。首先,跑飞的程序必须落到程序区;其次,必须执行到所设置的冗余指令。如果跑飞的程序落到非程序区,或在执行到冗余指令前已经形成一个死循环,则"指令冗余"措施就不能使跑飞的程序恢复正常。这时可采用另一种抗干扰措施,即所谓的"软件陷阱"。"软件陷阱"是一条引导指令,强行将捕获的程序引向一个指定的地址,在那里有一段专门处理错误的程序。

## 6.7 软件应用及管道压力监测分析

### 6.7.1 界面与功能模块划分

"膏体充填管道压力在线监测系统"主程序界面是用户使用的主要操作界面,此界面为用户提供该软件所有的功能和快捷控制选项。通过简便、友好的操作界面,用户无须掌握丰富的专业知识即可轻松地使用该软件。

用户的界面遵照传统的界面布局,由标题栏、菜单栏、工具栏组成。标题栏用于显示系统名称;菜单栏显示所有的功能模块,用户想实现某些功能时可打开相应菜单窗口实现;工具栏是为了方便用户直接点击快捷按钮进入相应的窗口,无须点菜单栏及其下拉菜单,软件菜单布局如图 6-35 所示。

图 6-35　软件菜单界面布局

### 6.7.1.1　功能模块的划分

（1）系统设置模块

此模块主要对该系统所有的参数进行初始设置,包括矿区信息、测区信息、备份路径、串口设置等相关参数,以便于查询使用。

（2）数据通信模块

此模块起到软硬件的桥梁作用,通过仪表盘、实时曲线图、实时柱状图等方式显示管道压力,同时将数据传至电脑中,供分析使用。

（3）运行日志模块

数据查询模块:主要是查询采集而来的历史数据,并且做了相应的处理,可以按照不同的查询条件查询数据。

（4）数据处理模块

历史曲线分析模块:按照不同的选择条件绘制工作阻力在选定范围内的变化图。

（5）数据库维护模块

数据备份:本软件提供两种数据备份方案,软件运行时将会自动备份,但是一天只会备份一次,系统还提供手动备份操作,用户可以根据需要自行备份数据。数据还原:当用户的系统数据库损坏时,或重装系统时可以将数据选择性地进行还原。

（6）用户管理模块

修改用户名和密码:为了保证系统设置的安全性,提供密码登录系统设置界面功能,系统为用户设置了初始用户名"admin"以及初始密码"123",用户若希望重新设置,可以通过此模块根据需要进行修改。

### 6.7.1.2　系统设置模块

首先需要说明的是,系统设置内部设有密码登录界面,用户必须输入正确密码然后点击"确定"才可以进行系统设置。有两种打开方式,点击菜单栏中的"系统设置"→"总体设置"或直接点击工具栏中的"设置"按钮进入登录界面,系统初始密码为"123",密码输入正确后方可进入系统设置界面,如图 6-36 所示。

系统设置模块分为 4 部分:矿区设置、测区设置、测点明细、仪表对应设置以及测区明细,如图 6-37 所示。

首先,如果用户需要增加一个测区,操作顺序是首先点击"增加测区"按钮,然后系统会自动为用户增加一个测区,测区名称默认为"新增＊＊＊号测区",用户可以根据实际情况修改,然后全部完成后点击"确定修改"按钮即可。

矿区设置:首次使用本系统时设置数据自动备份的路径,系统提供了默认的备份路

图 6-36  用户登录界面

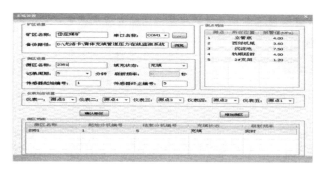

图 6-37  系统设置

径是"D:\尤洛卡\膏体充填管道压力在线监测系统",用户也可自行选择备份路径。备份的路径显示在文本框中,接下来输入矿区名称,选择串口名称,通信串口可点击其下拉菜单选择,范围为 COM1～COM8,点击串口下拉框右侧的"…"按钮,出现串口参数设置如图6-38所示对话框,系统根据通信协议已经对所有的串口进行了默认的配置,在没有公司技术人员指导下用户不允许自行修改串口的设置,如果串口配置信息与配套硬件设施不一致,将导致数据传输有误,用户须谨慎操作!

测区设置:是对测区的基本信息进行设置,以下主要针对某些参数进行说明,系统设置如图 6-39 所示。

①"充填状态"有"充填"和"不充填"两种情况,并且对应"刷新频率"的设置,两者均反映数据显示界面屏幕刷新频率,当充填状态为"充填"时,刷新频率默认为0,并且不允许修改,表示实时刷新;当充填状态为"不充填"时,刷新频率由用户进行设置。

②"记录周期"是指用户存储数据的间隔时间,系统根据用户设置的记录周期进行存储数据。

③"传感器起始编号"和"传感器终止编号",编号的范围是1～20。

④ 测点明细:这部分主要是记录分机位置(用来判断分机的具体位置)和各个分机的报警值(MPa),当用户输入传感器起始编号和终止编号时,测点明细表也会自动变化。"所在位置"和"报警值(MPa)"需要用户自行填写,同理也可以修改,用户点击如图 6-40所示的区域测点明细,就可以添加修改信息。最后设置完毕后点击"确认修改"按钮保存设置。如果根据正确的格式填写,系统会提示"设置成功!"对话框,随即将添加的内容在

下方的"测区明细"中显示出来。

图 6-38　串口参数设置

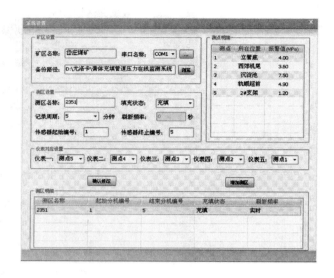

图 6-39　系统设置

图 6-40　测点明细

⑤ 仪表对应设置:"数据显示"模块中最多可显示 5 个仪表,此处设置仪表和实时曲线图显示的顺序。

⑥ 测区明细:当用户需要对已设置的内容进行修改时,从明细中选择要修改的测区名所在行,点击后该测区的设置将会出现在测区设置中,用户修改后点击"确认修改"按钮即可,如图 6-39 所示点击"2351"测区后整个测区的设置。

### 6.7.1.3　数据通信模块

(1) 数据显示

有两种打开方式,点击菜单栏中的"数据通信"→"数据显示"或直接点击工具栏中的

"数据显示"按钮进入接收窗口,选择"测区"进行原始数据的接收,数据接收原始界面如图 6-41 所示。

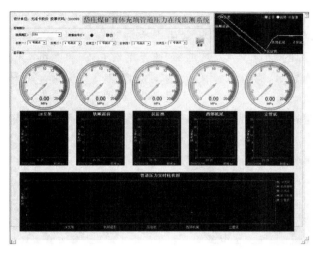

图 6-41　数据接收原始界面

　　首先需要说明,注意工具栏的"全屏"按钮,主要是配合此模块的使用,用户在观察实时数据时,可以全屏显示,若要退出,请点击键盘"Esc"键即可退出全屏。本模块主要由 3 部分组成:控制部分、显示部分以及矿井测点分布图。控制部分:测区选择,方便用户选择不同测区进行观察,当只有一个测区时,系统默认直接显示,用户不需要选择;数据信号灯,当串口接通数据时,每当接收到数据时信号灯将会闪烁,表明数据正常传输;紧接信号灯后还将显示数据接收的次数,当没有链接串口时,将显示"静态"。第二行指仪表对应设置,最多可显示 5 个仪表,根据系统设置中设定的顺序显示,如果按照其他顺序,可以直接选择,然后点击"查看"即可,若需要保存显示顺序设置,需跳转到系统设置界面修改设置即可。显示部分:包括仪表显示图、各测点数据实时曲线图以及整体测点实时柱状图 3 部分。仪表显示图,可以实时地显示测点的管道压力值,指针会实时随着压力值的变化而变化,仪表盘的正下方也会实时地显示数据;中间一排显示各测点数据实时曲线图,曲线图实时向右滚动,时间的最小单位为 1 min,横坐标实时显示时间;最下方显示整体测点实时柱状图,横轴表示测点位置,柱状图实时显示管道压力变化。矿井测点分布图:此分布图是为煤矿定制开发的,需要煤矿提供矿井管道测点分布图,硬件设施运行正常时会呈现"绿色圆点"并闪烁,故障时呈现"黄色",报警时呈现"红色",如图 6-42 所示。

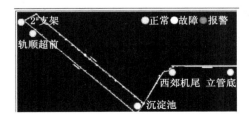

图 6-42　测点分布及硬件运行情况

（2）数据显示监测过程

在接收数据的过程中，仪表图曲线图、柱状图都会实时显示变化的数据，数据信号灯和测点分布图上的测点都会实时闪烁，代表数据正在传输，当有数据超过报警值时，界面会有多处报警提示，仪表盘的指针和数据值会变成红色，且仪表盘会变大显示，同时会发出报警声；测点分布图的原点会变红；曲线图会用红色显示曲线，正常是绿色曲线显示；柱状图也会变成红色显示，且柱状图右侧的图例也会变红显示，如图6-43所示已被黄色的圆圈圈出。

当出现报警数据时，会出现报警声，若用户感觉吵闹，可点击"消音"按钮，如图6-44所示。

图6-43　仪表实时显示

图6-44　仪表消音显示

柱状图右侧的图例可以用来控制柱状图的显示与否，用户点击方框，若实心圆消失，柱状图消失；反之，显示柱状图，如图6-45所示。

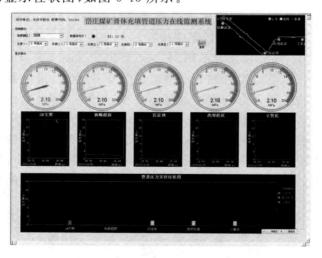

图6-45　系统柱状显示

（3）断电异常处理

在系统运行过程中，如果突然断电，导致数据库出现异常，请通电运行程序后手动备份数据库文件到桌面（或其他路径），然后再将此时备份的数据库进行"数据库还原"，即可将修复后的数据还原到系统中,详情请参考数据库维护模块。

#### 6.7.1.4  运行日志模块

有两种打开方式,点击菜单栏中的"运行日志"→"数据查询"或直接点击工具栏中的"查询"按钮进入窗口,如图 6-46 所示。左侧是查询条件的区域,规定了多种查询的条件。其中"查询方式"有"全部"、"报警"和"不报警"三种形式,"报警"的取值范围是(数据 报警值),此范围外的数据为不报警数据。注意,由于系统中每个测点的报警值已经分别设置,故每个测点是否报警参照的报警值不一定相同,根据用户设定而定。点击"查询"按钮,数据将在右侧显示出来。右侧是数据显示的区域,包括"传感器编号"、"传感器位置"、"数据(MPa)"、"日期"、"状态"。"状态"将显示"报警"或者是"不报警",如图 6-47 为查询的结果。

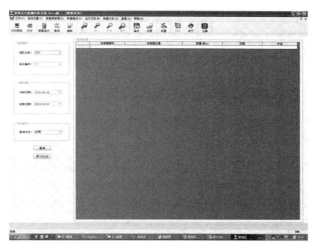

图 6-46  数据查询界面

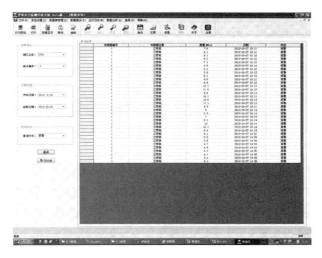

图 6-47  数据查询结果

若用户需要保存查询的结果,可以将结果导入到本地硬盘,以 Excel 表格的形式储存。点击"导出 Excel",如图 6-48 是导出的 Excel 表格。

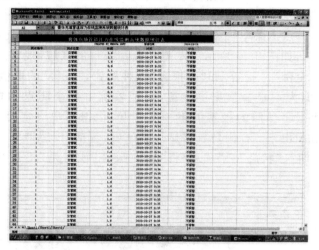

图 6-48 数据查询 Excel 表格

### 6.7.1.5 数据处理模块

历史曲线分析模块有两种打开方式,点击菜单栏中的"数据分析"→"运行曲线"或直接点击工具栏中的"曲线"按钮进入窗口,如图 6-49 所示。

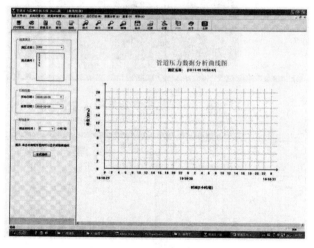

图 6-49 历史曲线

左侧是查询条件的区域,规定了多种查询的条件。其中附加条件中,横坐标单位为每格代表的时间间隔,可以改变单位来横向缩放曲线,单位增大则横向缩小曲线,单位减小则横向放大曲线,最大为原始状态,工具栏上有个"横缩"按钮为一次性缩小到正好适合一张纸的横向宽度。如图 6-50、图 6-51 和图 6-52 分别是原始曲线图、横坐标单位为"6"时的曲线图以及点击工具栏的"横缩"按钮后的曲线图。

将鼠标单击右侧任意区域,工具栏的"放大"、"缩小"、"恢复"、"横缩"按钮将由灰色不可用状态变成黑色可用状态,注意,此时的缩放是对曲线横轴和纵轴一起缩放,即整体

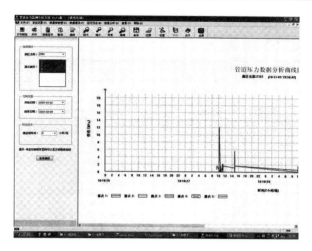

图 6-50 原始曲线

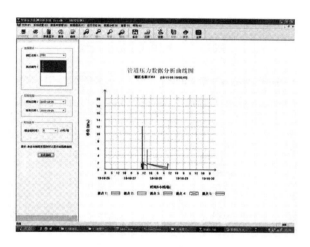

图 6-51 横坐标单位为"6"时的曲线

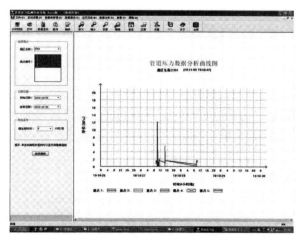

图 6-52 "横缩"后的曲线

缩放,如图 6-53 为整体缩小后的曲线图。点击工具栏的横缩按钮,将所选的曲线图缩小到 1 张纸的宽度,点击"打印预览"如图 6-54 所示。

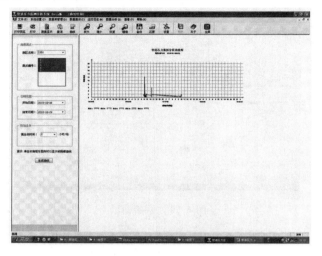

图 6-53　整体缩小后的曲线

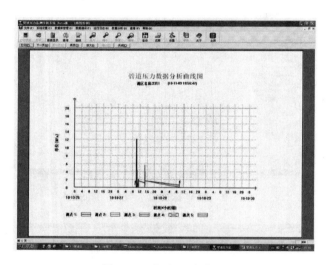

图 6-54　打印预览曲线

右侧显示区域下方有 5 个图例按钮,用户可以通过单击这些按钮来选择性地显示测点数据曲线,当显示曲线时,图例内部出现一条横线;当不显示曲线时,图例内部出现两条对角线,呈叉号形式,如图 6-55 所示用户选择测点 4 的数据,隐藏了测点 1、2、3、5 的数据。

注意:用户在使用"横缩"功能时,若用户选择的日期差<16 时,横坐标的日期可以每天都显示并横向显示,如图 6-56 所示;若用户选择的日期差为 16～31 时,横坐标的日期可以每天显示并竖向显示,如图 6-57 所示;如用户选择的日期差>31 时,横坐标的日期不能每天显示,否则日期会发生重叠,会根据用户选择日期差的长度确定间隔,如图 6-58 所示;故用户在使用本软件的过程中,当需要缩放打印曲线图时,最好日期不要超过 1 个

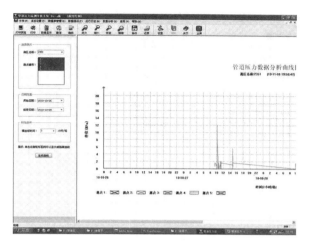

图 6-55　单独测点曲线

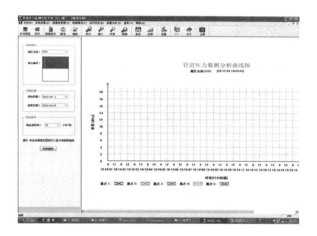

图 6-56　日期横向显示曲线

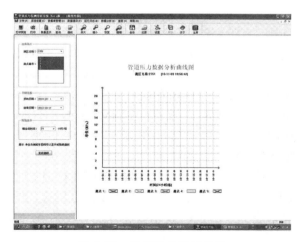

图 6-57　日期竖向显示曲线

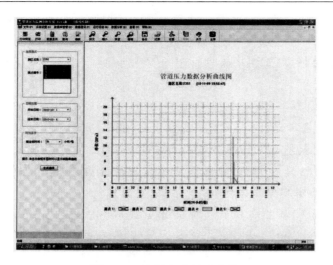

图 6-58　日期自选显示曲线

月,否则不能明显标注日期时间。

### 6.7.1.6　数据库维护模块

　　数据备份模块有两种打开方式,点击菜单栏中的"数据库维护"→"数据备份"或直接点击工具栏中的"备份"按钮进入窗口,如图 6-59 所示。

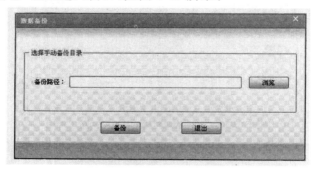

图 6-59　数据备份

　　注意在进行手动数据库备份时,请关闭其他所有窗口,如数据显示、运行日志查询、曲线查询等所有窗口,只能运行"备份"一个窗口。同理,数据库还原也必须注意。点击"浏览"打开浏览文件夹窗口,从中选择您存放备份文件的文件夹,然后点击"备份"按钮即可备份数据,被保存的文件名默认为"YYYY-MM-DD HH-MM-SS. pip"的形式,如"2010-09-02 11-44-51. pip"表示此数据是 2010 年 9 月 2 日 11 时 44 分 51 秒存储的,如图6-60、图 6-61 所示为选择备份路径后的状态。

　　注意此模块为手动备份数据模块,每日第一次运行软件时系统将自动备份数据库的所有数据,且在软件没有重新安装的前提下每日最多备份一次,若软件一直处在运行中,只有下次再次打开并且不是同一天的时候才会进行下一次备份,如图 6-62 所示。保存形式同上为"YYYY-MM-DD HH-MM-SS. pip"的形式,注意每次保存的都是一个完整的数据库,故后一天备份的数据必然包含前一天的数据,若用户确定没有数据传输有误的情

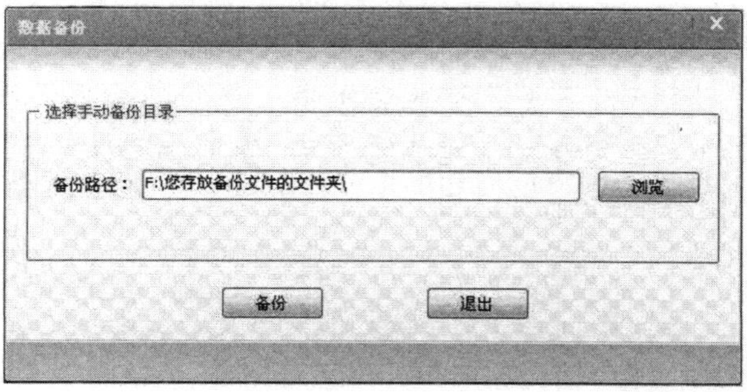

图 6-60 选择备份路径后的状态

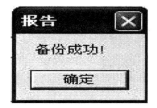

图 6-61 备份成功后的状态

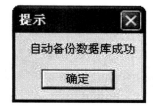

图 6-62 备份成功

况下可以手动删除之前的用户认为不需要的数据备份文件,从而节省存储空间。

数据还原模块,有两种打开方式,点击菜单栏中的"数据库维护"→"数据还原"或直接点击工具栏中的"还原"按钮进入窗口。该模块分为两部分,选择备份目录和已备份的数据路径列表,如图 6-63 所示。

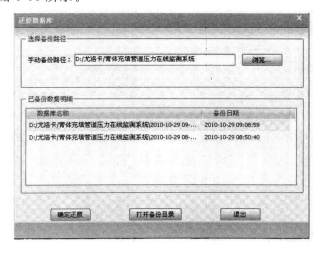

图 6-63 备份还原

选择备份目录,用户在系统设置中设置好默认备份路径后,还原路径会自动出现已设置的备份路径。已备份的数据路径列表:列表中依次按照备份时间由近到远的顺序排列了存放在备份文件夹内的备份文件,用户可以根据需要选中需要备份的文件然后点击"确认还原"按钮即可还原数据文件到本系统中。"打开备份目录"按钮的功能是打开本地备份文件夹,让用户浏览所有的备份文件,若用户需要删除或转移数据文件,可自行操作。

### 6.7.2 管道压力监测点选择及设备安装

由于矸石在高速运转过程中犹如旋转的砂轮,极易对充填管道管壁磨损。因此,在一些主要的边坡点、变径点都成为管道堵塞和磨损泄露的重点防范区域,需重点监测。管道平直段由于所输材料为膏体状结构流,不易离析,对管道磨损程度较小,一般管道平直段不需要监测或仅需要个别点监测,不作为重点防范对象。综合以上原因分析,本管道系统重点放在立管底(垂直段压力大,且接近 90°转弯)、西郊机尾(大下变坡点)、轨顺超前(工作面转弯点)、2<sup>#</sup>支架(工作面压力监测)和沉淀池(变径点)共五个位置,监测位置如图 6-64 所示。

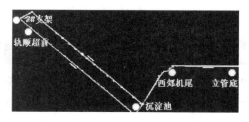

图 6-64 监测位置

各监测位置设备布置如图 6-65 至图 6-73 所示。

图 6-65 西郊机尾压力监测及堵管卸料阀门

图 6-66 西郊机尾压力传感器

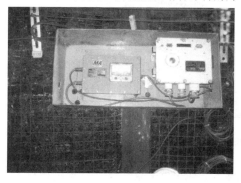

图 6-67 西郊机尾压力传感器分站及电源图

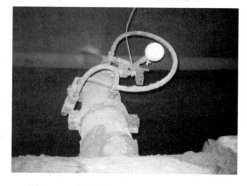

图 6-68 沉淀池压力监测及堵管卸料
阀门和压力传感器

图 6-69　沉淀池压力传感器分站及电源图

图 6-70　2$^#$支架压力监测及堵管
卸料阀门和传感器

图 6-71　2$^#$支架压力传感器分站图

图 6-72　轨顺超前压力监测及
堵管卸料阀门和传感器

图 6-73　轨顺超前压力传感器分站及电源

### 6.7.3　监测数据分析

本部分主要就立管底监测到的一个膏体充填循环管道压力数据进行分析,立管底监测到的压力数据见表 6-2。

**表 6-2**                                  **立管底压力监测数据**

| 测点编号 | 测点位置 | 数据 | 时间 | 状态 |
|---|---|---|---|---|
| 1 | 立管底 | 0.7 | 2011-2-24 0:04 | 不报警 |
| 1 | 立管底 | 0.7 | 2011-2-24 0:09 | 不报警 |
| 1 | 立管底 | 0.7 | 2011-2-24 0:14 | 不报警 |
| 1 | 立管底 | 0.7 | 2011-2-24 0:19 | 不报警 |
| 1 | 立管底 | 0.7 | 2011-2-24 0:24 | 不报警 |
| 1 | 立管底 | 0.7 | 2011-2-24 0:29 | 不报警 |
| 1 | 立管底 | 0.7 | 2011-2-24 0:34 | 不报警 |
| 1 | 立管底 | 0.7 | 2011-2-24 0:39 | 不报警 |
| 1 | 立管底 | 0.7 | 2011-2-24 0:44 | 不报警 |
| 1 | 立管底 | 0.7 | 2011-2-24 0:49 | 不报警 |
| 1 | 立管底 | 0.7 | 2011-2-24 0:54 | 不报警 |
| 1 | 立管底 | 0.7 | 2011-2-24 0:59 | 不报警 |
| 1 | 立管底 | 0.7 | 2011-2-24 1:04 | 不报警 |
| 1 | 立管底 | 0.7 | 2011-2-24 1:09 | 不报警 |
| 1 | 立管底 | 0.7 | 2011-2-24 1:14 | 不报警 |
| 1 | 立管底 | 0.7 | 2011-2-24 1:19 | 不报警 |
| 1 | 立管底 | 0.7 | 2011-2-24 1:24 | 不报警 |
| 1 | 立管底 | 0.7 | 2011-2-24 1:29 | 不报警 |
| 1 | 立管底 | 0.7 | 2011-2-24 1:34 | 不报警 |
| 1 | 立管底 | 0.7 | 2011-2-24 1:39 | 不报警 |
| 1 | 立管底 | 0.7 | 2011-2-24 1:44 | 不报警 |
| 1 | 立管底 | 0.7 | 2011-2-24 1:49 | 不报警 |
| 1 | 立管底 | 0.7 | 2011-2-24 1:54 | 不报警 |
| 1 | 立管底 | 0.7 | 2011-2-24 1:59 | 不报警 |
| 1 | 立管底 | 0.7 | 2011-2-24 2:04 | 不报警 |
| 1 | 立管底 | 0.7 | 2011-2-24 2:09 | 不报警 |
| 1 | 立管底 | 0.7 | 2011-2-24 2:14 | 不报警 |
| 1 | 立管底 | 0.7 | 2011-2-24 2:19 | 不报警 |
| 1 | 立管底 | 0.7 | 2011-2-24 2:24 | 不报警 |
| 1 | 立管底 | 0.7 | 2011-2-24 2:29 | 不报警 |
| 1 | 立管底 | 0.7 | 2011-2-24 2:34 | 不报警 |
| 1 | 立管底 | 0.7 | 2011-2-24 2:39 | 不报警 |
| 1 | 立管底 | 0.7 | 2011-2-24 2:44 | 不报警 |
| 1 | 立管底 | 0.7 | 2011-2-24 2:49 | 不报警 |
| 1 | 立管底 | 0.7 | 2011-2-24 2:54 | 不报警 |
| 1 | 立管底 | 0.7 | 2011-2-24 2:59 | 不报警 |
| 1 | 立管底 | 0.7 | 2011-2-24 3:04 | 不报警 |
| 1 | 立管底 | 0.7 | 2011-2-24 3:09 | 不报警 |
| 1 | 立管底 | 0.7 | 2011-2-24 3:14 | 不报警 |
| 1 | 立管底 | 0.7 | 2011-2-24 3:19 | 不报警 |

| 测点编号 | 测点位置 | 数据 | 时间 | 状态 |
|---|---|---|---|---|
| 1 | 立管底 | 0.7 | 2011-2-24 3:24 | 不报警 |
| 1 | 立管底 | 0.7 | 2011-2-24 3:29 | 不报警 |
| 1 | 立管底 | 0.7 | 2011-2-24 3:34 | 不报警 |
| 1 | 立管底 | 0.7 | 2011-2-24 3:39 | 不报警 |
| 1 | 立管底 | 0.7 | 2011-2-24 3:44 | 不报警 |
| 1 | 立管底 | 0.7 | 2011-2-24 3:49 | 不报警 |
| 1 | 立管底 | 0.7 | 2011-2-24 3:54 | 不报警 |
| 1 | 立管底 | 0.7 | 2011-2-24 3:59 | 不报警 |
| 1 | 立管底 | 0.7 | 2011-2-24 4:04 | 不报警 |
| 1 | 立管底 | 0.7 | 2011-2-24 4:09 | 不报警 |
| 1 | 立管底 | 0.7 | 2011-2-24 4:14 | 不报警 |
| 1 | 立管底 | 0.7 | 2011-2-24 4:19 | 不报警 |
| 1 | 立管底 | 0.7 | 2011-2-24 4:24 | 不报警 |
| 1 | 立管底 | 0.7 | 2011-2-24 4:29 | 不报警 |
| 1 | 立管底 | 0.7 | 2011-2-24 4:34 | 不报警 |
| 1 | 立管底 | 0.7 | 2011-2-24 4:39 | 不报警 |
| 1 | 立管底 | 0.7 | 2011-2-24 4:44 | 不报警 |
| 1 | 立管底 | 0.7 | 2011-2-24 4:49 | 不报警 |
| 1 | 立管底 | 0.7 | 2011-2-24 4:54 | 不报警 |
| 1 | 立管底 | 0.7 | 2011-2-24 4:59 | 不报警 |
| 1 | 立管底 | 0.7 | 2011-2-24 5:04 | 不报警 |
| 1 | 立管底 | 0.7 | 2011-2-24 5:09 | 不报警 |
| 1 | 立管底 | 0.7 | 2011-2-24 5:14 | 不报警 |
| 1 | 立管底 | 0.7 | 2011-2-24 5:19 | 不报警 |
| 1 | 立管底 | 0.7 | 2011-2-24 5:24 | 不报警 |
| 1 | 立管底 | 0.7 | 2011-2-24 5:29 | 不报警 |
| 1 | 立管底 | 0.7 | 2011-2-24 5:34 | 不报警 |
| 1 | 立管底 | 0.7 | 2011-2-24 5:39 | 不报警 |
| 1 | 立管底 | 0.7 | 2011-2-24 5:44 | 不报警 |
| 1 | 立管底 | 0.7 | 2011-2-24 5:49 | 不报警 |
| 1 | 立管底 | 0.7 | 2011-2-24 5:54 | 不报警 |
| 1 | 立管底 | 0.7 | 2011-2-24 5:59 | 不报警 |
| 1 | 立管底 | 0.7 | 2011-2-24 6:04 | 不报警 |
| 1 | 立管底 | 0.7 | 2011-2-24 6:09 | 不报警 |
| 1 | 立管底 | 0.35 | 2011-2-24 6:14 | 不报警 |
| 1 | 立管底 | 0.35 | 2011-2-24 6:19 | 不报警 |
| 1 | 立管底 | 0.35 | 2011-2-24 6:24 | 不报警 |
| 1 | 立管底 | 0.35 | 2011-2-24 6:29 | 不报警 |
| 1 | 立管底 | 0.35 | 2011-2-24 6:34 | 不报警 |
| 1 | 立管底 | 0.35 | 2011-2-24 6:39 | 不报警 |

| 测点编号 | 测点位置 | 数据 | 时间 | 状态 |
|---|---|---|---|---|
| 1 | 立管底 | 0.35 | 2011-2-24 6:44 | 不报警 |
| 1 | 立管底 | 0.45 | 2011-2-24 6:49 | 不报警 |
| 1 | 立管底 | 0.5 | 2011-2-24 6:54 | 不报警 |
| 1 | 立管底 | 0.9 | 2011-2-24 6:59 | 不报警 |
| 1 | 立管底 | 1.85 | 2011-2-24 7:04 | 不报警 |
| 1 | 立管底 | 2.9 | 2011-2-24 7:09 | 不报警 |
| 1 | 立管底 | 3.5 | 2011-2-24 7:14 | 不报警 |
| 1 | 立管底 | 3.35 | 2011-2-24 7:19 | 不报警 |
| 1 | 立管底 | 4.55 | 2011-2-24 7:24 | 不报警 |
| 1 | 立管底 | 3.15 | 2011-2-24 7:29 | 不报警 |
| 1 | 立管底 | 2.6 | 2011-2-24 7:34 | 不报警 |
| 1 | 立管底 | 2.3 | 2011-2-24 7:39 | 不报警 |
| 1 | 立管底 | 2.1 | 2011-2-24 7:44 | 不报警 |
| 1 | 立管底 | 1.75 | 2011-2-24 7:49 | 不报警 |
| 1 | 立管底 | 1.6 | 2011-2-24 7:54 | 不报警 |
| 1 | 立管底 | 1.5 | 2011-2-24 7:59 | 不报警 |
| 1 | 立管底 | 1.45 | 2011-2-24 8:04 | 不报警 |
| 1 | 立管底 | 1.4 | 2011-2-24 8:09 | 不报警 |
| 1 | 立管底 | 1.4 | 2011-2-24 8:14 | 不报警 |
| 1 | 立管底 | 1.25 | 2011-2-24 8:19 | 不报警 |
| 1 | 立管底 | 1.25 | 2011-2-24 8:24 | 不报警 |
| 1 | 立管底 | 1.25 | 2011-2-24 8:29 | 不报警 |
| 1 | 立管底 | 1.25 | 2011-2-24 8:34 | 不报警 |
| 1 | 立管底 | 1.4 | 2011-2-24 8:39 | 不报警 |
| 1 | 立管底 | 1.95 | 2011-2-24 8:44 | 不报警 |
| 1 | 立管底 | 1.25 | 2011-2-24 8:49 | 不报警 |
| 1 | 立管底 | 1.2 | 2011-2-24 8:54 | 不报警 |
| 1 | 立管底 | 1.65 | 2011-2-24 8:59 | 不报警 |
| 1 | 立管底 | 1.85 | 2011-2-24 9:04 | 不报警 |
| 1 | 立管底 | 1.85 | 2011-2-24 9:09 | 不报警 |
| 1 | 立管底 | 2.65 | 2011-2-24 9:14 | 不报警 |
| 1 | 立管底 | 3.85 | 2011-2-24 9:19 | 不报警 |
| 1 | 立管底 | 3.85 | 2011-2-24 9:24 | 不报警 |
| 1 | 立管底 | 3.85 | 2011-2-24 9:29 | 不报警 |
| 1 | 立管底 | 3.85 | 2011-2-24 9:34 | 不报警 |
| 1 | 立管底 | 3.85 | 2011-2-24 9:39 | 不报警 |
| 1 | 立管底 | 3.85 | 2011-2-24 9:44 | 不报警 |
| 1 | 立管底 | 3.8 | 2011-2-24 9:49 | 不报警 |
| 1 | 立管底 | 4 | 2011-2-24 9:54 | 不报警 |
| 1 | 立管底 | 3.95 | 2011-2-24 9:59 | 不报警 |

续表 6-2

| 测点编号 | 测点位置 | 数据 | 时间 | 状态 |
|---|---|---|---|---|
| 1 | 立管底 | 3.75 | 2011-2-24 10:04 | 不报警 |
| 1 | 立管底 | 3.75 | 2011-2-24 10:09 | 不报警 |
| 1 | 立管底 | 3.75 | 2011-2-24 10:14 | 不报警 |
| 1 | 立管底 | 4.55 | 2011-2-24 10:19 | 不报警 |
| 1 | 立管底 | 4.65 | 2011-2-24 10:24 | 不报警 |
| 1 | 立管底 | 4.7 | 2011-2-24 10:29 | 不报警 |
| 1 | 立管底 | 4 | 2011-2-24 10:34 | 不报警 |
| 1 | 立管底 | 4.2 | 2011-2-24 10:39 | 不报警 |
| 1 | 立管底 | 4.5 | 2011-2-24 10:44 | 不报警 |
| 1 | 立管底 | 4.5 | 2011-2-24 10:49 | 不报警 |
| 1 | 立管底 | 4.5 | 2011-2-24 10:54 | 不报警 |
| 1 | 立管底 | 4.5 | 2011-2-24 10:59 | 不报警 |
| 1 | 立管底 | 4.5 | 2011-2-24 11:04 | 不报警 |
| 1 | 立管底 | 4.55 | 2011-2-24 11:09 | 不报警 |
| 1 | 立管底 | 4.55 | 2011-2-24 11:14 | 不报警 |
| 1 | 立管底 | 4.55 | 2011-2-24 11:19 | 不报警 |
| 1 | 立管底 | 4.45 | 2011-2-24 11:24 | 不报警 |
| 1 | 立管底 | 4.55 | 2011-2-24 11:29 | 不报警 |
| 1 | 立管底 | 4.5 | 2011-2-24 11:34 | 不报警 |
| 1 | 立管底 | 4.3 | 2011-2-24 11:39 | 不报警 |
| 1 | 立管底 | 4.2 | 2011-2-24 11:44 | 不报警 |
| 1 | 立管底 | 4.25 | 2011-2-24 11:49 | 不报警 |
| 1 | 立管底 | 4.3 | 2011-2-24 11:54 | 不报警 |
| 1 | 立管底 | 4.45 | 2011-2-24 11:59 | 不报警 |
| 1 | 立管底 | 4.3 | 2011-2-24 12:04 | 不报警 |
| 1 | 立管底 | 4.45 | 2011-2-24 12:09 | 不报警 |
| 1 | 立管底 | 4.3 | 2011-2-24 12:14 | 不报警 |
| 1 | 立管底 | 4.5 | 2011-2-24 12:19 | 不报警 |
| 1 | 立管底 | 4.5 | 2011-2-24 12:24 | 不报警 |
| 1 | 立管底 | 4.2 | 2011-2-24 12:29 | 不报警 |
| 1 | 立管底 | 3.85 | 2011-2-24 12:34 | 不报警 |
| 1 | 立管底 | 3.85 | 2011-2-24 12:39 | 不报警 |
| 1 | 立管底 | 4.45 | 2011-2-24 12:44 | 不报警 |
| 1 | 立管底 | 4.65 | 2011-2-24 12:49 | 不报警 |
| 1 | 立管底 | 4.8 | 2011-2-24 12:54 | 不报警 |
| 1 | 立管底 | 4.7 | 2011-2-24 12:59 | 不报警 |
| 1 | 立管底 | 4.7 | 2011-2-24 13:04 | 不报警 |
| 1 | 立管底 | 4.8 | 2011-2-24 13:09 | 不报警 |
| 1 | 立管底 | 4.65 | 2011-2-24 13:14 | 不报警 |
| 1 | 立管底 | 4.8 | 2011-2-24 13:19 | 不报警 |

| 测点编号 | 测点位置 | 数据 | 时间 | 状态 |
|---|---|---|---|---|
| 1 | 立管底 | 4.7 | 2011-2-24 13:24 | 不报警 |
| 1 | 立管底 | 4.45 | 2011-2-24 13:29 | 不报警 |
| 1 | 立管底 | 4.45 | 2011-2-24 13:34 | 不报警 |
| 1 | 立管底 | 4.55 | 2011-2-24 13:39 | 不报警 |
| 1 | 立管底 | 4.55 | 2011-2-24 13:44 | 不报警 |
| 1 | 立管底 | 4.65 | 2011-2-24 13:49 | 不报警 |
| 1 | 立管底 | 4.55 | 2011-2-24 13:54 | 不报警 |
| 1 | 立管底 | 4.55 | 2011-2-24 13:59 | 不报警 |
| 1 | 立管底 | 4.7 | 2011-2-24 14:04 | 不报警 |
| 1 | 立管底 | 4.8 | 2011-2-24 14:09 | 不报警 |
| 1 | 立管底 | 4.65 | 2011-2-24 14:14 | 不报警 |
| 1 | 立管底 | 4.5 | 2011-2-24 14:19 | 不报警 |
| 1 | 立管底 | 4.3 | 2011-2-24 14:24 | 不报警 |
| 1 | 立管底 | 4.45 | 2011-2-24 14:29 | 不报警 |
| 1 | 立管底 | 4.3 | 2011-2-24 14:34 | 不报警 |
| 1 | 立管底 | 4.3 | 2011-2-24 14:39 | 不报警 |
| 1 | 立管底 | 4.3 | 2011-2-24 14:44 | 不报警 |
| 1 | 立管底 | 4.3 | 2011-2-24 14:49 | 不报警 |
| 1 | 立管底 | 4.5 | 2011-2-24 14:54 | 不报警 |
| 1 | 立管底 | 4.55 | 2011-2-24 14:59 | 不报警 |
| 1 | 立管底 | 4.65 | 2011-2-24 15:04 | 不报警 |
| 1 | 立管底 | 4.7 | 2011-2-24 15:09 | 不报警 |
| 1 | 立管底 | 4.55 | 2011-2-24 15:14 | 不报警 |
| 1 | 立管底 | 4.65 | 2011-2-24 15:19 | 不报警 |
| 1 | 立管底 | 4.65 | 2011-2-24 15:24 | 不报警 |
| 1 | 立管底 | 4.65 | 2011-2-24 15:29 | 不报警 |
| 1 | 立管底 | 4.55 | 2011-2-24 15:34 | 不报警 |
| 1 | 立管底 | 4.55 | 2011-2-24 15:39 | 不报警 |
| 1 | 立管底 | 4.55 | 2011-2-24 15:44 | 不报警 |
| 1 | 立管底 | 4.7 | 2011-2-24 15:49 | 不报警 |
| 1 | 立管底 | 4.7 | 2011-2-24 15:54 | 不报警 |
| 1 | 立管底 | 4.8 | 2011-2-24 15:59 | 不报警 |
| 1 | 立管底 | 4.7 | 2011-2-24 16:04 | 不报警 |
| 1 | 立管底 | 4.55 | 2011-2-24 16:09 | 不报警 |
| 1 | 立管底 | 4.3 | 2011-2-24 16:14 | 不报警 |
| 1 | 立管底 | 4.2 | 2011-2-24 16:19 | 不报警 |
| 1 | 立管底 | 4.3 | 2011-2-24 16:24 | 不报警 |
| 1 | 立管底 | 4.3 | 2011-2-24 16:29 | 不报警 |
| 1 | 立管底 | 4.3 | 2011-2-24 16:34 | 不报警 |
| 1 | 立管底 | 4.3 | 2011-2-24 16:39 | 不报警 |

| 测点编号 | 测点位置 | 数据 | 时间 | 状态 |
|---|---|---|---|---|
| 1 | 立管底 | 4.3 | 2011-2-24 16:44 | 不报警 |
| 1 | 立管底 | 4.3 | 2011-2-24 16:49 | 不报警 |
| 1 | 立管底 | 4.25 | 2011-2-24 16:54 | 不报警 |
| 1 | 立管底 | 4.2 | 2011-2-24 16:59 | 不报警 |
| 1 | 立管底 | 4.2 | 2011-2-24 17:04 | 不报警 |
| 1 | 立管底 | 4 | 2011-2-24 17:09 | 不报警 |
| 1 | 立管底 | 3.55 | 2011-2-24 17:14 | 不报警 |
| 1 | 立管底 | 3.3 | 2011-2-24 17:19 | 不报警 |
| 1 | 立管底 | 2.9 | 2011-2-24 17:24 | 不报警 |
| 1 | 立管底 | 2.6 | 2011-2-24 17:29 | 不报警 |
| 1 | 立管底 | 2.6 | 2011-2-24 17:34 | 不报警 |
| 1 | 立管底 | 2.6 | 2011-2-24 17:39 | 不报警 |
| 1 | 立管底 | 2.1 | 2011-2-24 17:44 | 不报警 |
| 1 | 立管底 | 1.95 | 2011-2-24 17:49 | 不报警 |
| 1 | 立管底 | 1.95 | 2011-2-24 17:54 | 不报警 |
| 1 | 立管底 | 1.6 | 2011-2-24 17:59 | 不报警 |
| 1 | 立管底 | 1.4 | 2011-2-24 18:04 | 不报警 |
| 1 | 立管底 | 1.4 | 2011-2-24 18:09 | 不报警 |
| 1 | 立管底 | 1.4 | 2011-2-24 18:14 | 不报警 |
| 1 | 立管底 | 1.4 | 2011-2-24 18:19 | 不报警 |
| 1 | 立管底 | 1.4 | 2011-2-24 18:24 | 不报警 |
| 1 | 立管底 | 1.65 | 2011-2-24 18:29 | 不报警 |
| 1 | 立管底 | 2.2 | 2011-2-24 18:34 | 不报警 |
| 1 | 立管底 | 1.9 | 2011-2-24 18:39 | 不报警 |
| 1 | 立管底 | 2.8 | 2011-2-24 18:44 | 不报警 |
| 1 | 立管底 | 2.1 | 2011-2-24 18:49 | 不报警 |
| 1 | 立管底 | 2.2 | 2011-2-24 18:54 | 不报警 |
| 1 | 立管底 | 1.5 | 2011-2-24 18:59 | 不报警 |
| 1 | 立管底 | 1.25 | 2011-2-24 19:04 | 不报警 |
| 1 | 立管底 | 1.25 | 2011-2-24 19:09 | 不报警 |
| 1 | 立管底 | 1.25 | 2011-2-24 19:14 | 不报警 |
| 1 | 立管底 | 1.25 | 2011-2-24 19:19 | 不报警 |
| 1 | 立管底 | 1.15 | 2011-2-24 19:24 | 不报警 |
| 1 | 立管底 | 1.05 | 2011-2-24 19:29 | 不报警 |
| 1 | 立管底 | 1.05 | 2011-2-24 19:34 | 不报警 |
| 1 | 立管底 | 1.05 | 2011-2-24 19:39 | 不报警 |
| 1 | 立管底 | 0.95 | 2011-2-24 19:44 | 不报警 |
| 1 | 立管底 | 0.9 | 2011-2-24 19:49 | 不报警 |
| 1 | 立管底 | 0.9 | 2011-2-24 19:54 | 不报警 |
| 1 | 立管底 | 0.9 | 2011-2-24 19:59 | 不报警 |

| 测点编号 | 测点位置 | 数据 | 时间 | 状态 |
|---|---|---|---|---|
| 1 | 立管底 | 0.9 | 2011-2-24 20:04 | 不报警 |
| 1 | 立管底 | 0.9 | 2011-2-24 20:09 | 不报警 |
| 1 | 立管底 | 0.9 | 2011-2-24 20:14 | 不报警 |
| 1 | 立管底 | 0.9 | 2011-2-24 20:19 | 不报警 |
| 1 | 立管底 | 0.9 | 2011-2-24 20:24 | 不报警 |
| 1 | 立管底 | 0.9 | 2011-2-24 20:29 | 不报警 |
| 1 | 立管底 | 0.9 | 2011-2-24 20:34 | 不报警 |
| 1 | 立管底 | 0.9 | 2011-2-24 20:39 | 不报警 |
| 1 | 立管底 | 0.8 | 2011-2-24 20:44 | 不报警 |
| 1 | 立管底 | 0.8 | 2011-2-24 20:49 | 不报警 |
| 1 | 立管底 | 0.8 | 2011-2-24 20:54 | 不报警 |
| 1 | 立管底 | 0.8 | 2011-2-24 20:59 | 不报警 |
| 1 | 立管底 | 0.8 | 2011-2-24 21:04 | 不报警 |
| 1 | 立管底 | 0.8 | 2011-2-24 21:09 | 不报警 |
| 1 | 立管底 | 0.8 | 2011-2-24 21:14 | 不报警 |
| 1 | 立管底 | 0.8 | 2011-2-24 21:19 | 不报警 |
| 1 | 立管底 | 0.8 | 2011-2-24 21:24 | 不报警 |
| 1 | 立管底 | 0.8 | 2011-2-24 21:29 | 不报警 |
| 1 | 立管底 | 0.8 | 2011-2-24 21:34 | 不报警 |
| 1 | 立管底 | 0.8 | 2011-2-24 21:39 | 不报警 |
| 1 | 立管底 | 0.8 | 2011-2-24 21:44 | 不报警 |
| 1 | 立管底 | 0.8 | 2011-2-24 21:49 | 不报警 |
| 1 | 立管底 | 0.8 | 2011-2-24 21:54 | 不报警 |
| 1 | 立管底 | 0.8 | 2011-2-24 21:59 | 不报警 |
| 1 | 立管底 | 0.8 | 2011-2-24 22:04 | 不报警 |
| 1 | 立管底 | 0.8 | 2011-2-24 22:09 | 不报警 |
| 1 | 立管底 | 0.8 | 2011-2-24 22:14 | 不报警 |
| 1 | 立管底 | 0.8 | 2011-2-24 22:19 | 不报警 |
| 1 | 立管底 | 0.75 | 2011-2-24 22:24 | 不报警 |
| 1 | 立管底 | 0.75 | 2011-2-24 22:29 | 不报警 |
| 1 | 立管底 | 0.75 | 2011-2-24 22:34 | 不报警 |
| 1 | 立管底 | 0.75 | 2011-2-24 22:39 | 不报警 |
| 1 | 立管底 | 0.75 | 2011-2-24 22:44 | 不报警 |
| 1 | 立管底 | 0.75 | 2011-2-24 22:49 | 不报警 |
| 1 | 立管底 | 0.75 | 2011-2-24 22:54 | 不报警 |
| 1 | 立管底 | 0.75 | 2011-2-24 22:59 | 不报警 |
| 1 | 立管底 | 0.75 | 2011-2-24 23:04 | 不报警 |
| 1 | 立管底 | 0.75 | 2011-2-24 23:09 | 不报警 |
| 1 | 立管底 | 0.75 | 2011-2-24 23:14 | 不报警 |
| 1 | 立管底 | 0.75 | 2011-2-24 23:19 | 不报警 |

| 测点编号 | 测点位置 | 数据 | 时间 | 状态 |
|---|---|---|---|---|
| 1 | 立管底 | 0.75 | 2011-2-24 23:24 | 不报警 |
| 1 | 立管底 | 0.75 | 2011-2-24 23:29 | 不报警 |
| 1 | 立管底 | 0.75 | 2011-2-24 23:34 | 不报警 |
| 1 | 立管底 | 0.75 | 2011-2-24 23:39 | 不报警 |
| 1 | 立管底 | 0.75 | 2011-2-24 23:44 | 不报警 |
| 1 | 立管底 | 0.75 | 2011-2-24 23:49 | 不报警 |
| 1 | 立管底 | 0.75 | 2011-2-24 23:54 | 不报警 |
| 1 | 立管底 | 0.75 | 2011-2-24 23:59 | 不报警 |

为了能正确分析所监测到的数据是否正确,必须对管道充填的工艺流程有一个深入的了解,工作面正常充填程序为:

(1) 检查准备

通过井上下检查、联系,确认系统正常,设备完好,搅拌机与料浆斗清水湿润,管道内充满清水以后,设定好当班充填量以后,方可进入下一步工作。

(2) 灰浆推水

在正式充填前,先泵送由粉煤灰和胶结料制成的粉煤灰膏体料浆,把管路内的清水排出,此过程充填管路前段为清水,后段为粉煤灰膏体料浆,即为灰浆推水阶段,充填管内清水经材料道排水管路排到西翼胶带下山排水沟。

(3) 矸石浆推灰浆

少量粉煤灰膏体料浆不足以把管内清水全部排出,主要起隔离正常充填的矸石粉煤灰膏体作用,待设计量的粉煤灰膏体料浆快泵送完时,要将正常配比的矸石粉煤灰膏体料浆(粗浆)放入缓冲料浆斗,继续泵送,此时充填管路前段为清水,中间为粉煤灰膏体料浆,后段为矸石粉煤灰膏体料浆。

充填管路内清水继续通过运料道排水管排出,当管内出现较浓的粉煤灰浆时,切换相关闸阀粉煤灰膏体料浆流入充填区,完成灰浆推水过程,即可进入正常充填阶段。同时,利用防尘水将工作面排水管中少量低浓度粉煤灰浆排到西翼胶带下山排水沟,避免堵管。

(4) 正常充填

工作面正常充填由低处向高处充填。充填正式开始时,轨道巷侧工作面第一个转换阀接通旁路,第一根布料管从该阀旁路接口连接到第一个充填孔进行充填,在充填的同时准备第二个转换阀接通旁路,并在第二个转换阀连接好第二根布料管。第一个充填孔充填完成以后,使第一个转换阀接通直管部分,充填浆液即转而从第二根布料管充填采空区。在第二根布料管充填的同时,接通第三个转换阀接通旁路。如此重复,直到完成整个工作面待充空间充填的任务。

充填过程中,如果发现已经充填的区域出现明显不接顶的现象,可以部分打开该区域就近的布料管控制闸阀,进行必要的补充充填,确保充填体接顶质量和效果。充填已完成区域的布料管可根据料浆的凝固情况及时拆除与清洗,清除出来的料浆由于数量较少且已初凝可直接在工作面处理。

(5) 灰浆推矸石浆

当泵送充填料浆达到设计充填量以后,如没有特殊情况,地面充填站制备少量粉煤灰膏体,适当降低泵送速度,待缓冲浆斗内的正常配比料浆快泵送完毕时,把粉煤灰料浆放入缓冲浆斗,用粉煤灰浆把料浆斗和充填泵入口内的矸石浆全部推入充填管道中,使冲洗水不会与矸石膏体混合。

（6）水推灰浆

当料浆斗内设计量的粉煤灰浆泵送完之前,向料浆斗放入清水,在粉煤灰浆后面泵送清水洗管。工作面发现粉煤灰浆以后,等到设计时间及时切换到工作面排水管,将后续的清洗水通过排水管排到西翼胶带下山排水沟,下山排水沟见清水以后关闭控制阀门,完成管道清洗工作,这时管道中保持满管清水,可供下一个充填班灰浆推水使用。

同时,通过在安装监测系统前压力表的经验数据,得知立管底最大压力为 4.95 MPa,因此将 4.95 MPa 作为该监测点的报警阀值。通过对立管底的监测数据得知,该充填循环管道压力经历从小到大、基本稳定、最后又变小的过程,管道整个充填循环未出现报警,管道运行正常。

# 7 膏体料浆输送管道磨损机理及控制

## 7.1 管道输送及磨损现状

### 7.1.1 管道输送技术现状

近年来,国内外学者在浆体管道输送方面的研究成果很多,高浓度的管道泵送和自流输送工艺新技术的研究也取得了进步与发展,已在部分充填法矿山广为使用。尽管不同矿山根据自身情况所使用的充填骨料并不一致,但由于水力管道输送系统具有生产能力大、自动化程度高、运行成本低等优点,充填料的输送大多采用管道水力输送技术,目前充填法矿山采用的充填系统主要包括普通两相流管道自流输送系统、膏体泵送充填系统和正在开发完善之中的膏体自流充填系统。

(1)普通两相流管道自流输送充填系统

该系统的主要工艺是将地面充填站制备好的充填料浆利用地面与井下的自然高差,通过竖直钻孔的管道及井下管道网络输送至各充填采场,国内外大部分使用充填法采矿的矿山均采用这种充填工艺。

(2)膏体泵送充填系统

德国的 Bad Grund 铅锌矿最早使用了膏体泵送充填技术,之后在美国和南非等许多国家得到应用。我国则是在山东矿区和铜绿山矿有过应用。

(3)膏体自流充填系统

膏体自流输送结合了普通两相流管道输送系统和膏体泵送充填系统各自的优势,具有输送浓度高、不容易离析、成本低等优点。

### 7.1.2 管道磨损研究现状

南非等国家对矿井充填管道利用情况的研究表明,发生冲击破坏的事件主要发生在竖直管道内,这里为自由下落区,其料浆对管道壁的冲击力非常大。如果管道偏斜较大时,立管局部的磨损也较为严重。当竖直管段的管壁被磨穿后,就会发生爆管事故。南非竖直管道破损事件统计如图 7-1 所示。

由图 7-1 可知,管道磨损事故发生最频繁的位置在 $100\sim400$ m 之间,实际中此部位正处于充填料浆的自由下落区,分析为充填料浆在空气与砂浆交界面处发生碰撞产生了巨大的冲量,导致了管壁的最终破裂。在管道磨损试验方面最为有成效的是威华塔斯兰得金矿在英美的研究实验室内使用滚筒机试验了管道磨损的情况,该试验得到了不同管道材料及充填料浆类型与管道磨损率之间的关系。

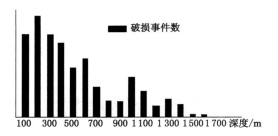

图 7-1　南非竖直管道破损事件统计图

### 7.1.3　降低管道磨损研究现状

如何降低管道磨损一直是采矿界许多学者共同关注的研究课题,在实际生产中不同的矿山已根据自身的经验总结出了不少降低管道磨损的相关措施和技术,主要包括:

(1) 降低充填料浆对管道的磨蚀作用;

(2) 降低竖直管道中料浆对管壁的冲击力,采用满管流输送系统;

(3) 降低充填料浆对管壁的压力,采用降压输送系统;

(4) 提高充填钻孔施工质量和竖直管道的安装质量;

(5) 降低料浆的输送速度,减小对管道的磨损;

(6) 在弯管处采取技术措施避免磨蚀;

(7) 提高管道衬里的质量;

(8) 使用中性水进行充填料浆的制备和冲洗管道。

## 7.2　膏体充填管道磨损机理

### 7.2.1　钻孔立管磨损机理

#### 7.2.1.1　钻孔内管道磨损形式及其原因

为了了解充填钻孔内管道的磨损形式,对金属矿山充填管道磨损情况进行了统计分析,金属矿山尾砂膏体管道主要磨损形式及原因分析如下:

(1) 口部分(0～3.2 m)

钻孔内管口部分极易磨损,原因是充填料浆通过弯管进入钻孔内管道,料浆与孔口管道壁发生反复碰撞发生冲量和能量损失。如图 7-2 所示,当料浆通过卸料弯管进入管道口时一般具有 1～2 m/s 的流速,而料浆密度一般为 1.8 t/m³ 左右,即具有一定的动能和动量,当料浆与管口的 A 处碰撞接触时料浆的速度方向迅速发生变化(水平速度方向发生 180° 变化),运动轨迹沿 AB 方向,故在 A 处产生了巨大的冲量和能量损失(水平方向上的动能损失)用于对管道的磨损作用;AB 运动期间,料浆的水平方向速度由于在 A 点的动能损失而减小,而竖直方向速度不断增大;当料浆与管口的 B 处碰撞接触时发生与 A 点相同的运动轨迹变化和冲量、能量损失的磨损作用,沿 BC 方向运动;如此反复几次,料浆的水平速度不断减小、竖直方向速度不断增大,最终到 D 点处,基本处于竖直方向上的运动。

(2) 3.2～27 m 段

在 13 m 左右开始出现管道单侧严重变薄、开口,且开口宽度随着深度的增加越来大,到 27 m 位置开口已经有 14 cm 宽;另一侧管壁的磨损虽然也有随深度增加而增大,但磨损程度相对较小,17~27 m 段管壁厚度由 9.5 mm 减小到 3.2 mm(原始厚度 14 mm),如图 7-3 所示。主要原因是此段位于自由落体区,料浆进行近似自由落体运动,由于料浆经过 20~30 m 的竖直下降段,重力势能转化为动能,具有非常高的竖直速度(至少达 20 m/s)和动量,而实际的钻孔内管道存在一定偏斜率,料浆与管道壁在 E 点发生激烈碰撞,速度方向突然发生变化(沿 EF 方向)产生巨大的冲量,用于对 E 点管路的高速冲刷磨损作用;当料浆沿着 EF 方向碰撞管壁 F 点时,运动速度亦发生突然变化,产生冲量,由于在 E 点的能量损失,速度变小,此处的冲量磨损弱于 E 点;如此反复几次,料浆的水平速度不断减小,最终到 G 点处基本处于竖直方向上的运动,重复 DE 段运动;同时,由于每次料浆沿竖直方向的入射碰撞点不同,而入射碰撞点越低,则竖直速度越大,碰撞时料浆的速度、动量和动能越大,产生磨损越严重,从而造成了 HI 段严重磨损变薄、开口,JK 段磨损相对较弱,深度越大,磨损越严重的现象。

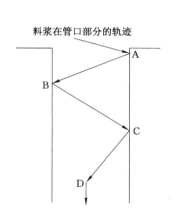

图 7-2　充填料浆在管口部分的运动轨迹

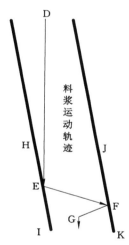

图 7-3　充填料浆运动轨迹

(3) 27~31 m 段

该段充填管道被磨损最为严重,两侧管壁厚度都非常小,29~30 m 段位置甚至已经被磨成碎铁片,掉至孔底,此段的管道磨破是导致整条充填管道报废的主要原因。磨破的主要原因是该段是空气料浆交界面处,一般而言在充填某一区段时,由于充填倍线在较小范围内波动,该空气料浆交界面位置基本保持不变;入射至该交界面前,高速的料浆具备极大的动量和动能,入射后料浆的速度急剧减小至 0 m/s,从而产生非常大的冲量和能量用于对周围的管道壁产生冲击磨损;同时,由于充填料浆在上部管道内做自由落体运动,到达空气料浆交界面时料浆的速度达到最大,所以理论上空气-料浆交界面附近是最容易也是最早破损的位置。

(4) 31 m 以下

充填管道两侧管壁的厚度开始变得比较均匀并逐渐增加,到 40 m 深度以后,管道两侧管壁的厚度保持在 12~13 mm,主要原因:该段处于满管段,仅存在料浆与管壁的接触磨损,而空气-料浆交界面处产生的冲击磨损对该段影响较小,且随着深度的增加该影响越来越小。由以上的分析以及对其他取出管道的磨损情况分析,可以发现竖直充填钻孔内管道的主要磨损部位是在 31 m 以上的位置,包括 3.2～27 m 段料浆高速冲刷磨损和 27～31 m 段料浆高速冲击磨破,其中后者是造成整个充填管道甚至钻孔报废的最主要原因,以下从动量和能量的角度定量化研究。

#### 7.2.1.2　料浆流态对管道磨损的影响

国内大部分管道胶结充填矿山,料浆在垂直管中均为自由下落输送系统,充填料浆进入垂直管道在重力作用下自由下落直至空气与料浆的交界面。在垂直往下给料的管道中有两种流动形式:上部为自由降落段,下部为满流段。料浆单段自由下落输送系统如图 7-4 所示。

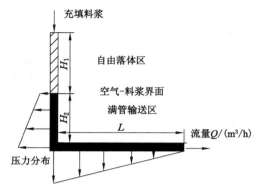

图 7-4　充填料浆运动轨迹

（1）自由降落段料浆输送

空气料浆交界面以上的自由降落段,料浆主要做自由落体运动。自由下落输送存在以下缺点:

① 在自由下落带中料浆的最终速度很高,可能达到 50 m/s 或者更高,高速流动的料浆向管壁迁移冲刷导致管路的高速磨损。

② 料浆在空气与料浆交界面因碰撞产生的冲击压力是巨大的,这种巨大的冲击力可导致管路的破裂,减小冲击力的最好办法是缩短乃至消除料浆的自由降落区域,这样可降低料浆的最大自由下落速度,避免巨大冲量的产生。

（2）满管流段料浆输送

空气料浆交界面以下是满管流段输送区,充填料浆以比较均匀的速度运动。满管流动的最大优点是管道局部冲击磨损率大大降低,从而减轻了管道的磨损。满管流动与自由下落流动引起的管道磨损情况对比如图 7-5 所示。由图中可见,满流段管道的磨损平整均匀,磨损率较低,而自由下落系统管道的磨损极其剧烈,往往会无规律出现,形成沟槽磨损形状,这些沟槽破损往往会导致管道裂口式损坏。

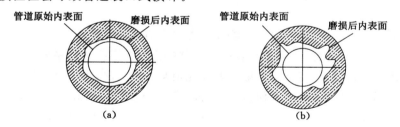

图 7-5　管道的磨损形式
（a）满管流条件；（b）自由下落条件

结合物理运动学的理论知识,可以从动量与能量角度来分析料浆对充填管道的磨损机理。

充填料浆在自由下落段的运动形式可以看作为初速度为 $v_1$,加速度为 $g$,运动位移为 $H$ 的匀加速直线运动。根据匀加速运动的特点,列出以下计算公式:

$$H = v_1 t + \frac{1}{2} g t^2 \qquad (7-1)$$

$$v_2 = v_1 + gt \qquad (7-2)$$

式中　$v_1$——充填料浆进入管道的初速度；

　　　$v_2$——料浆到达空气料浆交界面的速度；

　　　$g$——重力加速度；

　　　$t$——料浆从管口运动到空气料浆交界面所需时间；

　　　$H$——自由下落段高度。

　　整理式(7-1)与式(7-2)可得：

$$v_2 = \sqrt{2gH + v_1^2} \qquad (7-3)$$

　　在实际计算中式(7-3)要乘以速度修正系数，系数依据管道的直径以及粗糙度等因素决定，通常小于1，可用试验的方法来确定(一般取 0.7～0.8)，分析可知料浆终端速度 $v_2$ 随自由下落段高度 $H$ 的增大而增大。

### 7.2.1.3　充填料浆动量分析

　　如上所述，充填管道磨损的主要形式是竖直管道内的冲击磨损，磨损最严重的位置则是空气料浆交界面处，因此，可以建立如图 7-6 所示的物理模型，分别从动量和能量的角度来具体分析充填料浆对管道管壁的冲击情况并以此来研究充填管道的磨损机理。在进行分析时，必须提前假设一些参数，如料浆的初始速度定义为 $v_1$(需要通过流量与管道的截面积进行计算)，空气料浆交界面处料浆的瞬间速度定义为 $v_2$，管口与空气料浆交界面之间的高度为 $H_1$。

　　充填料浆在竖直管道内的自由下落段的运动形式为以初速度 $v_1$，加速度为 $g$，运动位移为 $H_1$ 的匀加速直线运动。根据其特点有：

$$H = v_1 t + \frac{1}{2} g t^2 \qquad (7-4)$$

$$v_2 = v_1 + gt \qquad (7-5)$$

式中　$t$——料浆由管口至空气料浆交界面的时间。

　　整理式(7-4)与式(7-5)可得：

$$v_2 = \sqrt{2gH + v_1^2} \qquad (7-6)$$

$$H = \frac{1}{2g} (v_2^2 - v_1^2) \qquad (7-7)$$

　　由于在竖直管道内运动的充填料浆在各种因素的影响下并不会完全按理论上想象的一直做向下的匀加速直线运动，故需要对式(7-6)进行修正，将速度乘以一个修正系数 $C$，通过试验方法可以确定这个修正系数的大小(一般取 0.7～0.8)。修正后的公式变为：

$$v_2 = c\sqrt{2gH + v_1^2} \qquad (7-8)$$

　　从式(7-8)可以看出空气料浆交界面处料浆的瞬间速度 $v_2$ 随自由下落段的高度 $H$ 增大而增大，它们之间会形成一种抛物线的关系，如图 7-7 所示。从图中可以知道，当初始速度 $v_1 = 0$ 时竖直管道内的充填料浆在自由下落段将会做自由落体的运动形式。

　　充填料浆速度越高动量就越大，当料浆下落到空气料浆交界面时动量达到了最大值，由于料浆在交界面发生了碰撞，动量在短时间内减小到几乎接近于零。动量的急剧减小，引起

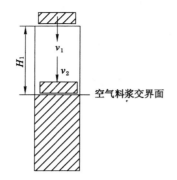

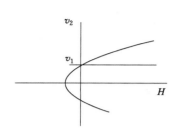

图 7-6　竖直充填管道内冲击物理模型　　　图 7-7　料浆终端速度与下落高度之间的关系

了巨大的冲击力。若充填料浆的密度为 $\rho$，料浆到达空气料浆交界面的终端速度为 $v$，在冲击时间 $\Delta t$ 内，撞击到交界面的料浆总质量为：

$$\Delta m = \rho V = \rho v \Delta t S \tag{7-9}$$

充填料浆对交界面的冲击力可用下面公式计算：

$$F = \frac{\Delta m v}{\Delta t} \tag{7-10}$$

将式(7-9)代入式(7-10)，整理可得料浆冲击力的计算公式：

$$F = a\rho v^2 S \tag{7-11}$$

式中　$a$——试验修正系数；

　　　$S$——充填管道的横截面积，$m^2$。

从式(7-11)可以看出，料浆对交界面的冲击力 $F$ 与料浆到达空气料浆交界面的终端速度的二次方呈正比，可见充填料浆的速度对冲击力的影响非常大，也表明自由下落段越长，料浆对管壁的冲击磨损将会越严重。

### 7.2.1.4　充填料浆能量分析

充填料浆从管口运动到空气料浆交界面消耗的总能量为进入管口的初始动能加上重力所做的功，假设单位时间 $\Delta t$ 内进入管道的料浆的单位质量为 $\Delta m$，则这部分料浆从管口运动到空气料浆交界面消耗的能量 $E$ 为：

$$E = \frac{1}{2}\Delta m v^2 + \Delta m g H \tag{7-12}$$

又知 $\Delta m = \rho Q \Delta t$ 代入式(7-12)，得：

$$E = \frac{1}{2}\rho Q v^2 \Delta t + \rho Q g H \Delta t \tag{7-13}$$

式中　$Q$——料浆流量，$m^3/s$；

　　　$v$——料浆管口流速，$m/s$。

料浆在跟管壁的摩擦过程中消耗了这部分能量，因此管壁单位面积的耗能量 $E$ 反映了料浆对管壁磨损的大小程度，单位面积管壁的耗能量越大料浆对管壁的磨损越严重。

$$E_w = \frac{\frac{1}{2}\rho Q v^2 \Delta t + \rho Q g H \Delta t}{S} \tag{7-14}$$

式(7-14)中 $S$ 为料浆跟管壁的有效磨损接触面积(料浆流动过程中接触到的管壁表面

积之和)。对单位质量的料浆来说,它跟管壁的有效磨损接触面积越小,则损耗在单位面积上的能量就越多,对管壁的磨损就越严重,这能很好地说明管道在自由下落段的磨损比满管流段严重。管道偏斜得越厉害,料浆在自由下落段跟管壁的有效磨损接触面积就越小,那么管壁的局部磨损也会越严重。

对于内径为 $R$ 的充填管道来说,其内表面积为 $\pi RH$,结合式(7-14)可以看出,充填管道的内径 $R$ 越大管壁单位面积的耗能量就越小,则管壁磨损速率也将越小;另外,充填料浆的密度 $\rho$,料浆流量 $Q$ 以及料浆流速 $v$ 越大,管道磨损也会越严重。

### 7.2.1.5 充填料浆运动形式

管道自流输送的运动能量全部来自于位能,充填浆体进入竖直管路或钻孔后在重力作用下自由下落,直至到达空气与料浆的交界面。在竖直管道中有两种流动:上部为自由下落区、下部为满管流输送区,管道系统输送模型如图 7-8 所示。实验研究表明,垂直管道自由下落区内的浆体,由于加速度的存在,浆体流速达到某一范围后浆体断面发生收缩,形成脱离管壁的收缩流;当流速继续加大,流体的运动状态再次发生变化变为散射流,其宏观运动状态如图 7-9 所示。

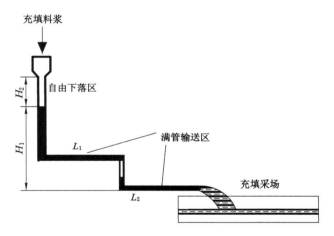

图 7-8  深井充填管道自流输送模型

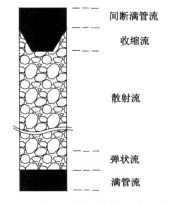

图 7-9  自由下落区浆体流动示意图

### 7.2.2 充填管线磨损机理

#### 7.2.2.1 颗粒的运动形式

管道磨损是固体粉尘颗粒物对壁面碰撞冲刷造成的,浆体中固体颗粒的运动形式可分为(1)悬移质、(2)跳跃质、(3)推移质 3 种,如图 7-10 所示。

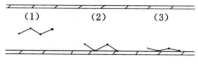

图 7-10 浆体中固体颗粒的运动形式

在 3 种运动形式中,悬移质和跳跃质对管壁的磨损较小,推移质对管壁磨损大。固体颗粒以何种方式在管道中运动,取决于颗粒在管道中的轴向运动速度和径向运动速度。轴向运动速度主要由运动浆体对固体颗粒推动力决定;径向速度取决于固体颗粒沉积速度和浆体脉动速度之差,主要和固体颗粒粒径、形状、密度、浆体速度和浓度有关。

#### 7.2.2.2 颗粒的运动碰撞模型

(1)单个固体颗粒与壁面的碰撞

设某个固体颗粒质量为 $m$,速度为 $v$,以入射角 $\alpha$ 向壁面碰撞,碰撞时间为 $t$,颗粒与壁面摩擦系数为 $u$,颗粒对壁面碰撞力为 $P$,摩擦力为 $N$,颗粒对壁面磨损量为 $\delta_i$,碰撞模型如图 7-11 所示。

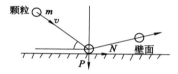

图 7-11 单个固体颗粒碰撞模型

碰撞力 $P$ 引起壁面材料产生局部变形、破碎和剥离,摩擦力 $N$ 则引起表面刮痕冲刷,可见壁面磨损是 $P$ 和 $N$ 共同作用的结果;磨损量还与碰撞接触时间有关,入射角 $\alpha$ 不同时 $P$ 和 $N$ 值大小及碰撞时间 $t$ 也不同,磨损量发生变化。由此看出,表面磨损量实质上与颗粒所受的冲力有关。就单个固体颗粒来说,影响磨损量 $\delta_i$ 的主要因素有颗粒质量 $m$,粒子速度 $v$,入射角正弦 $\sin \alpha$,摩擦系数 $u$,粒子表面几何形状 $\psi$,写成函数关系为:

$$\delta_i = f(m, v, \sin \alpha, u, \psi) \tag{7-15}$$

(2)颗粒群与壁面的碰撞

管道磨损实质上是固体颗粒群的碰撞结果,是每个固体颗粒对壁面磨损的积累,设单位时间内管道中固体颗粒质量通量为 $M$,单位时间内管道磨损量 $\delta$,可通过对式(7-15)求和来表示,即:

$$\delta = \sum_{i=1}^{n} \delta_i = f\left[\sum_{i=1}^{n}(m_i, v, \sin \alpha, u, \psi)\right] = f(M, v, \sin \alpha, u, \psi) \tag{7-16}$$

式(7-16)中固体颗粒质量通量 $M$ 可以通过管道流速 $v'$,截面积 $S$,固体颗粒质量浓度 $C$ 三者的乘积来表示,即:

$$M = v'SC \tag{7-17}$$

将式(7-17)代入式(7-16)中,同时注意到颗粒速度 $v$ 是由管道流速 $v'$ 决定的,即可得到总磨损量$\delta$与各影响因素之间的函数关系：

$$\delta_i = f(C, v', \sin \alpha, u, \psi) \tag{7-18}$$

### 7.2.2.3　错位接合分析

图 7-12 至图 7-15 是错位接合压强、剪应力、流速解析图。由于装配过程中不可避免的错位接合，最大壁面压力值变大，该处的流速也不均匀，剪应力在错位接口处也有较大变化。从边壁的变化缓急来看，流体以湍流通过突变的局部阻碍，由于惯性力处于支配地位，流动不能像边壁那样突然转折，于是会在边壁突变的地方出现主流与边壁脱离的现象。主流与边壁之间形成旋涡区，旋涡区内的流体并不是固定不变的。形成的大尺度旋涡会不断地被主流带走，补充进去的流体又会出现新的旋涡，如此周而复始，错位接合使一部分流体反向流动，造成能量损失。由此可见，错位接合的存在对壁面影响较大，造成管道磨损加速及接合法兰的严重破坏，为此可设计两端直径不同的接合管，套接在一起。

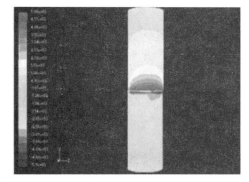

图 7-12　错位接合压强解析图

图 7-13　错位接合剪应力解析图

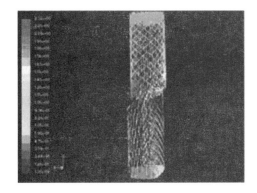

图 7-14　错位接合流速解析图

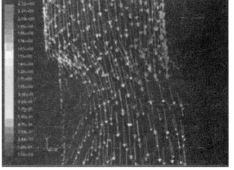

图 7-15　流速解析图的放大图

### 7.2.2.4　突扩管影响分析

从理论角度分析，突扩管的水头损失为：

$$h_m = \frac{(v_1 - v_2)^2}{2g} \tag{7-19}$$

其中：

$$v_2 = (\frac{A_2}{A_1} - 1)/2$$

突缩管的水头损失大部分发生在收缩断面后的流段上，主要是收缩断面附近的旋涡区造成的。图 7-16 和图 7-17 是突扩管压强、流速解析图;图 7-18 和图 7-19 是突扩管反向流动压强、流速解析图。从图中可以发现,压强在两端弯管的接口处都存在较大值,但突扩管的压强分布与突缩管有很大差别。研究表明,突扩口前后的管径比对壁面的剪切应力影响较大,管径比的微小变化会导致最大壁面剪切应力的值和出现位置的较大变化,随管径比值的减小最大壁面剪切应力的值随之减小,出现的位置也随之后移,变化的趋势是非线性的,比值越小变化趋势越快,而反向流动时压强在接缝处有一极大值,平均流速分布也有着较大的差异,但是峰值速度几乎相等说明突缩管较突扩管有较小的能量损失。由此可见,为使流动均匀顺畅套接弯管时可采取突缩管装配,且尽量减小其管径比以减小负荷。

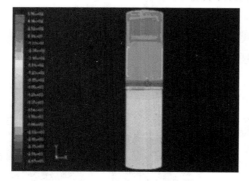

图 7-16　突扩管压强解析图

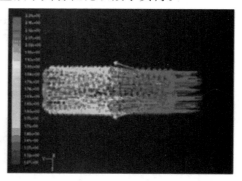

图 7-17　突扩管流速解析图

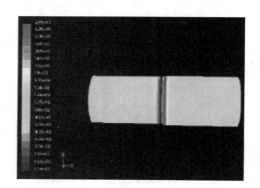

图 7-18　突扩管反向流动压强解析图

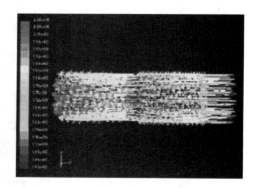

图 7-19　突扩管反向流动流速解析图

### 7.2.3　充填弯管磨损机理

#### 7.2.3.1　弯管结构形状

当带固体粒子的气流进入弯管,粒子由于惯性以直线冲撞弯管外侧的内壁,大致出现以下两种基本的流动模型:

(1)粒子沿弯管外侧滑动并减速。滑过弯曲部位后,离开内壁再加速通过弯管,如图 7-20所示。

(2)粒子产生反跳而碰撞内侧壁,这种反复冲撞使粒子成锯齿状前进,每次碰撞—反跳均伴随减速然后再加速通过弯管,如图 7-21 所示。

实际上弯管中粒子的流动状态很复杂,往往同时存在以上两种情况,不过根据条件不同,有时偏多于前者,有时偏多于后者。物体表面因外力作用产生逐层(点)分离的现象称为

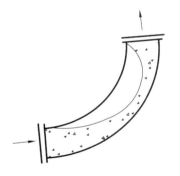

图 7-20 粒子在弯管外侧滑动的流动模型　　　图 7-21 粒子在弯管中跳动的流动模型

磨损,一般认为输送时弯管的磨损主要是由切削、疲劳或发生龟裂引起。对于延性材料容易受到切削磨耗,对于高强度或脆性材料则容易受到疲劳或发生龟裂磨耗。弯管的磨损是一个从出现凹点发展成几条深沟,最后再穿孔的过程。开始阶段磨耗速度较大,随后有所减小。由于弯管中粒子行为的混乱,使得因粒子引起磨损的过程的发生和发展实际很难明确分开,影响的因素包括:被输送物料的料性,弯管的几何形状和所用的材质,粒子速度和对壁面的冲突角度及温度等。通常弯管都是圆形截面,为了提高其耐磨寿命曾经在结构上做了不少改进,出现了非圆形截面结构的弯管,如图 7-22 所示为一些较新的代表型式。

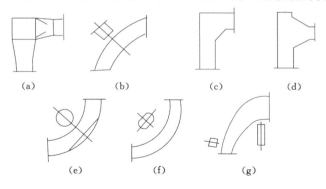

图 7-22 非圆形截面弯管的代表形式

图 7-22 中:

(a)是直角箱体形弯管。由于转弯处截面加大,使物资停滞堆积在箱角处保护了壁面,但压损会增加;同时,为了避免堵塞,选用的流速要大。

(b)是方形截面弯管。外侧壁装有易于更换的耐磨衬板,由于分散冲撞衬板平面,延长了衬板寿命,这种弯管应用很广泛。

(c)使物料黏附和堆积在弯管转角处,可防止内壁受到冲击磨损。开始时因紊乱压损增大,只要能保持物料形成牢固的黏附层即可减轻磨损,但堆积黏附在角落的物料,常常因容易剥落掉而失去作用。

(d)是上一种弯管的改进形式,物料可较牢固地堆积在凹入的角部。

(e)是内部有龙骨状凸起块的弯管。料流向两旁分散而不致于集中撞击管壁中部,由此提高了耐磨寿命。

（f）是将中段做成椭圆形截面，其余仍为圆形截面的弯管。由于中段管截面减小流速增加，使粒子速度随之增大。通过中段后，管截面又逐渐扩大，但粒子因惯性作用而不会很快减慢。

（g）是截面逐渐扩大的矩形弯管。由于通过面积放大，使高速进入的粒子转变为低速，缓慢地改变方向流过。

### 7.2.3.2 弯管角度变化的影响

（1）弯管角度变化的fluent解析

通过15°，30°，45°，60°，75°，90°弯管的角度变化来对弯管内部的压强、流速、剪应力进行建模和分析。根据测试和分析，得到了表7-1所示结果，其中压力为最大压力，而流速为最大压力处的流速，剪应力为最大压力处的剪应力。根据表7-1可以发现，随着角度的减小压力呈现单调递减，流速单调递增，而剪应力没有呈现出明显规律性变化，变化范围也不是很大。图7-23至图7-25是相关的fluent解析图。

表7-1　　　　　　　　　　角度变化后对弯管内部压强、流速和剪应力的影响

| 角度/(°) | 90 | 75 | 60 | 45 | 30 | 15 |
|---|---|---|---|---|---|---|
| 压强/Pa | 2 030 | 1 880 | 1 810 | 1 710 | 1 450 | 1 010 |
| 流速/(m/s) | 1.92 | 2 | 2 | 未收敛 | 2.01 | 2.03 |
| 剪应力/Pa | 5.95 | 6.09 | 5.8 | 6.97 | 5.56 | 6.46 |

如图7-23所示，标准90°弯管所受压强呈层状分布，图中圆圈处为峰值压强，并以此为中心各处压强分布散开，内弯壁处压强最低。图7-24显示弯管速度场分布，折弯部分近外壁处流体流速最低，近内弯壁处流体流速最高。图7-25显示除入口外，整个弯管剪应力呈层状分布，近外弯管壁及出口处剪应力很小，但入口接缝处剪应力较高。

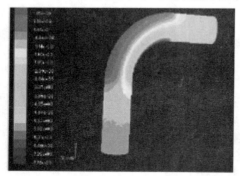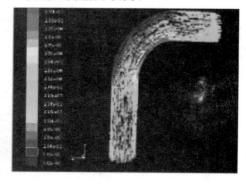

图7-23　标准90°弯管的压强解析图　　　　图7-24　标准90°弯管的流速解析图

比较上述90°弯管压强分布，由图7-26可见，60°弯管的峰值压强有所降低。由图7-27可见，60°弯管相对于90°弯管流体流速分布，外弯管壁处流速略有下降，流速差趋于减小。相对90°弯管的剪应力分布，图7-28显示60°弯管整体剪应力呈上升趋势，但上升幅度不大，依然是从接缝处的峰值剪应力扩散分布。

相对于前面两种情况，由图7-29可见，30°弯管压力分布更加均匀，峰值压强继续降低。由图7-30可以发现，30°弯管的流速分布相对均匀了许多。而图7-31显示30°弯管的剪应力分布呈继续增大趋势，但主要是弯管外弯壁处增加较大，从整体看变化并不是很大。根据

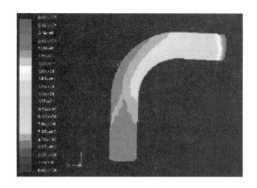

图 7-25　标准 90°弯管的剪应力解析图

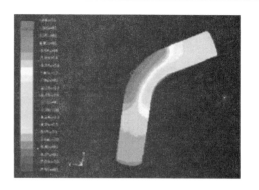

图 7-26　标准 60°弯管的压强解析图

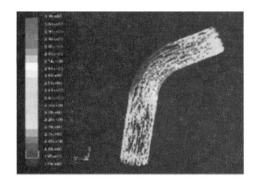

图 7-27　标准 60°弯管的流速解析图

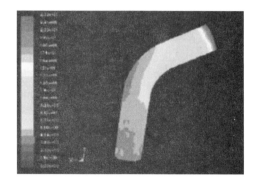

图 7-28　标准 60°弯管的剪应力解析图

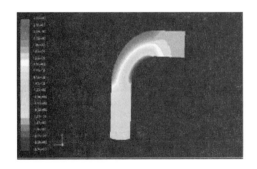

图 7-29　标准 30°弯管的压力解析图

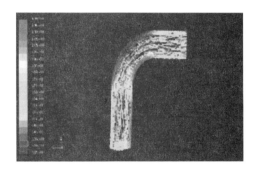

图 7-30　标准 30°弯管的流速解析图

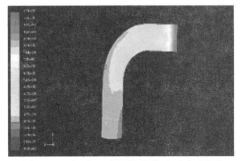

图 7-31　标准 30°弯管的剪应力解析图

15°至90°弯管的变化,分析得出其压强、流速和剪切应力的变化曲线,见图 7-32 至图 7-34。总体来看,随着弯管角度的增大,弯管内部的压强呈上升趋势,最大压强处的速度变化不大,而剪应力变化也不是很明显。

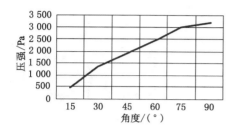

图 7-32　弯管角度变化的压强变化曲线　　　　图 7-33　弯管角度变化的流速变化曲线

根据图 7-35 可见,弯管角度变化后对平均流速的影响不是很大,具体数据如表 7-2 所示。

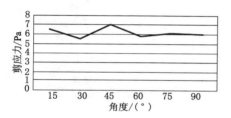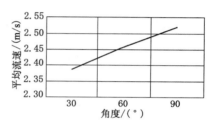

图 7-34　弯管角度变化的剪应力变化曲线　　　　图 7-35　弯管角度变化对平均速度的影响

表 7-2　　　　　　　　　　　弯管平均流速随角度变化的情况

| 角度/(°) | 平均流速/(m/s) |
| --- | --- |
| 30 | 2.39～2.34 |
| 60 | 2.43～2.37 |
| 90 | 2.46～2.40 |

综合上述分析可以判断,采用小角度弯管可在很大程度上减小流体对弯管的冲击力,而且对流速的影响不是很大,几乎可以忽略,即采用小角度可以大大降低弯管所受的应力,而流速和剪应力基本不变。

(2) 弯管角度变化对冲击、冲蚀产生的影响

弯管磨损可分为物料的摩擦磨损和冲击磨损两种方式,理论上这两种磨损方式可以单独存在,但一般情况下是同时出现的。弯管磨损的过程十分复杂,影响因素很多,如物料颗粒的质量、耐磨性质、硬度、尖角、输送速度、冲击角;输送气流速度、料气比、温度和流动状态;输送管的材质及其金属组织的成分、硬度、表面加工情况、内径、形状等。物料对弯管的冲击磨损是指物料颗粒在输送过程中持续冲击弯管内壁面,使其组织产生局部疲劳或裂纹而脱落,从流体力学角度分析,物料颗粒与弯管内壁碰撞后,其能量损失为:

$$\Delta E = mv^2 \qquad (7\text{-}20)$$

式中　$m$——颗粒质量；
　　　$v$——颗粒的输送速度。

物料颗粒与管壁发生碰撞时,产生的应力正于颗粒的能量,即物料颗粒质量和输送速度越大,弯管的磨损就越大,而且弯管冲击磨损的程度与物料颗粒的冲击角有关,如图 7-36 所示。由图 7-36 可知,弯管的冲击磨损主要有三处(A、B、C),分别在 22°、45°、70°~80° 角上,但对于不同材质的弯管,磨损量达到最大时的冲击角不同。冲击角对不同材质的弯管的磨损程度影响如图 7-37 所示。

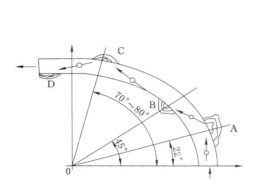

图 7-36　弯管冲击磨损示意图　　　　图 7-37　冲击角对不同材质的弯管的磨损程度影响

从图 7-37 可以看出,对于脆性材料(如玻璃),物料垂直冲击时磨损量最大。弯管的冲击磨损还与物料的输送速度有关,物料粒子的速度越大,对弯管内壁的冲击力越大,则能量损失越严重。冲蚀磨损一般是指流体或固体颗粒以一定的速度和角度对物体表面进行冲击,发生材料损耗的一种现象或过程。在冲蚀磨损中,材料表面出现的破坏主要是机械力引起的,腐蚀是第二位的因素。当固体粒子流冲向表面时,造成短程微切削和塑性变形的坑,在反复塑性变形情况下形成磨损。磨损率取决于粒子的入射角,并且塑性和脆性固体的磨损率按不同曲线变化。对于塑性材料,磨损的变形分量很小,通常在 30° 冲击角时磨损率最大,可以认为峰值附近的机理与磨粒磨损的机理相同。当冲击角接近 90° 时,疲劳机理也许起主要作用,而微切削磨损不是主要的。弯管要接受高速颗粒的正面冲击,受到的摩擦力最集中,很易磨损。冲刷及磨损腐蚀破坏主要位于流体冲刷方向的弯头外侧和靠近弯头的直管端部和变径段,其破坏的管道内壁表面通常呈沟洼状、条纹、麻坑或波纹状,且通常具有方向性。不同大小的 SiC 颗粒在不同冲蚀角时的冲蚀情况如图 7-38 所示。

### 7.2.3.3　弯管曲率半径变化的影响

弯管压力降受其曲率半径大小的影响,弯管曲率半径越大,就越接近于直管,其压力降越小。但是因为弯管曲率半径越大,物料的冲击点越多,能量消耗加大,物料颗粒沿弯管内壁滑动时对弯管的磨损反而越大。综合考虑这两个因素的影响,为了减少弯管的压力降和磨损,在弯管设计时 $R/r$ 应介于 2~3 之间($R$ 为管的曲率半径,$r$ 为弯管直径)。分别对曲率半径为 240 mm、300 mm 和 360 mm 的弯管进行了比较,具体情况如表 7-3 所示。

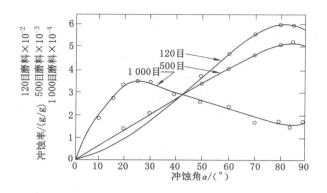

图 7-38　不同大小的 SiC 颗粒在不同冲蚀角时的冲蚀情况

表 7-3　　　　　　　　　　　　不同曲率半径下压强、流速和剪应力表

| 曲率半径/mm | 240 | 300 | 360 |
|---|---|---|---|
| 压强/Pa | 1 950 | 1 370 | 578 |
| 流速/(m/s) | 2.1 | 2.36 | 2.64 |
| 剪应力/Pa | 5.06 | 5.98 | 6.85 |

图 7-39 至图 7-41 分别为曲率半径为 240 mm 时弯管的压强、流速和剪应力解析图。随着弯管曲率半径的增大，峰值压强大大减小，压力分布逐渐趋于均匀。流速随着曲率半径的增大而逐渐增大，说明流体更容易通过曲率半径较大的管道，所以要达到原来的设计流量，只需要较小的压强就可满足要求。在剪应力方面，它的变化仍旧不大，说明改变弯管曲率半径对剪应力分布影响不大。综合以上分析可知，适当提高弯管的曲率半径，可以使弯管的内部压力分布趋于均匀，并减少流体通过弯管过程中的压强损失，同时满足将流速和剪应力控制在较小的变化范围内。

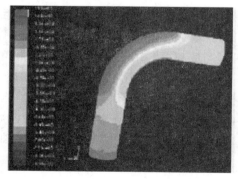
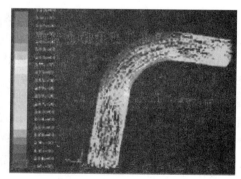

图 7-39　曲率半径为 240 mm 时弯管的压强解析图　　图 7-40　曲率半径为 240 mm 时弯管的流速解析图

#### 7.2.3.4　弯管直径变化的影响

通过图 7-42 和图 7-43 可见，压强的峰值上移且其区域明显减小，说明压力分布随管径增大有了明显改善，趋于均匀减小。剪应力始终变化不大，故在此不列出。流体各处流速有了显著减小，说明这样的设计在保证原设计流量的情况下可大大减小弯管部分的流体速度

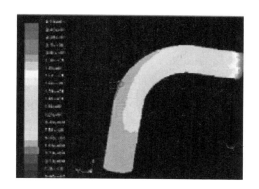

图 7-41  曲率半径为 240 mm 时弯管的剪应力解析图

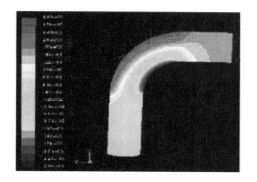

图 7-42  直径 144 mm 弯管的压强解析图

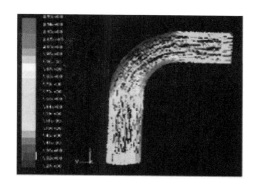

图 7-43  直径 144 mm 弯管的流速解析图

（平均速度从 2.5 m/s 减小到 1.7 m/s），从而减小流体对弯管内壁的磨损。

由此可知，通过增大弯管的直径可以大大降低流速（保证原流量的情况下），但是这样的设计会多出一个变径段，即直管直径从 124 mm 突然变到 144 mm，这样的变径段会带来很大的应力集中形成新的破损点，所以需要在直管末端用比较平滑的锥度来进行缓冲。如图 7-44 为弯管设计了锥度为 1∶100 的直管，通过该设计来缓冲变径段的应力集中问题，这样的设计可以获得较好的效果，但需要较高的生产工艺要求。

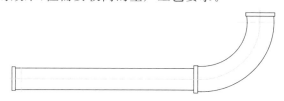

图 7-44  直径为 219 mm 曲率半径为 360 mm 的弯管安装设计示意图

#### 7.2.3.5  弯管组合

图 7-45 是正常组合弯管末端管系示意图。根据末端弯管及接合处易坏的法兰的实际组合状况进行分析和改进设计，期望获得成本低、改动少、见效快的设计方案。

图 7-45  末端管系示意图

（1）1-2 段组合弯管分析

图 7-46 至图 7-48 是组合弯管 1-2 段压强、流速、剪应力解析图。通过对大量磨损件受损情况研究表明,这是最易磨损的一段弯管,而且破损处多发生在第二段弯管。从图中所示的压强、流速、剪应力的变化情况可以看出,压强在入口处较大,这与实际相符,而平均流速较单个 90°管有较大幅度降低,剪应力在整个流动过程中变化不大。通过对上述模拟结果的分析,可对组合弯管进行改进设计。

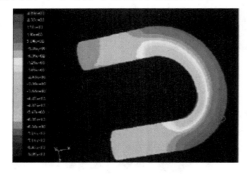

图 7-46　组合弯管 1-2 段压强解析图

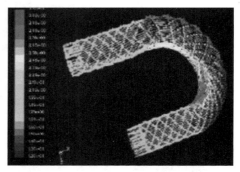

图 7-47　组合弯管 1-2 段流速解析图

（2）3-4 段组合弯管分析

图 7-49 至图 7-51 是组合弯管 3-4 段压强、流速、剪应力解析图。压强峰值较 1-2 段弯管有了很大的减小,平均流速较单个 90°管变化不明显,剪应力也变化不大,所以可不进行弯管结构的改进设计。

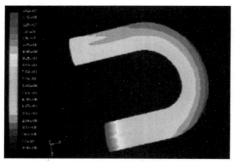

图 7-48　组合弯管 1-2 段剪应力解析图

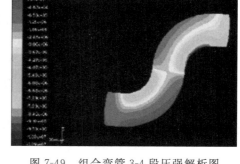

图 7-49　组合弯管 3-4 段压强解析图

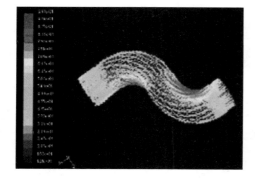

图 7-50　组合弯管 3-4 段流速解析图

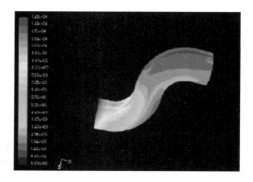

图 7-51　组合弯管 3-4 段剪应力解析图

# 7.3　管道磨损因素的 AHP 定量化分析

## 7.3.1　影响因素

国内外凡采用胶结充填的矿山,除混凝土充填外均采用管道输送固体物料,因此都不同程度地感受到管道磨损消耗及对生产影响的严重性,因此降低管道磨损的技术措施值得关注。在生产实践中,各个矿山根据自己的实际经验,总结出了不少降低管道磨损的具体措施,起到了良好的效果,保证了矿山正常、稳定的生产。以往管道充填的生产实践表明了管道磨损消耗的严重性,综合管道磨损的各种原因,大致包括以下内容:

### 7.3.1.1　充填料浆

管道磨损是由输送充填料浆引起,因此必然与充填料浆有关。首先,管道的磨损速度随充填料浆输送浓度的提高而增大,这点主要表现在水平管的磨损上;其次,管道磨损随骨料刚度及粒度的增大而增强,如输送刚度和粒度较大的棒磨砂料浆要比尾砂充填料浆对管道的磨损速率高,这种磨损贯穿于输送管道的全线;再次,管道磨损随充填骨料的颗粒形状的不规则而呈现增长趋势,如棱角尖锐的棒磨砂比外形光滑的圆球形河沙对管道的磨损严重;最后,管道的磨蚀随充填料浆的腐蚀性增大而增强。实践证明,充填管的破坏不仅是因为磨损而消耗,还有一个充填料浆对管道的腐蚀破坏作用,管道的腐蚀主要取决于浆体的 pH 与溶解氧含量的大小。在 pH 小于 4 时腐蚀急剧增加,而充填浆体一般呈碱性,所以酸性腐蚀不存在。浆体中溶解氧增大腐蚀也增强,但是溶解氧过剩,反而会使钢的表面钝化,抑制腐蚀反应。然而浆体输送中由于存在严重的摩擦作用,溶解氧生成的钝化表面很快会被磨掉,使氧化速度增加、腐蚀速度增大。因此,浆体输送过程中管道的损耗是磨损和腐蚀共同作用的结果。

### 7.3.1.2　管道因素

在充填材料相同的条件下,管道磨损与所选管道的材质密切相关,关于不同材料的管道的磨损情况将在后面介绍,通常情况下高质量管道的使用寿命是普通钢管的数倍或数十倍;管道的寿命还与管壁厚度有关,管壁越厚,使用寿命越长;管道的磨损率也与管道直径密切相关,矿山的生产实际表明,在垂直下落(自由落体)输送系统中,管道的磨损率随管道直径的增大而减小,垂直钻孔的使用寿命由长到短依管道直径顺序排序为:$\phi245\ mm$、$\phi219\ mm$、$\phi179\ mm$。分析原因主要是矿山使用的是自由下落输送系统,管径的变化区间不致于引起自由下落带的高度发生很大变化,此时管径的增大会使浆体在垂直下落时相对减轻料浆对管壁的直接冲击摩擦,因此有助于延长管道的使用寿命,但是如果将垂直管道的直径进一步减小,如将垂直管道的直径减小到 10 mm 左右,此时料浆在垂直管道中的阻力损失会急剧增加,导致自由下落带的高度减小,系统接近满管输送状态,管道的磨损率必然会大。管道的磨损率还与管道的敷设状况有关,如倾斜管的磨损大于水平管,弯管段比直管段磨损更为突出。如在弯管段,料浆流向发生急剧改变,料浆对管道的法向冲击力非常大,管壁穿孔现象十分严重;管道的磨损率还与垂直管道安装的垂直度和同心度有关,管道安装的垂直度和同心度越差,磨损率越高。如图 7-52 所示为不同管径对水力坡度的影响,如图 7-53 所示为不同材质对水力坡度的影响。管径对水力坡度影响较大,随着管径增大,其水力坡度会减小,这是因为在单位时间内流量相同的情况下料浆与大管径管壁的接触面积小于小管径,因而水力坡度也随着减小。

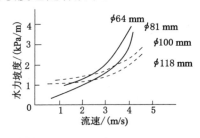

图 7-52　不同管径对水力坡度的影响

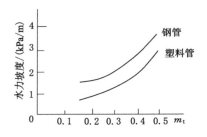

图 7-53　不同材质对水力坡度的影响

#### 7.3.1.3　充填倍线

充填倍线也是影响管道磨损的重要因素,充填倍线越小则垂直管道中自由落体区域的高度越大,料浆对管道的冲击力也越大,磨损越严重;同时,料浆在管道中的流速增大,导致磨损率增加;充填倍线减小还会增大管道的压力,导致磨损率提高;最后,减小充填倍线还会使料浆出口剩余压力过大,管道震动剧烈,损坏严重。

#### 7.3.1.4　钻孔内充填管道的安装质量

钻孔内管道的磨损率与管道的安装质量密切相关。衡量钻孔管道的安装质量的重要指标是管道的偏斜率,偏斜率大的钻孔管道安装时偏斜率也大,在使用中易磨损,使用寿命短,通过的充填量小。在孔深与孔径相同的情况下,同组报废钻孔的累计充填量随偏斜率的增大而减小。垂直管道安装的垂直度和同心度对管道的磨损也有较大的影响。实践表明,管道安装的垂直度和同心度越差,磨损率越高。

#### 7.3.1.5　钻孔级数

分级设计钻孔能减少钻孔深度,虽然在充填管道管径、材质、偏斜率、充填倍线等因素相同时,钻孔深度的大小对管道的磨损影响不大,但是深度小的钻孔能更好地控制施工质量和确保管道的安装质量,从而间接地延长了管道的使用寿命。

#### 7.3.1.6　其他因素

随着开采的井深增大,钻孔和管道的磨损除了与以上因素有关外,还与系统有关,如垂直管道高度过大引起管道承压过大等,因此有必要对管道磨损的主要因素进行定量和全面的分析。

### 7.3.2　充填管道磨损因素的 AHP 定量化分析

#### 7.3.2.1　AHP 层次分析法简介

层次分析法是一种定性和定量相结合的、系统化的、层次化的分析方法。它是美国匹兹堡大学运筹学家 T. L. Saaty 于 20 世纪 70 年代中期提出的一种多层次权重分析决策方法。该方法自 1982 年被介绍到我国来,以其定性与定量相结合地处理各种决策因素的特点以及系统灵活简洁的特点,迅速地在我国多个领域,如能源系统、城市规划、经济管理、科学评价等,得到了广泛的重视和应用。AHP 法的基本原理是把研究的问题看作一个大系统,通过对系统的多因素分析,划出各因素之间相互联系的有序层次,请专家对每一层次的各因素进行客观的判断后,相应地给出重要性的定量表示进而建立数学模型,计算出每一层次全部因素的相对重要性的权值并加以排序,最后根据排序结果进行规划决策和选择解决问题的对策。

#### 7.3.2.2 AHP 定量化分析模型

借助于 AHP 层次分析法定量分析影响钻孔磨损的因素,可以找出影响钻孔磨损的主要和次要因素,从而更好地控制钻孔施工质量和充填工艺及参数等。定量化因果分析方法的步骤如下:

(1)建立定量化因果分析的指标体系

根据工程质量管理体系的主要因素,建立递阶层次结构体系:目标层、准则层和方案层(图 7-54)。

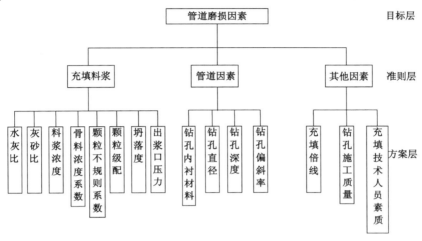

图 7-54 定量化因果分析的指标体系

(2)构造成对比较矩阵

对 $n$ 个影响因素,$X = \{X_1, X_2, \cdots, X_n\}$,比较它们对上一层某一准则(或目标)的影响程度,确定在该层中相对于某一准则所占的比重(即把 $n$ 个因素对上层某一目标的影响排序)。上述比较时两两因素之间进行比较,比较时取 $1 \sim 9$ 尺度。写出比较矩阵 $\boldsymbol{A}$ 为:

$$\boldsymbol{A} = (a_{ij})_{n \times n} = \begin{bmatrix} a_{11} & a_{12} & \cdots & a_{1n} \\ a_{21} & a_{22} & \cdots & a_{2n} \\ \vdots & \vdots & & \vdots \\ a_{n1} & a_{n2} & \cdots & a_{nn} \end{bmatrix}$$

其中:$a_{ij} = \dfrac{1}{a_{ji}}$,比较尺度的含义如表 7-4 所示。

表 7-4　　　　　　　　　　　　　　比较尺度表

| 标度 | 含　　义 |
| --- | --- |
| 1 | 因素 $i$ 与因素 $j$ 相同重要 |
| 3 | 因素 $i$ 比因素 $j$ 稍重要 |
| 5 | 因素 $i$ 比因素 $j$ 较重要 |
| 7 | 因素 $i$ 比因素 $j$ 非常重要 |
| 9 | 因素 $i$ 比因素 $j$ 绝对重要 |
| 2、4、6、8 | 因素 $i$ 与因素 $j$ 的重要性的比较价值介于上述两个相邻等级之间 |

由上述定义知,成对比较矩阵 $A = (a_{ij})_{n \times n}$ 满足以下性质:

$$a_{ij} > 0, a_{ij} = 1/a_{ji}, a_{ii} = 1$$

（3）计算各层次因素的权重

根据判断矩阵提供的信息,可以用幂法求解得到任意精度的最大特征值和特征向量,特征向量代表该层次各因素对上一层次某因素影响大小的权重,但是实际应用层次法分析时并不需要很高的精度,因为判断矩阵本身就存在一定的误差,而应用层次分析法求得某层次中各因素的权重,从本质上就代表某种定性的概念,所以可用更为简洁的近似求解法,如和法、根法和幂法,它们的精度完全可以满足实际应用的要求,可按以下步骤利用和法求最大特征值和对应特征向量。

① 将矩阵 $A = (a_{ij})_{n \times n}$ 的每一列向量归一化得:

$$W_{ij} = \frac{a_{ij}}{\sum_{i=1}^{n} a_{ij}} \tag{7-21}$$

② 对 $W_{ij}$ 按行求和得:

$$W_i = \sum_{j=1}^{n} W_{ij} \tag{7-22}$$

③ 将 $W_i$ 归一化得:

$$W_j = \frac{W_i}{\sum_{i=1}^{n} W_i} \tag{7-23}$$

④ 计算特征向量对应的最大特征根 $\lambda_{max}$ 的近似值:

$$\lambda_{max} = \frac{1}{n} \sum_{i=1}^{n} \frac{(AW)_i}{W_i} \tag{7-24}$$

此方法实际上是将 $A$ 的列向量归一化后取平均值作为 $A$ 的特征向量,因为当 $A$ 为一致性矩阵时,它的每一列向量都是特征向量 $A$,所以在 $A$ 的不一致性不严重时,取 $A$ 的列向量的平均值作为近似特征向量是合理的。

（4）一致性检验

① 一致性检验指标 $CI$ 的确定

当人们对复杂事件的各因素采用两两比较时,所得到的主观判断矩阵 $A$ 一般不可直接保证正互反矩阵 $A$ 就是一致正互反矩阵 $A$,因而存在误差。

定义一致性指标:

$$CI = \frac{\lambda - n}{n - 1}$$

② 查找相应的一致性检验指标 $RI$

对 $n = 1, 2, \cdots, 11$,Satty 给出了 $RI$ 的值,如表 7-5 所示。

表 7-5　　　　　　　　　　　　　　随机一致性指标 $RI$ 的数值

| $n$ | 1 | 2 | 3 | 4 | 5 | 6 |
|---|---|---|---|---|---|---|
| $RI$ | 0 | 0 | 0.58 | 0.90 | 1.12 | 1.24 |
| $n$ | 7 | 8 | 9 | 10 | 11 | |
| $RI$ | 1.32 | 1.41 | 1.45 | 1.49 | 1.51 | |

$RI$ 的值是这样得到的,用随机方法构造 500 个样本矩阵:随机从 1～9 及其倒数中抽取数字构造正互反矩阵,求得最大特征根的平均值 $\lambda_{max}'$ 并定义:

$$RI = \frac{\lambda_{max}' - n}{n - 1} \tag{7-25}$$

③ 一致性检验指标——一致性比率 $CR$

由随机性检验指标 $RI$ 可知:

当 $n=1$、$2$ 时,$RI=0$,这是因为 1、2 阶正互反阵总是一致阵。

对于 $n \geqslant 3$ 的成对比较阵 $\boldsymbol{A}$,将它的一致性指标 $CI$ 与同阶的随机一致性指标 $RI$ 之比称为一致性比率,简称一致性指标,即:

$$CR = \frac{CI}{RI}$$

当上式 $CR = \dfrac{CI}{RI} < 0$ 时,认为主观判断矩阵 $\overline{\boldsymbol{A}}$ 的不一致程度在容许范围内,可用其特征向量作为权向量,否则对主观判断矩阵 $\overline{\boldsymbol{A}}$ 将重新进行成对比较,构成新的主观判断矩阵 $\overline{\boldsymbol{A}}$。

④ 计算总排序权向量并做一致性检验

计算最下层对最上层的总排序的权向量,利用总排序一致性比率:

$$CR = \frac{a_1 CI_1 + \cdots + a_n CI_n}{a_1 RI_1 + \cdots + a_n RI_n} \tag{7-26}$$

进行检验,若 $CR < 0.1$ 通过则可按照总排序权重向量的表示结果进行决策,否则需要重新考虑模型或重新构造那些一致性比率 $CR$ 较大的成对比较矩阵。

## 7.4  管道磨损室内试验

由于影响管道磨损程度的因素众多,例如矸石膏体粗细骨料的配比、浓度、粒径、硬度、不规则度、pH 值、流速、管径、壁厚、坡度、材质、安装中心对准度等,但主要影响因素包括矸石膏体粗细骨料的配比、流速、管道管径、管道材质等,利用控制变量法逐一分析各变量对管道磨损程度的影响机制,从而制定降低矸石膏体充填管道磨损的措施及控制技术。

目前,矿井充填管道磨损试验装置主要有充填环管模拟试验装置(图 7-55)和威尔塔斯兰的金矿的英美试验使用的滚筒机(图 7-56),充填环管模拟试验装置有设备多,需要充填管道长,充填管道安装要求高,需要充填材料多,设备庞大,换料困难的问题。威尔塔斯兰的金矿的英美试验使用的滚筒机为使料浆不随充填管一起旋转,滚筒转速不能过大,一般不超过 0.8 m/s,只能模拟不同材料对管道的磨损,不能模拟管道磨损与料浆输送速度的关系。为此,课题组设计了一种能综合考察磨损率与管道材质、料浆类型、料浆流速等关系的实验设备。

### 7.4.1  设备介绍

矸石膏体充填管道磨损模拟实验台由实验机框架系统、变速动力加载系统和磨损控制工作系统组成。工作原理是使电机旋转带动管道内部的中心轴转动,在轴上装有可调节长度的叶片,通过螺栓紧固在中心轴上可以控制叶片跟不同直径管道的距离,在管道上下方都安装有密闭垫圈,通过上方的螺栓将管道内浆体密闭在管内。通过电机旋转带动中心轴

(a)　　　　　　　　　　　　　(b)

图 7-55　充填环管模拟试验系统

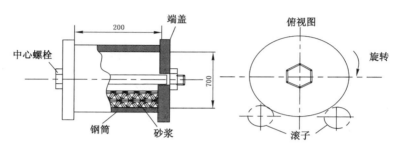

图 7-56　充填环管模拟试验装置

上的叶片转动,从而使浆体跟着旋转,通过调节转速使外围浆体转速跟充填管道内流速一致。在实验机框架下方安装有调节转速跟转向的调节装置。实验台原理及设计如图 7-57 和图 7-58 所示。

图 7-57　矸石膏体充填管道磨损模拟实验台

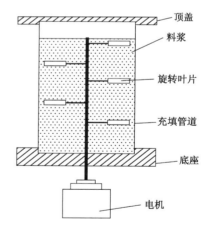

图 7-58　矸石膏体充填管道磨损模拟实验机

## 7.4.2　实验方法和步骤

### 7.4.2.1　实验方法

根据影响管道磨损的主要因素,利用控制变量法对各因素单独进行变量控制分析,每次磨损时长设定为 5 d,实验过程中为保证料浆的材料性能稳定,对充填料浆进行定期更换,以保证模拟的真实性,经实验实际观测料浆至少应 1 d 更换一次。

（1）根据充填材料粗骨料与细集料所占的不同比例，分为水∶水泥∶矸石∶粉煤灰∶石子，控制其他变量不变，对管道进行磨损实验如表7-6所示。

表 7-6  矸石充填材料配比

| 分　组 | 水 | 水泥 | 矸石 | 粉煤灰 | 石子 |
|---|---|---|---|---|---|
| 第一组（A） | 700 | 110 | 800 | 990 | 200 |
| 第二组（B） | 733 | 120 | 800 | 1 080 | 200 |
| 第三组（C） | 985 | 130 | 800 | 1 170 | 200 |

（2）根据管道磨损模拟实验系统的充填料浆流速不同分为 0.5 m/s、1.5 m/s 和 2.5 m/s 三个实验组，控制其他变量不变对管道进行磨损实验。

（3）根据管径不同分为 179 mm、219 mm 和 245 mm 三个实验组，控制其他变量不变，对管道进行磨损实验。

（4）根据充填管道材质不同分为普通无缝钢管、陶瓷耐磨钢管和水泥管，控制其他变量不变，对管道进行磨损实验。

### 7.4.2.2　实验步骤

（1）将所需要的水、粉煤灰和矸石、石子、水泥准备充足，将无缝钢管、水泥管、陶瓷管道截割成高度 450 mm 的管道若干。实验管道如图 7-59 所示。

（a）　　　　　　　　　　　　　　（b）

图 7-59　实验用管道

（a）陶瓷耐磨管；（b）普通无缝钢管

（2）分别使用 φ219 mm 的无缝钢管、水泥管、陶瓷管道进行实验。

（3）将水、粉煤灰和已破碎好的煤矸石、石子、水泥按照表 7-6 配比方法配制成充填膏体，每种配比方法实验 30 d，每天更新一次充填料浆，5 d 后对管道磨损情况进行测量，测量管道壁厚和重量的变化。充填管道磨损实验如图 7-60 所示。

（4）控制电机转速，使管道浆体最外侧的料浆流速分别为 0.5 m/s、1.5 m/s 和 2.5 m/s 进行实验，其他因素控制不变实验方法同上，5 d 后对管道磨损情况进行测量。

### 7.4.3　实验数据整理与分析

根据实验方法与步骤，充填管道磨损实验自 2013 年 12 月份开始，对不同管道材质、不同料浆配比、不同管道直径和不同料浆流动速度分别进行了实验，按实验要求每天对料浆进行一次更换以减少料浆因磨损而改变粗细骨料的配比。每隔 2 d 充填一班（8 h），每隔 5 d

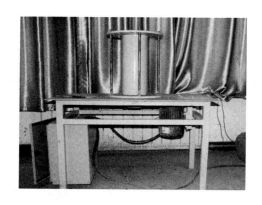

图 7-60　充填管道磨损实验

对管道进行一次称量,模拟一个月的管道磨损,每组试验进行 30 d,相当于煤矿半年的管道磨损量。

(1) 不同材质管道磨损

通过实验(表 7-7、表 7-8 和图 7-61、图 7-62)可以看出不同材料管道磨损量不同,水泥管道磨损质量减少最快,不耐磨,无缝钢管耐磨程度一般而且价格适中,陶瓷管道耐磨性最强,但是成本较高,因此选择无缝钢管最合适。

表 7-7　　　　　　　　　　　　不同材质管道磨损表

| 因　素 | 1 | 2 | 3 | 4 | 5 | 6 | 7 |
|---|---|---|---|---|---|---|---|
| $\phi$219 水泥管 | 6.38 | 6.00 | 5.59 | 5.14 | 4.67 | 4.18 | 3.65 |
| $\phi$219 陶瓷管 | 6.45 | 6.39 | 6.33 | 6.26 | 6.18 | 6.1 | 6.01 |
| $\phi$219 无缝钢管 | 16.18 | 15.98 | 15.75 | 15.48 | 15.18 | 14.86 | 14.53 |

表 7-8　　　　　　　　　　　不同材质管道磨损减少量影响

| 因　素 | 1 | 2 | 3 | 4 | 5 | 6 |
|---|---|---|---|---|---|---|
| $\phi$219 水泥管 | 0.38 | 0.41 | 0.45 | 0.47 | 0.45 | 0.43 |
| $\phi$219 陶瓷管 | 0.06 | 0.06 | 0.07 | 0.08 | 0.08 | 0.09 |
| $\phi$219 无缝钢管 | 0.20 | 0.23 | 0.27 | 0.30 | 0.32 | 0.33 |

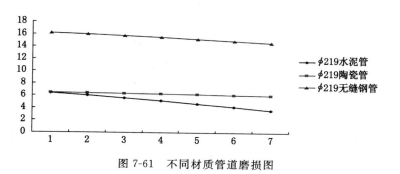

图 7-61　不同材质管道磨损图

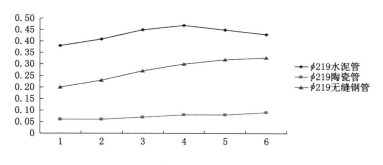

图 7-62　不同材质管道磨损减少量图

（2）普通无缝钢管磨损分析

① 不同料浆类型对无缝钢管磨损

通过对不同充填料浆类型的分析（表 7-9、表 7-10 和图 7-63、图 7-64）可以看出，当料浆含水量在 30% 左右时，管道磨损减少质量最小，因此在以后的料浆配比中应控制料浆含水量在 30% 左右，这样可以减少料浆对管道的磨损。

表 7-9　　　　　　　　　　　　　　　　不同料浆类型导致无缝钢管磨损量

| 因　素 | 1 | 2 | 3 | 4 | 5 | 6 | 7 |
|---|---|---|---|---|---|---|---|
| A | 15.98 | 15.74 | 15.41 | 15.10 | 14.76 | 14.34 | 13.99 |
| B | 16.18 | 15.98 | 15.75 | 15.48 | 15.18 | 14.86 | 14.53 |
| C | 16.21 | 16.12 | 15.99 | 15.86 | 15.72 | 15.54 | 15.35 |

表 7-10　　　　　　　　　　　　　　　不同料浆类型导致无缝钢管磨损减少量

| 因　素 | 1 | 2 | 3 | 4 | 5 | 6 |
|---|---|---|---|---|---|---|
| A | 0.24 | 0.33 | 0.31 | 0.34 | 0.32 | 0.36 |
| B | 0.20 | 0.23 | 0.27 | 0.30 | 0.32 | 0.33 |
| C | 0.09 | 0.13 | 0.13 | 0.14 | 0.18 | 0.19 |

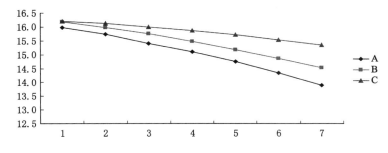

图 7-63　不同料浆类型影响磨损曲线图

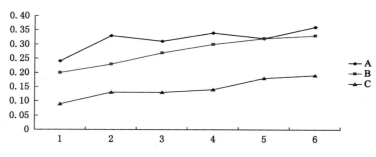

图 7-64　不同料浆类型影响磨损减少量曲线图

② 不同浆体流速对无缝钢管磨损

通过控制实验机转动的速度来模拟管道中浆体的流动速度。调节电机转速,使管道内最靠近管道内侧的浆体流速分别为 0.5 m/s、1.5 m/s、2.5 m/s。从图 7-65、图 7-66 和表 7-11、表 7-12 可以看出,当浆体流速在 1.5 m/s 时对管道的磨损量最小并且能保证料浆不会在管道内沉积而造成管道堵塞,因此应该控制料浆流速在 1.5 m/s。

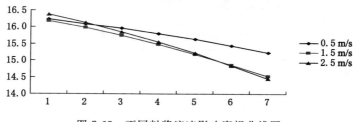

图 7-65　不同料浆流速影响磨损曲线图

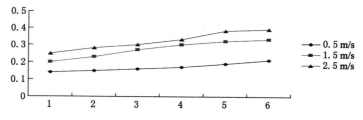

图 7-66　不同料浆流速影响管道磨损减少量曲线图

**表 7-11**　　　　　　　　　　　　不同浆体流速对无缝钢管磨损影响

| 流速/(m/s) | 1 | 2 | 3 | 4 | 5 | 6 | 7 |
|---|---|---|---|---|---|---|---|
| 0.5 | 16.23 | 16.09 | 15.96 | 15.8 | 15.63 | 15.44 | 15.23 |
| 1.5 | 16.18 | 15.98 | 15.75 | 15.48 | 15.18 | 14.86 | 14.53 |
| 2.5 | 16.38 | 16.13 | 15.85 | 15.55 | 15.22 | 14.84 | 14.45 |

**表 7-12**　　　　　　　　　　　　不同浆体流速对无缝钢管磨损减少量影响

| 流速/(m/s) | 1 | 2 | 3 | 4 | 5 | 6 |
|---|---|---|---|---|---|---|
| 0.5 | 0.14 | 0.15 | 0.16 | 0.17 | 0.19 | 0.21 |
| 1.5 | 0.20 | 0.23 | 0.27 | 0.30 | 0.32 | 0.33 |
| 2.5 | 0.25 | 0.28 | 0.30 | 0.33 | 0.38 | 0.39 |

③ 不同管道内径对无缝钢管磨损

现控制管道内径为变量,取料浆 A 在转速 1.5 m/s 使用无缝钢管作为磨损管道,控制管道内径分别为 175 mm、219 mm、245 mm。

通过对图 7-67、图 7-68 和表 7-13、表 7-14 进行分析可以看出,随着充填管道直径的增大,管道磨损的质量变化量逐渐减少,因此可以选择较粗的管道来进行管道充填。但是,由于随着管道直径的增加,管道成本也在逐渐增加,因此选择 $\phi$219 mm 的充填管道最合适。

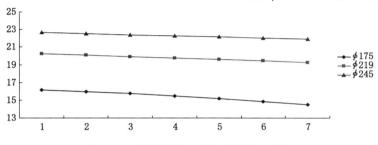

图 7-67　不同管道内径影响磨损曲线图

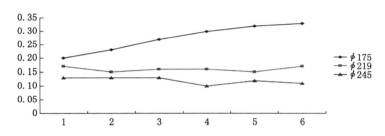

图 7-68　不同管道内径影响管道磨损减少量曲线图

表 7-13　　　　　　　　　　　不同管道内径对无缝钢管磨损影响

| 管道内径/mm | 1 | 2 | 3 | 4 | 5 | 6 | 7 |
|---|---|---|---|---|---|---|---|
| 175 | 16.18 | 15.98 | 15.75 | 15.48 | 15.18 | 14.86 | 14.53 |
| 219 | 20.24 | 20.07 | 19.92 | 19.76 | 19.60 | 19.45 | 19.28 |
| 245 | 22.65 | 22.52 | 22.39 | 22.26 | 22.16 | 22.04 | 21.93 |

表 7-14　　　　　　　　　　不同管道内径对无缝钢管磨损减少量影响

| 管道内径/mm | 1 | 2 | 3 | 4 | 5 | 6 |
|---|---|---|---|---|---|---|
| 175 | 0.20 | 0.23 | 0.27 | 0.30 | 0.32 | 0.33 |
| 219 | 0.17 | 0.15 | 0.16 | 0.16 | 0.15 | 0.17 |
| 245 | 0.13 | 0.13 | 0.13 | 0.10 | 0.12 | 0.11 |

（3）水泥管道磨损分析

① 不同流速对水泥管道磨损

使用 $\phi$219 mm 的水泥管道,配合使用 B 种充填料浆进行不同流速对管道磨损的影响分析。通过对图 7-69、图 7-70 和表 7-15、表 7-16 分析可以得出,水泥管道不同流速对管道磨损的情况较无缝钢管条件下质量减少明显较大,这是因为水泥管道耐磨性不如无缝钢管。另外,随着充填料浆流速的增大,管道质量减少量增大,因此选择 1.5 m/s 流速进行充填效果最好。

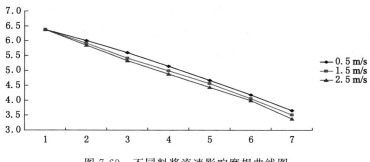

图 7-69　不同料浆流速影响磨损曲线图

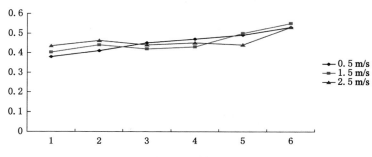

图 7-70　不同料浆流速影响管道磨损减少量曲线图

表 7-15　　　　　　　　　　　　　不同浆体流速对管道磨损影响

| 流速/(m/s) | 1 | 2 | 3 | 4 | 5 | 6 | 7 |
|---|---|---|---|---|---|---|---|
| 0.5 | 6.38 | 6 | 5.59 | 5.14 | 4.67 | 4.18 | 3.65 |
| 1.5 | 6.39 | 5.91 | 5.41 | 4.99 | 4.56 | 4.06 | 3.51 |
| 2.5 | 6.37 | 5.84 | 5.32 | 4.88 | 4.43 | 3.99 | 3.38 |

表 7-16　　　　　　　　　　　　不同浆体流速对管道磨损减少量影响

| 流速/(m/s) | 1 | 2 | 3 | 4 | 5 | 6 |
|---|---|---|---|---|---|---|
| 0.5 | 0.38 | 0.41 | 0.45 | 0.47 | 0.49 | 0.53 |
| 1.5 | 0.40 | 0.50 | 0.42 | 0.43 | 0.50 | 0.55 |
| 2.5 | 0.43 | 0.52 | 0.44 | 0.45 | 0.44 | 0.53 |

② 不同料浆类型对水泥管道磨损

通过对图 7-71、图 7-72 和表 7-17、表 7-18 的分析可以看出,水泥管道的磨损量较无缝钢管磨损量大,另外通过对料浆 A、B、C 进行分析可知料浆 C 的质量减少量最大,B 的减少量次之,A 的减少量最少,因此在以后的充填中应该选择 A 类型的料浆。

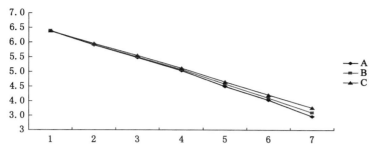

图 7-71  不同料浆类型影响磨损曲线图

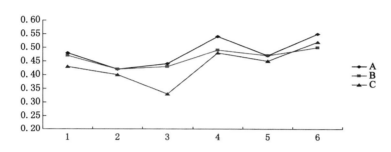

图 7-72  不同料浆类型影响管道磨损减少量曲线图

表 7-17  不同料浆类型对管道磨损影响

| 料浆类型 | 1 | 2 | 3 | 4 | 5 | 6 | 7 |
|---|---|---|---|---|---|---|---|
| A | 6.38 | 5.90 | 5.48 | 5.04 | 4.50 | 4.03 | 3.48 |
| B | 6.39 | 5.92 | 5.50 | 5.07 | 4.58 | 4.11 | 3.61 |
| C | 6.38 | 5.95 | 5.55 | 5.12 | 4.66 | 4.21 | 3.77 |

表 7-18  不同料浆类型对管道磨损减少量影响

| 料浆类型 | 1 | 2 | 3 | 4 | 5 | 6 |
|---|---|---|---|---|---|---|
| A | 0.48 | 0.42 | 0.44 | 0.54 | 0.47 | 0.55 |
| B | 0.47 | 0.42 | 0.43 | 0.49 | 0.47 | 0.50 |
| C | 0.43 | 0.40 | 0.33 | 0.48 | 0.45 | 0.52 |

③ 不同管道直径对水泥管道磨损

使用 B 类型的充填料浆,1.5 m/s 流速的水泥管道进行不同料浆管道直径对管道磨损的影响分析。

通过对图 7-73、图 7-74 和表 7-19、表 7-20 的分析可以看出,水泥管道的磨损量较无缝钢管多。随着管道直径的增加,管道质量逐渐减少,因此在之后的充填中应该选择较粗的管道;但是由于随着管道直径的增大,管道成本也在增加,所以选择 $\phi$219 mm 的管道是最经济合适的。

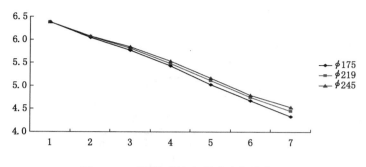

图 7-73　不同管道直径影响磨损曲线图

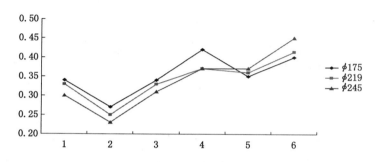

图 7-74　不同管道直径影响管道磨损减少量曲线图

**表 7-19　　　　　　　　不同管道直径对管道磨损影响**

| 管道内径/mm | 1 | 2 | 3 | 4 | 5 | 6 | 7 |
|---|---|---|---|---|---|---|---|
| 175 | 6.38 | 6.04 | 5.77 | 5.43 | 5.02 | 4.67 | 4.33 |
| 219 | 6.39 | 6.06 | 5.81 | 5.48 | 5.11 | 4.75 | 4.45 |
| 245 | 6.37 | 6.07 | 5.84 | 5.53 | 5.16 | 4.79 | 4.53 |

**表 7-20　　　　　　不同管道直径对管道磨损减少量影响**

| 管道内径/mm | 1 | 2 | 3 | 4 | 5 | 6 |
|---|---|---|---|---|---|---|
| 175 | 0.34 | 0.27 | 0.34 | 0.42 | 0.35 | 0.39 |
| 219 | 0.33 | 0.25 | 0.33 | 0.37 | 0.36 | 0.42 |
| 245 | 0.30 | 0.23 | 0.31 | 0.37 | 0.37 | 0.45 |

（4）陶瓷管道磨损分析

① 不同流速对陶瓷管道磨损

使用 B 类型的充填料浆，以 $\phi 219$ mm 的陶瓷管道进行不同料浆流速对管道磨损的影响分析。通过对图 7-75、图 7-76 和表 7-21、表 7-22 分析可以得出，陶瓷管道不同流速对管道磨损的情况较无缝钢管条件下质量减少明显较小，这是因为无缝钢管耐磨性不如陶瓷管道。另外，随着充填料浆流速的增大，管道质量减少量增大，因此选择 1.5 m/s 流速进行充填效果最好。

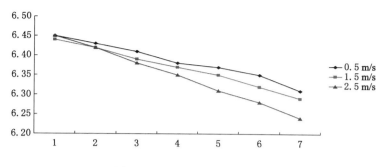

图 7-75 不同料浆流速影响磨损曲线图

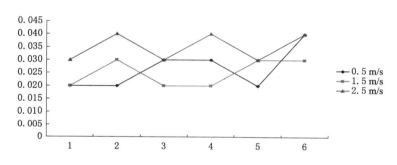

图 7-76 不同料浆流速影响管道磨损减少量曲线图

表 7-21 不同浆体流速对管道磨损影响

| 流速/(m/s) | 1 | 2 | 3 | 4 | 5 | 6 | 7 |
|---|---|---|---|---|---|---|---|
| 0.5 | 6.45 | 6.43 | 6.41 | 6.38 | 6.37 | 6.35 | 6.31 |
| 1.5 | 6.44 | 6.42 | 6.39 | 6.37 | 6.35 | 6.32 | 6.29 |
| 2.5 | 6.45 | 6.42 | 6.38 | 6.35 | 6.31 | 6.28 | 6.24 |

表 7-22 不同浆体流速对管道磨损减少量影响

| 流速/(m/s) | 1 | 2 | 3 | 4 | 5 | 6 |
|---|---|---|---|---|---|---|
| 0.5 | 0.02 | 0.02 | 0.03 | 0.03 | 0.02 | 0.04 |
| 1.5 | 0.02 | 0.03 | 0.02 | 0.02 | 0.03 | 0.03 |
| 2.5 | 0.03 | 0.04 | 0.03 | 0.04 | 0.03 | 0.04 |

② 不同料浆类型对陶瓷管道磨损

使用 $\phi$219 mm 的陶瓷管道,以 1.5 m/s 进行不同料浆类型对管道磨损的影响分析。通过对图 7-77、图 7-78 和表 7-23、表 7-24 的分析可以看出,陶瓷的磨损量较无缝钢管磨损量小,另外,通过对料浆 A、B、C 进行分析可以看出料浆 C 的质量减少量最大,B 的减少量次之,A 的减少量最少,因此在以后的充填中应该选择 A 类型的料浆。

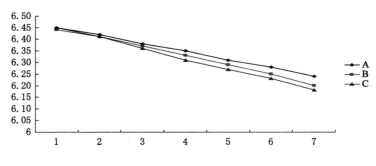

图 7-77　不同料浆类型影响磨损曲线图

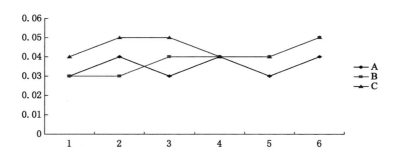

图 7-78　不同料浆类型影响管道磨损减少量曲线图

表 7-23　　　　　　　　　　　　不同料浆类型对管道磨损影响

| 料浆类型 | 1 | 2 | 3 | 4 | 5 | 6 | 7 |
|---|---|---|---|---|---|---|---|
| A | 6.45 | 6.42 | 6.38 | 6.35 | 6.31 | 6.28 | 6.24 |
| B | 6.44 | 6.41 | 6.37 | 6.33 | 6.29 | 6.25 | 6.20 |
| C | 6.45 | 6.41 | 6.36 | 6.31 | 6.27 | 6.23 | 6.18 |

表 7-24　　　　　　　　　　　不同料浆类型对管道磨损减少量影响

| 料浆类型 | 1 | 2 | 3 | 4 | 5 | 6 |
|---|---|---|---|---|---|---|
| A | 0.03 | 0.04 | 0.03 | 0.04 | 0.03 | 0.04 |
| B | 0.03 | 0.03 | 0.04 | 0.04 | 0.04 | 0.05 |
| C | 0.04 | 0.05 | 0.05 | 0.04 | 0.04 | 0.05 |

③ 不同管道直径对陶瓷管道磨损

使用 B 类型的充填料浆,以 1.5 m/s 流速的陶瓷管道进行不同管道直径对管道磨损的影响分析。通过对图 7-79、图 7-80 和表 7-25、表 7-26 的分析可以看出,陶瓷管道的磨损量较无缝钢管小。随着管道直径的增加管道质量逐渐减少,因此在之后的充填中应该选择较粗的管道;另外,由于随着管道直径的增大管道成本也在增加,所以选择 $\phi$219 mm 的管道是最经济合适的。

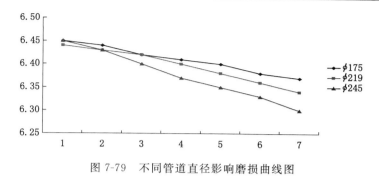

图 7-79　不同管道直径影响磨损曲线图

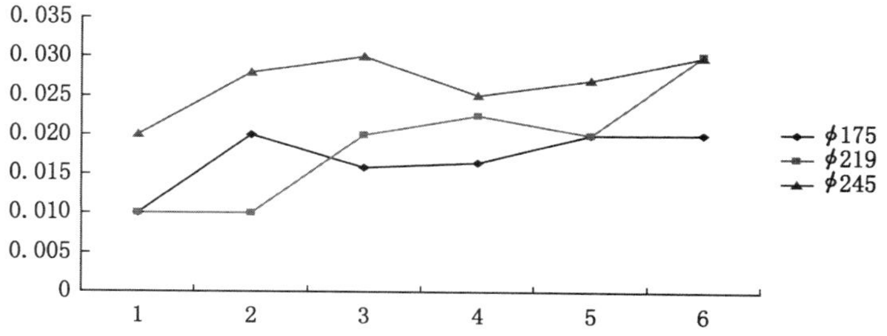

图 7-80　不同管道直径影响管道磨损减少量曲线图

表 7-25　　　　　　　　　　　　　　　不同管道直径对管道磨损影响

| 管道内径/mm | 1 | 2 | 3 | 4 | 5 | 6 | 7 |
|---|---|---|---|---|---|---|---|
| 175 | 6.45 | 6.44 | 6.42 | 6.41 | 6.40 | 6.38 | 6.36 |
| 219 | 6.44 | 6.43 | 6.42 | 6.40 | 6.38 | 6.36 | 6.33 |
| 245 | 6.45 | 6.43 | 6.40 | 6.37 | 6.35 | 6.33 | 6.30 |

表 7-26　　　　　　　　　　　　　　不同管道直径对管道磨损减少量影响

| 管道内径/mm | 1 | 2 | 3 | 4 | 5 | 6 |
|---|---|---|---|---|---|---|
| 175 | 0.01 | 0.02 | 0.01 | 0.01 | 0.02 | 0.02 |
| 219 | 0.01 | 0.01 | 0.02 | 0.02 | 0.02 | 0.03 |
| 245 | 0.02 | 0.03 | 0.03 | 0.02 | 0.02 | 0.03 |

（5）不同因素对管道磨损影响权重分析

如表 7-27 所示。

表 7-27　　　　　　　　　　　　　　　　　实验结果

| 因　素 | 变量类型 | 30 d 后充填料浆管道磨损减少的质量/g | 质量缩小率/% | 所占权重 |
|---|---|---|---|---|
| 管道材质 | 水泥管 | 6.32 | 0.21 | 0.52 |
| | 陶瓷管 | 1.64 | 0.07 | |
| | 无缝钢管 | 3.24 | 0.15 | |

| 因　　素 | 变量类型 | 30 d后充填料浆管道磨损减少的质量/g | 质量缩小率/% | 所占权重 |
|---|---|---|---|---|
| 充填料浆类型 | A | 1.53 | 0.15 | 0.25 |
| | B | 1.73 | 0.09 | |
| | C | 1.86 | 0.06 | |
| 浆体流速/(m/s) | 0.5 | 1.32 | 0.013 | 0.11 |
| | 1.5 | 1.41 | 0.017 | |
| | 2.5 | 1.55 | 0.019 | |
| 管道直径/mm | 179 | 1.22 | 0.019 | 0.12 |
| | 219 | 1.17 | 0.016 | |
| | 245 | 1.13 | 0.013 | |

通过做室内管道磨损实验并且结合图 7-81 可以看出,在充填料浆管道磨损因素中管道材质所占的权重最大,其次为料浆的类型,即充填料浆的不同配比,然后为充填管道的直径,最后为料浆流动速度。因此,在以后的防范措施中应加强对管道材质的重视,应积极选择耐磨性好的并且价格实惠的管道。

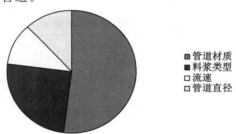

图 7-81　不同因素对管道磨损影响权重分析图

# 7.5　膏体充填管道磨损现场监测

充填管道磨损的影响因素有充填料浆特性、管道直径、钻孔偏斜率、管道材质、管道安装质量、充填倍线及钻孔级数等。为进一步探讨充填管道局部严重磨损的原因,提出了充填管道严重磨损位置的确定方法以及延长充填管道使用寿命的措施,对煤矿充填管道进行了实地调研和现场监测。

## 7.5.1　充填管道的磨损调查

### 7.5.1.1　现场调研

为了解某矿煤矿充填情况和管道的使用与维护情况,对煤矿充填管道使用情况进行了调研。地面撤换的充填管道如图 7-82 所示。

煤矿井下撤换的充填管道内部磨损实际情况如图 7-83 所示。

图 7-82　地面撤换的充填管道

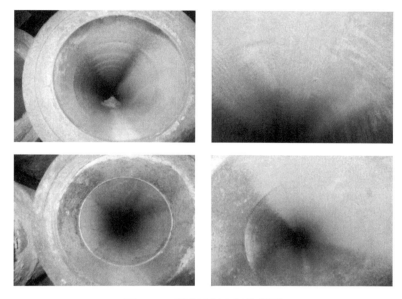

图 7-83　管道磨损实际情况图

#### 7.5.1.2　钻孔电视观测

仪器采用的是尤洛卡矿业安全工程股份有限公司生产的 ZXZ20 型岩层探测记录仪,利用高分辨率彩色电视摄像头进行监控,在液晶显示屏上显示钻孔内壁构造,能监测孔内整体情况并能够连续录像,图像清晰逼真,方位及深度自动准确校准,可对所有的观测孔全方位、全柱面观测成像且具有防爆功能,适用于各种钻井、钻孔、管道的内部结构、地质构造、岩层走向、岩性、岩溶、断层、裂隙、离层、破碎带、溶洞等地质状态的监测。钻孔电视成像仪由彩色摄像探头、视屏传输线、导杆、深度计数器和主机等部分组成,实物图如图 7-84 所示。充填管道内部磨损情况如图 7-85 所示。

### 7.5.2　充填管道磨损检测

#### 7.5.2.1　设备介绍

充填管道壁厚监测时采用智能型超声波测厚仪。该设备采用最新的高性能、低功耗微处理器技术,基于超声波测量原理,以测量金属及其他多种材料的厚度并可以对材料的声速进行测量,可以对生产设备中各种管道和压力容器进行监测,监测它们在使用过程中受腐蚀后的减薄程度,也可以对各种板材和各种加工零件作精确测量,本仪器可广泛应用于石油、

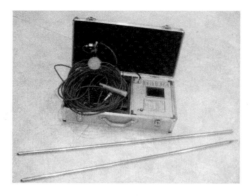

图 7-84　岩层探测记录仪

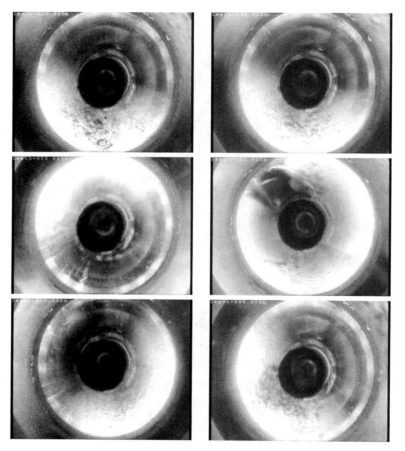

图 7-85　钻孔内部情况图

化工、冶金、造船、航空、航天等各个领域。

（1）技术参数

显示方法：高对比度的段码液晶显示，高亮度 EL 背光；

测量范围：0.75～300 mm（钢中），公制与英制可自由转换；

声速范围：1 000～9 999 m/s；

分辨率:MT150:0.1 mm;MT160:0.1 mm/0.01 mm 可选;

示值精度:MT150:±(1%$H$+0.1)mm,$H$ 为被测物实际厚度;

MT160:±(0.5%$H$+0.04)mm;

测量周期:单点测量时每秒钟 4 次,扫描模式每秒钟 10 次;

存储容量:可存储 20 组(每组最多 100 个测量值)厚度测量数据;

工作模式:具有单点测厚和扫描测厚两种测厚工作模式;

单位制:公制或者英制(可选);

工作电压:3 V(2 节 AA 尺寸碱性电池);

持续工作时间:大于 100 h(不开背光时);

通信接口(仅 MT160):RS232,可与微型打印机或 PC 机连接;

外形尺寸:150 mm×74 mm×32 mm;

整机重量:245 g。

(2) 主要功能

① 适合测量金属(如钢、铸铁、铝、铜等)、塑料、陶瓷、玻璃、玻璃纤维及其他任何超声波的良导体的厚度;

② 可配备多种不同频率、不同晶片尺寸的双晶探头使用;

③ 具有探头零点校准、两点校准功能,可对系统误差进行自动修正;

④ 已知厚度可以反测声速,以提高测量精度;

⑤ 具有耦合状态提示功能;

⑥ 有 EL 背光显示,方便在光线昏暗环境中使用;

⑦ 有剩余电量指示功能,可实时显示电池剩余电量;

⑧ 具有自动休眠、自动关机等节电功能。

带有 RS232 接口,可以方便、快捷地与 PC 机进行数据交换。可以连接到微型打印机(厂家指定型号)打印测量报告。可选择配备微机软件,具有传输测量结果、测值存储管理、测值统计分析、打印测值报告等丰富功能;小巧、便携、可靠性高,适用于恶劣的操作环境,抗振动、冲击和电磁干扰。

(3) 工作原理

本超声波测厚仪对厚度的测量是由探头产生超声波脉冲透过耦合剂到达被测体,一部分超声信号被物体底面反射,探头接收由被测体底面反射的回波,精确地计算超声波的往返时间并按下式计算厚度值,再将计算结果显示出来。

$$H = \frac{vt}{2}$$

式中 $H$——测量厚度;

$v$——材料声速;

$t$——超声波在试件中往返一次的传播时间。

超声波测厚仪如图 7-86 所示。

### 7.5.2.2 现场监测

根据煤矿充填管道的铺设情况,选取井上、下共 36 个测点进行壁厚测量,其中井上 4 个测点,井下 32 个测点,自 2013 年 12 月至 2014 年 8 月对煤矿使用中的充填管道进行 7 次测

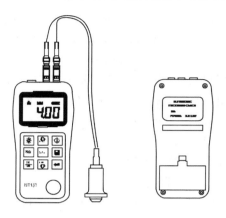

图 7-86　超声波测厚仪

量。点号布置与标记如图 7-87 所示。

(a)　　　　　　　　　　　　　　(b)

图 7-87　点号布置与标记图

现场监测如图 7-88 所示。

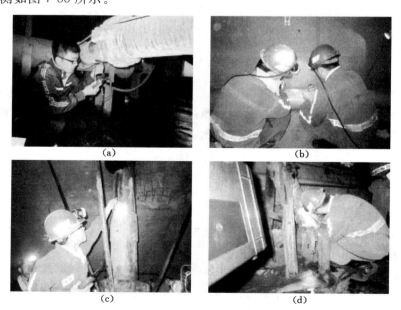

(a)　　　　　　　　　　　　　　(b)

(c)　　　　　　　　　　　　　　(d)

图 7-88　现场监测图

#### 7.5.2.3　观测资料的整理及计算

每次观测结束后均对观测成果进行检查,使其满足有关规定,然后进行各种改正数的计算和平差计算,以确保观测成果的正确性。计算各次测量值如表 7-28 至表 7-31 所示。

表 7-28　　　　　　　　　充填管道底部磨损测量记录表

| 序号 | 位　置 | 2013-12-06 | 2014-01-14 | 2014-03-15 | 2014-04-18 | 2014-05-21 | 2014-06-22 | 2014-07-31 |
|---|---|---|---|---|---|---|---|---|
| 1 | 立管与地面平管连接处 | 11.73 | 11.71 | 11.7 | 11.72 | 11.69 | 11.7 | 11.68 |
| 2 | 地面平管 | 12.03 | 12.01 | 11.99 | 12.02 | 12.01 | 11.98 | 12.02 |
| 3 | 地面平管 | 12.43 | 12.45 | 12.47 | 12.48 | 12.45 | 12.46 | 12.44 |
| 4 | 泵与地面平管连接管 | 10.32 | 10.33 | 10.35 | 10.33 | 10.35 | 10.34 | 10.35 |
| 5 | 立管备用 | | | | | | | |
| 6 | 立管备用 | | | | | | | |
| 7 | 立管弯管备用 | 9.1 | 9.03 | 8.99 | 8.94 | 8.87 | 8.81 | 8.73 |
| 8 | 立管使用 | | | | | | | |
| 9 | 立管弯管使用 | 9.84 | 9.79 | 9.71 | 9.64 | 9.53 | 9.47 | 9.39 |
| 10 | 平管(立管底风门之间平巷) | 12.03 | 11.95 | 12.06 | 12.03 | 12.06 | 12.01 | 11.97 |
| 11 | 平巷与西胶下山弯管 | 12.01 | 12.03 | 11.99 | 11.98 | 12.02 | 12.01 | 12.02 |
| 12 | 换向阀 | | | | | | | |
| 13 | 西胶大巷 139 架 | 10.11 | 10.04 | 9.98 | 9.92 | 9.88 | 9.84 | 9.75 |
| 14 | 西胶大巷 170 架 | 12 | 11.98 | 12.01 | 12.03 | 11.99 | 12.03 | 12.01 |
| 15 | 西胶大巷 215 架 | 13.01 | 12.99 | 12.98 | 13.03 | 12.99 | 13.01 | 12.98 |
| 16 | 西胶机头弯管 | 12.06 | 11.99 | 11.98 | 12.03 | 12.91 | 11.93 | 11.9 |
| 17 | 西胶下山储带仓尾端弯管 | 9.37 | 9.31 | 9.27 | 9.22 | 9.15 | 9.1 | 9.03 |
| 18 | 西胶下山 20 架 | 12.3 | 12.28 | 12.29 | 12.31 | 12.3 | 12.28 | 12.32 |
| 19 | 西胶下山 50 架 | 10.38 | 10.39 | 10.42 | 10.39 | 10.4 | 10.38 | 10.38 |
| 20 | 西胶下山 150 架 | 10.2 | 10.23 | 10.19 | 10.22 | 10.19 | 10.21 | 10.23 |
| 21 | 西胶下山 193 架 | 9.73 | 9.68 | 9.63 | 9.58 | 9.5 | 9.44 | 9.37 |
| 22 | 2352 轨顺与西胶下山弯管 | 8.52 | 8.47 | 8.42 | 8.35 | 8.28 | 8.22 | 8.15 |
| 23 | 2352 轨顺 2 号管(联络巷门口) | 10.31 | 10.25 | 10.2 | 10.15 | 10.07 | 10.01 | 9.93 |
| 24 | 2352 轨顺 24 号管 | 11.95 | 11.92 | 11.83 | 11.79 | 11.68 | 11.61 | 11.55 |
| 25 | 2352 轨顺 45 号管 | 10.59 | 10.53 | 10.48 | 10.41 | 10.33 | 10.28 | 10.21 |
| 26 | 北胶胶带与北轨联络巷 | 12.91 | 12.9 | 12.88 | 10.92 | 12.92 | 12.91 | 12.93 |
| 27 | 2353 胶顺门口弯管 | 10.81 | 10.77 | 10.71 | 10.65 | 10.58 | 10.52 | 10.43 |
| 28 | 2353 胶顺风门处平管 | 10.55 | 10.54 | 10.53 | 10.55 | 10.52 | 10.54 | 10.55 |
| 29 | 2353 胶顺联络巷胶顺门口弯管 | 10.52 | 10.53 | 10.52 | 10.51 | 10.52 | 10.53 | 10.51 |
| 30 | 联络巷 18 号平管 | 11.61 | 11.55 | 11.51 | 11.46 | 11.41 | 11.33 | 11.28 |
| 31 | 2353 轨顺 37 号弯管 | 11.09 | 11.02 | 10.98 | 10.93 | 10.88 | 10.83 | 10.78 |
| 32 | 2353 轨顺 63 号平管 | 10.25 | 10.22 | 10.26 | 10.26 | 10.27 | 10.24 | 10.25 |

| 序号 | 位　置 | 2013-12-06 | 2014-01-14 | 2014-03-15 | 2014-04-18 | 2014-05-21 | 2014-06-22 | 2014-07-31 |
|---|---|---|---|---|---|---|---|---|
| 33 | 2353 轨顺 90 号平管 | 11.18 | 11.13 | 11.09 | 11.01 | 10.95 | 10.91 | 10.86 |
| 34 | 2353 轨顺弯管 | 9.98 | 9.94 | 9.95 | 9.97 | 9.95 | 9.97 | 9.96 |
| 35 | 2353 轨顺 114 号平管 | 10.48 | 10.46 | 10.49 | 10.48 | 10.49 | 10.48 | 10.46 |
| 36 | 2353 轨顺 153 号平管 | 11.82 | 11.78 | 11.73 | 11.69 | 11.63 | 11.58 | 11.52 |

**表 7-29**　　　　　　　　　　　**充填管道顶部磨损测量记录表**

| 序号 | 位　置 | 2013-12-06 | 2014-01-14 | 2014-03-15 | 2014-04-18 | 2014-05-21 | 2014-06-22 | 2014-07-31 |
|---|---|---|---|---|---|---|---|---|
| 1 | 立管与地面平管连接处 | 9.58 | 9.57 | 9.45 | 9.37 | 9.31 | 9.33 | 9.24 |
| 2 | 地面平管 | 12.02 | 12.09 | 12.07 | 12.05 | 12.04 | 12.01 | 12.08 |
| 3 | 地面平管 | 12.06 | 12.03 | 12.08 | 12.03 | 12.07 | 12.07 | 12.01 |
| 4 | 泵与地面平管连接管 | 10.3 | 10.25 | 10.13 | 9.94 | 9.85 | 9.87 | 9.74 |
| 5 | 立管备用 | | | | | | | |
| 6 | 立管备用 | | | | | | | |
| 7 | 立管弯管备用 | 11.15 | 11.08 | 10.99 | 10.9 | 10.91 | 11.07 | 10.81 |
| 8 | 立管使用 | 11.29 | 11.26 | 11.12 | 11.03 | 10.96 | 10.97 | 10.84 |
| 9 | 立管弯管使用 | 11.29 | 11.26 | 11.12 | 11.03 | 10.96 | 10.97 | 10.84 |
| 10 | 平管(立管底风门之间平巷) | 12.03 | 12 | 12.06 | 12.09 | 12.09 | 12.01 | 12.07 |
| 11 | 平巷与西胶下山弯管 | 10.59 | 10.52 | 10.45 | 10.37 | 10.39 | 10.23 | 10.19 |
| 12 | 换向阀 | 24.87 | 24.78 | 24.62 | 24.59 | 24.46 | 24.43 | 24.35 |
| 13 | 西胶大巷 139 架 | 10.11 | 10.09 | 10.13 | 10.14 | 10.18 | 10.16 | 10.17 |
| 14 | 西胶大巷 170 架 | 12 | 11.98 | 12.01 | 12.04 | 12.02 | 12.06 | 12.08 |
| 15 | 西胶大巷 215 架 | 11.88 | 11.91 | 11.89 | 11.91 | 11.91 | 11.93 | 11.9 |
| 16 | 西胶机头弯管 | 10.37 | 10.34 | 10.28 | 10.29 | 10.24 | 10.19 | 10.12 |
| 17 | 西胶下山储带仓尾端弯管 | 10.02 | 9.97 | 9.86 | 9.81 | 9.77 | 9.75 | 9.7 |
| 18 | 西胶下山 20 架 | 12.19 | 12.2 | 12.23 | 12.25 | 12.25 | 12.28 | 12.24 |
| 19 | 西胶下山 50 架 | 9.86 | 9.87 | 9.86 | 9.85 | 9.89 | 9.81 | 9.84 |
| 20 | 西胶下山 150 架 | 10.2 | 10.23 | 10.19 | 10.24 | 10.14 | 10.21 | 10.23 |
| 21 | 西胶下山 193 架 | 12.25 | 12.19 | 12.21 | 12.22 | 12.28 | 12.25 | 12.24 |
| 22 | 2352 轨顺与西胶下山弯管 | 10.81 | 10.78 | 10.69 | 10.55 | 10.6 | 10.57 | 10.49 |
| 23 | 2352 轨顺 2 号管(联络巷门口) | 12.04 | 11.99 | 12.05 | 12.03 | 12.04 | 12.02 | 12.03 |
| 24 | 2352 轨顺 24 号管 | 10.64 | 10.63 | 10.56 | 10.47 | 10.41 | 10.44 | 10.41 |
| 25 | 2352 轨顺 45 号管 | 12.23 | 12.25 | 12.26 | 12.29 | 12.25 | 12.26 | 12.24 |
| 26 | 北胶胶带与北轨联络巷 | 12.04 | 12.05 | 12.06 | 12.07 | 12.04 | 12.07 | 12.05 |
| 27 | 2353 胶顺门口弯管 | 10.31 | 10.26 | 10.19 | 10.16 | 10.15 | 10.1 | 10.06 |
| 28 | 2353 胶顺风门处平管 | 10.03 | 10.02 | 9.97 | 10.05 | 10.03 | 10.04 | 10 |
| 29 | 2353 胶顺联络巷胶顺门口弯管 | | | | | | | |

| 序号 | 位　　置 | 2013-12-06 | 2014-01-14 | 2014-03-15 | 2014-04-18 | 2014-05-21 | 2014-06-22 | 2014-07-31 |
|---|---|---|---|---|---|---|---|---|
| 30 | 联络巷 18 号平管 | 10.23 | 10.21 | 10.15 | 10.12 | 10.07 | 9.99 | 10.01 |
| 31 | 2353 轨顺 37 号弯管 | 10.02 | 9.95 | 9.87 | 9.81 | 9.74 | 9.65 | 9.59 |
| 32 | 2353 轨顺 63 号平管 | 9.96 | 10.02 | 10.01 | 10.03 | 9.95 | 9.99 | 9.97 |
| 33 | 2353 轨顺 90 号平管 | 10.39 | 10.34 | 10.19 | 10.12 | 9.95 | 10 | 9.87 |
| 34 | 2353 轨顺弯管 | 9.92 | 9.94 | 10.02 | 9.91 | 9.88 | 9.87 | 9.93 |
| 35 | 2353 轨顺 114 号平管 | 10.01 | 10.05 | 10.06 | 10.07 | 9.99 | 10.05 | 10.01 |
| 36 | 2353 轨顺 153 号平管 | 10.01 | 9.99 | 9.87 | 9.8 | 9.8 | 9.65 | 9.51 |

表 7-30　　　　　　　　　　　充填管道内侧磨损测量记录表

| 序号 | 位　　置 | 2013-12-06 | 2014-01-14 | 2014-03-15 | 2014-04-18 | 2014-05-21 | 2014-06-22 | 2014-07-31 |
|---|---|---|---|---|---|---|---|---|
| 1 | 立管与地面平管连接处 | 12.03 | 12.05 | 12.04 | 12.01 | 12.02 | 12.03 | 12.02 |
| 2 | 地面平管 | 12.03 | 12.01 | 11.99 | 12.02 | 12.01 | 11.98 | 12.02 |
| 3 | 地面平管 | 12.01 | 11.99 | 12.02 | 12.01 | 11.98 | 12.02 | 12.04 |
| 4 | 泵与地面平管连接管 | 11.98 | 12.02 | 12.04 | 12.01 | 11.99 | 12.02 | 12.02 |
| 5 | 立管备用 | 20.15 | 20.11 | 20.07 | 20.03 | 19.95 | 19.89 | 19.82 |
| 6 | 立管备用 | 19.42 | 19.37 | 19.31 | 19.26 | 19.21 | 19.15 | 19.09 |
| 7 | 立管弯管备用 | 9.1 | 9.03 | 8.99 | 8.94 | 8.87 | 8.81 | 8.73 |
| 8 | 立管使用 | 18.78 | 18.72 | 18.66 | 18.6 | 18.52 | 18.45 | 18.39 |
| 9 | 立管弯管使用 | 9.94 | 9.89 | 9.83 | 9.77 | 9.92 | 9.86 | 9.81 |
| 10 | 平管(立管底风门之间平巷) | 10.11 | 10.04 | 9.98 | 9.92 | 9.88 | 9.84 | 9.75 |
| 11 | 平巷与西胶下山弯管 | 12.01 | 12.03 | 11.99 | 11.98 | 12.02 | 12.01 | 12.02 |
| 12 | 换向阀 | | | | | | | |
| 13 | 西胶大巷 139 架 | 10.12 | 10.04 | 9.97 | 9.92 | 9.88 | 9.83 | 9.75 |
| 14 | 西胶大巷 170 架 | 12.91 | 12.92 | 12.9 | 12.92 | 12.91 | 12.93 | 12.91 |
| 15 | 西胶大巷 215 架 | 12.36 | 12.35 | 12.37 | 12.35 | 12.36 | 12.37 | 12.35 |
| 16 | 西胶机头弯管 | 10.37 | 10.31 | 10.27 | 10.22 | 10.16 | 10.11 | 10.05 |
| 17 | 西胶下山储带仓尾端弯管 | 9.37 | 9.31 | 9.27 | 9.22 | 9.15 | 9.1 | 9.03 |
| 18 | 西胶下山 20 架 | 12.35 | 12.37 | 12.35 | 12.36 | 12.37 | 12.35 | 12.34 |
| 19 | 西胶下山 50 架 | 9.99 | 9.95 | 9.91 | 9.86 | 9.81 | 9.75 | 9.69 |
| 20 | 西胶下山 150 架 | 10.19 | 10.15 | 10.09 | 10.02 | 9.96 | 9.91 | 9.85 |
| 21 | 西胶下山 193 架 | 11.22 | 11.17 | 11.11 | 11.05 | 10.99 | 10.93 | 10.87 |
| 22 | 2352 轨顺与西胶下山弯管 | 10.52 | 10.47 | 10.42 | 10.37 | 10.28 | 10.22 | 10.15 |
| 23 | 2352 轨顺 2 号管(联络巷门口) | 10.31 | 10.25 | 10.2 | 10.15 | 10.07 | 10.01 | 9.93 |
| 24 | 2352 轨顺 24 号管 | 11.95 | 11.92 | 11.83 | 11.79 | 11.68 | 11.61 | 11.55 |
| 25 | 2352 轨顺 45 号管 | 10.04 | 9.97 | 9.92 | 9.88 | 9.83 | 9.75 | 9.69 |
| 26 | 北胶胶带与北轨联络巷 | 12.06 | 12.07 | 12.08 | 12.06 | 12.07 | 12.06 | 12.06 |

| 序号 | 位 置 | 2013-12-06 | 2014-01-14 | 2014-03-15 | 2014-04-18 | 2014-05-21 | 2014-06-22 | 2014-07-31 |
|---|---|---|---|---|---|---|---|---|
| 27 | 2353 胶顺门口弯管 | 12.94 | 12.92 | 12.93 | 12.93 | 12.94 | 12.92 | 12.93 |
| 28 | 2353 胶顺风门处平管 | 10.55 | 10.54 | 10.53 | 10.55 | 10.52 | 10.54 | 10.55 |
| 29 | 2353 胶顺联络巷胶顺门口弯管 | 10.52 | 10.53 | 10.52 | 10.51 | 10.52 | 10.53 | 10.51 |
| 30 | 联络巷 18 号平管 | 11.61 | 11.55 | 11.51 | 11.46 | 11.41 | 11.33 | 11.28 |
| 31 | 2353 轨顺 37 号弯管 | 11.09 | 11.02 | 10.98 | 10.93 | 10.88 | 10.83 | 10.78 |
| 32 | 2353 轨顺 63 号平管 | 10.25 | 10.22 | 10.26 | 10.26 | 10.27 | 10.24 | 10.25 |
| 33 | 2353 轨顺 90 号平管 | 9.94 | 9.89 | 9.83 | 9.77 | 9.92 | 9.86 | 9.81 |
| 34 | 2353 轨顺弯管 | 10.87 | 10.88 | 10.86 | 10.86 | 10.87 | 10.87 | 10.86 |
| 35 | 2353 轨顺 114 号平管 | 10.08 | 10.06 | 10.09 | 10.08 | 10.09 | 10.08 | 10.06 |
| 36 | 2353 轨顺 153 号平管 | 11.82 | 11.78 | 11.73 | 11.69 | 11.63 | 11.58 | 11.52 |

表 7-31　　　　　　　　　充填管道外侧磨损测量记录表

| 序号 | 位 置 | 2013-12-06 | 2014-01-14 | 2014-03-15 | 2014-04-18 | 2014-05-21 | 2014-06-22 | 2014-07-31 |
|---|---|---|---|---|---|---|---|---|
| 1 | 立管与地面平管连接处 | 10.91 | 10.85 | 10.79 | 10.74 | 10.7 | 10.64 | 10.58 |
| 2 | 地面平管 | 12.64 | 12.63 | 12.65 | 12.62 | 12.63 | 12.65 | 12.64 |
| 3 | 地面平管 | 12.56 | 12.53 | 12.55 | 12.57 | 12.55 | 12.54 | 12.56 |
| 4 | 泵与地面平管连接管 | 10.49 | 10.43 | 10.39 | 10.33 | 10.25 | 10.19 | 10.16 |
| 5 | 立管备用 | 18.82 | 18.93 | 18.92 | 18.94 | 18.92 | 18.93 | 18.92 |
| 6 | 立管备用 | 19.22 | 19.18 | 19.12 | 19.08 | 19.02 | 18.94 | 18.89 |
| 7 | 立管弯管备用 | 9.57 | 9.55 | 9.51 | 9.45 | 9.39 | 9.31 | 9.24 |
| 8 | 立管使用 | 19.37 | 19.31 | 19.25 | 19.2 | 19.15 | 19.09 | 19.03 |
| 9 | 立管弯管使用 | 9.84 | 9.79 | 9.71 | 9.64 | 9.53 | 9.47 | 9.39 |
| 10 | 平管(立管底风门之间平巷) | 12.62 | 12.63 | 12.62 | 12.63 | 12.6 | 12.61 | 12.63 |
| 11 | 平巷与西胶下山弯管 | 9.29 | 9.21 | 9.13 | 9.09 | 9.01 | 8.92 | 8.81 |
| 12 | 换向阀 | | | | | | | |
| 13 | 西胶大巷 139 架 | 11.16 | 11.12 | 11.09 | 11.04 | 10.99 | 10.95 | 10.89 |
| 14 | 西胶大巷 170 架 | 12.67 | 12.65 | 12.66 | 12.66 | 12.68 | 12.65 | 12.65 |
| 15 | 西胶大巷 215 架 | 13.01 | 12.67 | 12.65 | 12.66 | 12.66 | 12.68 | 12.65 |
| 16 | 西胶机头弯管 | 10.52 | 10.47 | 10.42 | 10.37 | 10.31 | 10.26 | 10.21 |
| 17 | 西胶下山储带仓尾端弯管 | 10.13 | 10.09 | 10.03 | 9.98 | 9.92 | 9.88 | 9.82 |
| 18 | 西胶下山 20 架 | 12.76 | 12.77 | 12.76 | 12.78 | 12.77 | 12.78 | 12.76 |
| 19 | 西胶下山 50 架 | 9.94 | 9.89 | 9.83 | 9.79 | 9.72 | 9.65 | 9.61 |
| 20 | 西胶下山 150 架 | 10.2 | 10.23 | 10.19 | 10.22 | 10.19 | 10.21 | 10.23 |
| 21 | 西胶下山 193 架 | 12.04 | 11.96 | 11.91 | 11.84 | 11.79 | 11.75 | 11.7 |
| 22 | 2352 轨顺与西胶下山弯管 | 10.31 | 10.25 | 10.21 | 10.15 | 10.1 | 10.06 | 9.99 |
| 23 | 2352 轨顺 2 号管(联络巷门口) | 10.31 | 10.25 | 10.2 | 10.15 | 10.07 | 10.01 | 9.93 |

| 序号 | 位　置 | 2013-12-06 | 2014-01-14 | 2014-03-15 | 2014-04-18 | 2014-05-21 | 2014-06-22 | 2014-07-31 |
|---|---|---|---|---|---|---|---|---|
| 24 | 2352 轨顺 24 号管 | 10.79 | 10.73 | 10.69 | 10.65 | 10.58 | 10.52 | 10.48 |
| 25 | 2352 轨顺 45 号管 | 11.97 | 11.95 | 11.89 | 11.82 | 11.79 | 11.73 | 11.66 |
| 26 | 北胶胶带与北轨联络巷 | 12.48 | 12.45 | 12.46 | 12.48 | 12.46 | 12.47 | 12.45 |
| 27 | 2353 胶顺门口弯管 | 10.11 | 10.07 | 10.01 | 9.96 | 9.92 | 9.88 | 9.81 |
| 28 | 2353 胶顺风门处平管 | 10.55 | 10.54 | 10.53 | 10.55 | 10.52 | 10.54 | 10.55 |
| 29 | 2353 胶顺联络巷胶门口弯管 | 10.52 | 10.53 | 10.52 | 10.51 | 10.52 | 10.53 | 10.51 |
| 30 | 联络巷 18 号平管 | 11.61 | 11.55 | 11.51 | 11.46 | 11.41 | 11.33 | 11.28 |
| 31 | 2353 轨顺 37 号弯管 | 11.09 | 11.02 | 10.98 | 10.93 | 10.88 | 10.83 | 10.78 |
| 32 | 2353 轨顺 63 号平管 | 9.74 | 9.75 | 9.74 | 9.73 | 9.76 | 9.75 | 9.74 |
| 33 | 2353 轨顺 90 号平管 | 11.18 | 11.13 | 11.09 | 11.01 | 10.95 | 10.91 | 10.86 |
| 34 | 2353 轨顺弯管 | 9.18 | 9.14 | 9.06 | 9 | 8.94 | 8.88 | 8.81 |
| 35 | 2353 轨顺 114 号平管 | 10.78 | 10.76 | 10.79 | 10.78 | 10.79 | 10.78 | 10.76 |
| 36 | 2353 轨顺 153 号平管 | 11.82 | 11.78 | 11.73 | 11.69 | 11.63 | 11.58 | 11.52 |

注:充填平管内侧表示靠近煤壁一侧,外侧表示远离煤壁一侧。

### 7.5.2.4　观测结果分析

通过对监测结果中的部分异常点进行了适当修匀,图 7-89 和图 7-90 为地面管道顶部磨损情况图。

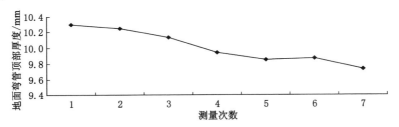

图 7-89　地面弯管顶部厚度变化图

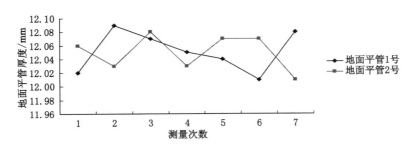

图 7-90　地面平管厚度减少量对比图

通过对图 7-89 分析得出地面弯管顶部随时间变化逐渐磨损,磨损厚度平均为0.07 mm/月。

通过图 7-90 地面平管 1、2 号顶部的分析比较可以看出管道的厚度基本不变,分析其原因是管道内部有 10 mm 耐磨层,由于它的存在增加了管道的耐磨程度。

图 7-91 为巷道内充填平管顶部磨损曲线分析图,由图可以发现管道的壁厚由于充填料浆的长时间逐渐磨损而减小。管道底部平均磨损速度为 0.08 mm/月。

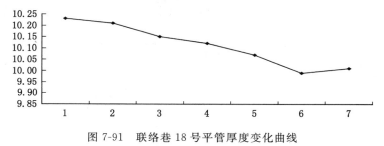

图 7-91　联络巷 18 号平管厚度变化曲线

图 7-92 为井下充填管道弯管内外侧磨损对比图,由图可知充填管道弯管处管道外侧较内侧磨损严重,这是管道内料浆在具有一定流速情况下对底部冲刷较严重造成的。

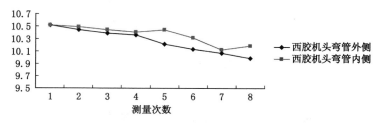

图 7-92　弯管内外侧管道磨损变化比较图

图 7-93 为充填管道不同位置的磨损情况分析,由图可以看出管道下部磨损最为严重,两侧磨损次之,上部磨损最小,这样容易造成管道下部最先破坏。

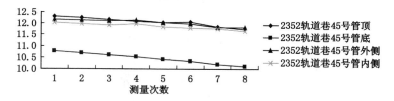

图 7-93　同一管道不同部位磨损变化图

图 7-94 为北胶胶带和北轨联络巷之间平管底部变化曲线图,由图可以看出管道厚度前期是平稳减少,在第 5、6 次测量时突然增加然后重新减小,分析为管道在使用期间由于管道堵塞、换管等原因造成管道旋转,将管道顶部转至管道底部。

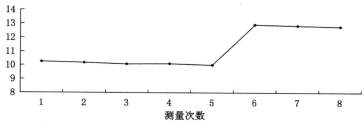

图 7-94　北胶胶带与北轨联络巷管到底部磨损情况变化图

通过对图 7-95 地面平管的数据分析,可以看出管道磨损情况属底部最严重,两侧次之,顶部磨损最少。由于耐磨层的存在,管道磨损量整体变化不大,基本符合管道磨损的大体规律。

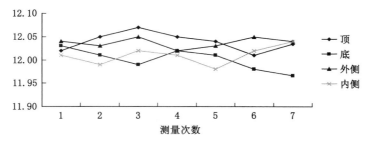

图 7-95　地面平管磨损情况变化图

通过对图 7-96 西胶下山储带仓尾端弯管的分析,可以看出管道磨损的基本情况。底部磨损最严重,平均 0.08 mm/月,外侧平均 0.07 mm/月,内侧和顶部平均 0.03 mm/月。

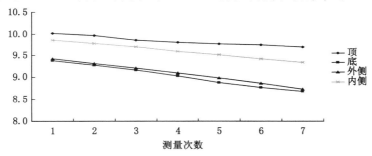

图 7-96　西胶下山储带仓尾端弯管磨损情况变化图

通过对图 7-97 2352 轨顺 24 号管的现场数据分析,可以看出基本符合管道磨损的规律。底部磨损较严重,两侧次之,顶部磨损最轻,其中磨损最严重的底部大约为 0.08 mm/月,两侧大约为 0.03 mm/月,顶部大约为 0.02 mm/月。

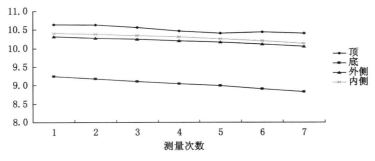

图 7-97　2352 轨顺 24 号管磨损情况变化图

通过对图 7-98 立管弯管使用的现场数据分析,可以看出底部磨损最严重,两侧次之,顶部最轻,还能发现外侧较内侧磨损严重,其中底部磨损大约为 0.08 mm/月,外侧约为 0.04 mm/月,内侧 0.03 mm/月,顶部最少为 0.02 mm/月。

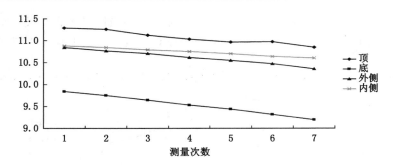

图 7-98　立管弯管使用磨损情况变化图

通过对 2353 轨顺 153 号平管现场数据分析(图 7-99),可以看出管道底部磨损最严重,两侧次之,顶部最轻,其中底部磨损大约为 0.07 mm/月,外侧约为 0.04 mm/月,内侧为 0.02 mm/月,顶部为 0.02 mm/月。

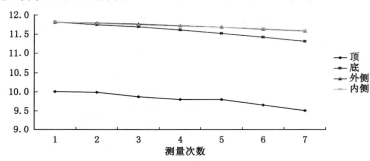

图 7-99　2353 轨顺 153 号平管磨损情况变化图

# 7.6　降低管道磨损的措施

国内外凡采用胶结充填的矿山,除混凝土充填外均采用管道输送固体物料,都不同程度地感受到管道磨损消耗及对生产影响的严重性,因此降低管道磨损的技术措施值得关注。在生产实践中各个矿山根据自己的实际经验,总结出了不少降低管道磨损的具体措施,起到了良好的效果。本节将依据前面提到的影响管道磨损的因素,系统地提出降低管道磨损的技术措施。

### 7.6.1　满管流输送技术

前述研究表明,满管状态是衡量充填管道系统是否合理的重要标志,如何对满管状态进行定量描述,探明其影响因素及作用机制,成为矿山充填需要解决的问题。

7.6.1.1　满管自流理论

设垂直管道中料浆高度为 $H_1$,垂直管道总长为 $H$,令:

$$H_1 = F_\varphi \cdot H \tag{7-27}$$

则称系数 $F_\varphi$ 为充填输送系统的满管率,其表示垂直管道中料浆高度 $H_1$ 占总长度 $H$ 的百分比。$F_\varphi$ 越大,表明管道中空气柱长度越短,不满流对管道的磨损及冲蚀作用越小。当

$F_\varphi = 100\%$ 时,系统处于满管输送,料浆对管壁整体均匀磨损,管道使用寿命较长。根据能量守恒定律可得:

$$\gamma_m H_1 g = (i_v H_1 + i_L L)\beta \tag{7-28}$$

一般将充填管网系统的总长度与垂高的比值称之为充填倍线 $N$:

$$N = \frac{H + L}{H} \tag{7-29}$$

由式(7-27)、式(7-28)、式(7-29)推导满管率 $F_\varphi$ 的数学表达式:

$$F_\varphi = \frac{\beta i_L}{\gamma_m g - \beta i_v} \cdot (N - 1) \tag{7-30}$$

式中    $L$——水平管道长度,m;

$i_L$——系统水平管道水力梯度,MPa/km;

$i_v$——系统垂直管道水力梯度,MPa/km;

$\beta$——阻力系数,一般取 1.1~1.3。

由式(7-30)可知,满管率 $F_\varphi$ 与浆体水力梯度 $i$ 及充填倍线 $N$ 密切相关,增大 $i$ 和 $N$ 均可有效提高系统满管率。

### 7.6.1.2 充填倍线与满管率的关系

由式(7-30)可知,对于一定流速一定浓度的充填料浆,满管率 $F_\varphi$ 与充填倍线 $N$ 呈线性正相关,增大系统充填倍线可有效提高满管率。在矿山充填中,开采深度不断加大,充填倍线持续减小,从而导致满管率降低。为此,可通过管道折返式布置对系统进行优化,延长水平管道长度,使系统沿程阻力损失与垂直管段所能提供的压力平衡实现满管输送模式。下式为系统满管输送即 $F_\varphi = 100\%$ 时,水平管道长度 $L$ 与垂直管道长度 $H$ 的合理比值:

$$\frac{L}{H} = \frac{\gamma_m g - \beta i_v}{\beta i_L} \tag{7-31}$$

在充填管道的实际布置过程中,延长管道必然会增加矿山成本,同时由于井下空间限制,采用增加管道长度提高满管率的适用性不大,因此在即有管道系统条件下增加浆体水力梯度成为提高满管率最经济实用的手段。

### 7.6.1.3 管径、流速与满管率的匹配关系

充填料浆浓度对其水力梯度的影响十分敏感,料浆浓度的增加,一方面使得颗粒间相互作用的程度加大,另一方面使得水流支持颗粒悬浮的能量加大,由此导致管输过程中水力梯度增加。因此,提高充填料浆浓度,能够有效改善矿井充填系统的满管状态,但是充填料浆受尾砂自身物理化学性质及浓密技术的限制,增大程度有限且对技术及设备的要求较高,因此通过增大系统充填料浆浓度来提高满管率的普适性不强。研究表明,在料浆浓度一定的条件下,减小充填管直径 $d$ 及增加料浆流速 $v$ 可有效增加管道水力梯度,是提高系统满管率的最佳途径,但是流速与管道磨损率呈正相关,加大料浆流速会使管道磨损加剧。因此,探明管径、流速以及满管率之间的匹配关系,获取最佳的管道输送参数成为需要研究的问题。

设垂直及水平管道管径关系为 $d_v = k d_L$,如图 7-100 所示,则在系统流量不变的情况下有:

$$v_L = k^2 v_v \tag{7-32}$$

根据圆管两相流理论,阻力损失与充填料浆的流速之间存在二次函数关系,设其数学模型为:

图 7-100　满管流输送模型

$$i = av^2 + bv \tag{7-33}$$

将式(7-32)代入其中,分别得到垂直及水平管道相应的阻力损失 $i_v$ 和 $i_L$:

$$\begin{cases} i_v = av_v^2 + bv_v \\ i_L = ak^2v_v^2 + bkv_v \end{cases} \tag{7-34}$$

基于能量守恒定律,将式(7-34)代入式(7-28)中,同时根据充填倍线的定义,推导出流速 $v$、管径比 $k$、充填倍线 $N$ 以及满管率 $F_\varphi$ 之间的匹配关系,如下式:

$$\beta a H [F_\varphi + k^2(N-1)]v_v^2 + \beta b H \cdot [F_\varphi + k(N-1)]v_v = \gamma_m g(F_\varphi H) \tag{7-35}$$

令 $m = \beta a [F_\varphi + k^2(N-1)]$，$n = \beta b [F_\varphi + k(N-1)]$，将式(7-35)简化为:

$$mv_v^2 + nv_v = F_\varphi \gamma_m g \tag{7-36}$$

一般情况下,充填管道为标准件,其管径为既定值,则在充填倍线一定的情况下,可根据式(7-36)对不同管径条件下料浆流速与满管率的关系进行探讨,进而确定最佳输送参数。

### 7.6.1.4　满管输送模式压力分布

根据垂直及水平管道管径的大小关系,可将充填系统分为低压满管流及高压满管流输送模式。当 $k<1$ 时,垂直管段管径较小,其沿程阻力较大,这种输送模式即为低压满管流输送模式。当 $k>1$ 时,水平管径较小,消耗的系统压头较多,称为高压满管流输送模式。但是两种输送模式下系统的最大压力 $p_{max}$ 均出现在垂直管道底部,其值为水平管段消耗的压力损失,如式(7-37)所示。在充填过程中,常常通过在垂直管道底部安装压力表来监测系统实际满管状态,将式(7-37)代入式(7-30),得到系统最大压强值与满管率之间的关系,如式(7-38)所示。相对而言,高压满管流系统的充填效率高且垂直钻孔磨损率较低,是较为合理的输送模式。

$$p_{max} = \beta i_L L \tag{7-37}$$

$$F_\varphi = \frac{p_{max}}{(\gamma_m g - \beta i_v)H} \tag{7-38}$$

（1）提高满管流输送高度

采用满管流输送系统,降低垂直管道中料浆对管壁的冲击力。南非等国家的矿山,对垂直管道中料浆自由下落区的最终速度作出估计可能达 80 m/s,同时本书在前面对料浆自由下落的最终速度作出计算,认为料浆自由下落的最终速度与自由下落区的高度相关,当自由下落带高度为 200 m 时,料浆的最终流速为 50 m/s。这样大的流速无疑对任何管道均会产生严重磨蚀,因此采用满管流输送系统,可以大幅度地降低料浆的流速、减小对管壁的压力和冲击、提高管道的使用寿命;之前对充填钻孔磨损机理的研究结果表明,满管流输送比自由下落输送的管道磨损程度低,因此要想降低充填管道磨损,延长充填管道使用寿命的最可行的技术办法是实现满管流输送,但实际情况是矿井充填时竖直管道内的有效静压头肯定远远超过料浆的摩擦阻力损失,如想获得全管的满管流输送是不可能实现的,因此必须采取相应的技术措施尽可能实现满管流管道输送。为了消除竖直管道内产生的剩余静压头,可以采取变径管道输送系统来实现。其原理是在水平管道内选择管径较小的管道进行料浆的输送,不同管径随着流速变化产生的压头损失可表现在图 7-101 中的曲线中。从图中可分析得到,同一流速,小直径的管道或长的管道会形成陡曲线;大直径的管道或短的管道会形成较缓的系统曲线。竖直管道内产生的静压头可看作一个离心泵,其作用的曲线如图7-102所示。随着管道内料浆的流速逐渐升高,垂直管道内消耗的静压头也在不断增大,这将导致水平管道内所分配到的压头逐步减小;当流速升高到图 7-102 中的 $v_1$、$v_2$ 时,垂直管道内产生的静压头将全部被本竖直管道部分的摩擦阻力所消耗。

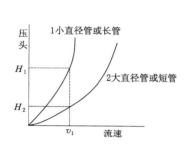

图 7-101 不同直径水平管道系统曲线

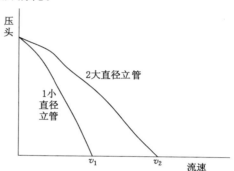

图 7-102 不同直径垂直管道的泵曲线

将竖直管道曲线和水平管道的曲线相结合,就会形成一个新的组合系统,如图 7-103 所示。

从图 7-103 可知,两条曲线的交点 A 代表了系统的平衡点,此时竖直管道和水平管道消耗了其产生的全部静压头,该充填系统正处于流速为 $v_A$ 的满流状态。如果管道内的料浆流速低于 $v_A$,系统就会处于非平衡状态,就是自由下落的输送系统;而当流速为 $v_B$ 时,该系统会存在下面所述的物理状态:

① 空气—料浆界面回落至高度 $H_B$。

② 最高的压力为 $H_T$。

③ 充填料浆流动不是连续的导致充填管道内的磨损形式不规则,磨损的速率将会很高。

④ 如改变管道的直径,则曲线的斜度会发生变化,如图 7-104 所示。由图 7-104 可分析,两种不同的管道系统(小直径垂直管道 1 和大直径水平管道 4,大直径垂直管道 3 和小直径水平管道 2)在满流状态下的流速相同。但在由小直径垂直管道和大直径水平管道组成的系统中,大部分可利用的静压头都消耗在垂直管道的摩擦阻力损失方面(在平衡点 A),消耗在水平管道方面的压头很小($H_A$),因而水平管道方面的系统压力低,流速适当;而在由大直径垂直管道和小直径水平管道组成的系统中,料浆的静压头几乎没有消耗在垂直管道上面(在平衡点 B),消耗在水平管段的压头很高($H_B$),因而导致在水平管段的系统压力和流速都很高。

(2) 变径满管流输送的建议

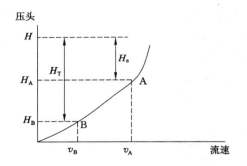

图 7-103　垂直、水平管道组成的管网曲线

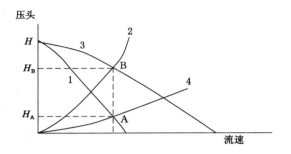

图 7-104　不同管径垂直、
水平管道组成的管网曲线
1——井筒小直径立管；2——小直径水平管；
3——大直径立管；4——大直径水平管

在地表垂直管道附近设置一个地表储料槽，主要目的是向垂直管道供应过量的充填料，从而确保垂直管道中的满管流条件，使输送的流速可以抵消管内摩擦损失，同时可以防止由于垂直管道的静压力不足而产生堵管现象。如果地表的充填料分配装置的设计抑制了充填料的供应，则会形成自由下落系统。

从地表储料槽到主垂直管道之间安装大直径的输送管，内径一般为主垂直管道内径的两倍，大直径管道直接与储料槽相接，无须歧管或锥形漏斗，该大直径管用大半径弯管（70°变径接头）与井筒中主垂直立管连接，大直径管要敷设到井筒或钻孔内，其长度至少为一节立管的长度。

上述系统可以最大限度地利用储料槽内充填料浆的可用压头，使储料槽与井筒间的管段摩擦迅速减到最小，确保在立管或钻孔中形成充填料浆的正压，即要向垂直管道供应过量的充填料浆。储料槽位置都应尽可能升高，并应靠近井筒立管或钻孔，以便优化给料条件。在理论上，地表管道应该从储料槽向井筒立管或钻孔方向倾斜，对于节流管的长度选取及具体安放，矿山应根据系统倍线、垂高、充填料浆配比及其摩擦阻力损失等具体情况，作出合理的布置和设计。变径满管流输送系统如图 7-105 所示。

（3）采用降压输送系统，降低料浆对管壁的压力

在相同的流速下，管道的磨损速度随料浆的压力增加而提高，当料浆的压力增大到一定程度，即使很小的料浆流速，也会对管道带来很高的磨损率，因此，采用减压输送系统，可以达到降低管道磨损率的目的。

### 7.6.1.5　管道流量自动调节系统

在前期打水和打灰浆时，阀门的开度逐步增大防止水或者灰浆在管路中出现断流现象造成堵管。当地面系统出现故障后，立管中的浆体由于重力要产生压力致使膏体流动造成空管引起断流。为了避免事故发生，要迅速果断地切换调节阀，隔断膏体流动，使浆体保持静止状态，待故障排除后再重新开启阀门，极大地增强了充填系统的可靠性。一般阀门承压能力较差，不能满足充填工艺的要求，因此研发了柱塞式阀门，承压能力可达到 30 MPa，满足了充填工艺的要求，流量调节阀为系统满管流和事故应急处理提供了可靠的保障。

管道流量自动调节系统设备研制实施方式及实施效果见 8.4 节。

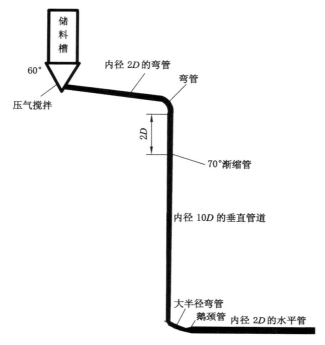

图 7-105　变径满管流输送系统

## 7.6.2　储砂池降压系统

储砂池降压是通过对垂直管道高度的限制,利用储砂池将料浆的输送速度降为零,使料浆在离开储砂池时消耗完前段垂直管道中产生的能量而达到降压的目的。充填料浆首先经过一段垂直管道,进入地下储砂池,压力缓解后,在自流送至充填采场。减压池减压充填输送系统如图 7-106 所示。采用地下储砂池减压,具有下列优点:

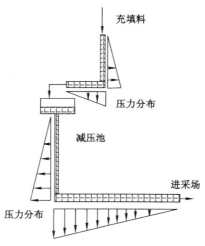

图 7-106　减压池减压充填输送系统

(1) 可以增大垂直管道管径,有利于保证矿山的充填量,减少管线数量;

(2) 管路堵塞时,产生的最大静压头较小。

　　减压池的位置选择以达到系统满管流输送为主,如果由于矿山条件所限,其位置不能和垂直管道之间的水平距离相距太远,则为了保证垂直管道中的满管流输送,需要较高的均匀料浆流速来平衡由于料浆流动造成的摩擦阻力,但高流速导致管路的高磨损率。因此,应优先采用较低的均匀料浆流速和耗散过剩的能量等措施来维持垂直管线的满管流。

　　减压池减压的方法,在倍线较小的矿山,应与局域增阻满管流输送合理结合,才能达到既降低管道压力,又减小管道磨损的目的。在垂直高度较大的深井矿山,如果一段减压池减压不够,可以使用多段减压池减压,如图 7-106 所示。

### 7.6.3　增加耗能装置

　　添加耗能装置的原理是其能够增大竖直管道或水平管道中的阻力损失,从而消耗过高的静压头,来抬高空气—料浆交界面,主要的耗能装置有阻尼节流孔装置。

#### 7.6.3.1　阻尼孔装置

　　阻尼孔装置是一种对浆体流动产生约束的装置,用于形成不连续管柱或用于消耗单位管长的全部过剩能量。其中,可以采用的型号为厚板阻尼孔、薄板阻尼孔、喷嘴、文式管喷嘴和文式管等,浆体通过阻尼孔装置后压力明显降低(图 7-107)。在恒定的流速下对于某一给定流速的限制,其压差是由压力计根据各测压孔的位置而限定的,如果管道内径为 $D$,则通过测压孔 $2.5D$(上流点)和 $8D$(下流点)的压力差的测量,显示恒定的或系统的压力损失。测压孔 $1D$(上流点)和 $1.5D$(下流点)之间的压力差,显示了充填料浆通过阻尼孔的压力损失。当将阻尼孔用于消耗能量时,考虑系统的永久压力损失是非常必要的。

　　阻尼孔有两种布置方式(图 7-108),第一方案为在达到最大自由落体速度的距离内放置阻尼孔,采用这种方法可以限制最大自由落体速度,但不完全消除自由落体。假如阻尼孔沿管路布置不合理,将会出现更多的问题。如果能使用第二种方案,即阻尼孔装置间隔布置,料浆的流动形式是较为理想的,但阻尼孔的尺寸必须合理选择,以确保每一部分(一般指阻尼孔之间距离的管道长度)总的永久阻力损失等于该部分可形成的自然压头。阻尼孔装置应设在垂直管路中足以保证浆体顺利通过水平管路的垂直浆体柱的上方。

　　为了保证阻尼孔布置合理必须进行精心测试,阻尼孔能否成功采用受到两个条件的限制,一个是制造阻尼孔(管)的材料本身的耐磨性,另一个是当阻尼孔受磨损,孔口越来越大时系统所能承受的流量变化的适应性。采用阻尼孔减压,和采用变径管一样,要对浆体的流量和密度进行计算和设计,以达到满管流动状态。在很宽的流量范围内,是不可能达到满管流动条件的,特别是当料浆的流速低于设计流速时,更难以形成满管流。因此为了增大系统压力,应该尽量少设阻尼孔。

#### 7.6.3.2　滚动球阀门和比例流动控制阀装置

　　滚动球阀门(RBV)内含有一组直径大约为 20 mm 的陶瓷球,这些球均被装入缸体中。在坑内充填管线的不同位置安装这些阀门。这种装置将使浆体产生高压力降,从而形成充填料浆的满管流动状态。压力降的大小随该装置长度的变化而变化,即增大料浆的局部阻力损失必须通过增加陶瓷球的数目来实现。该阀门在南非的全尾砂充填料浆中获得成功应用,但是在分级尾砂料浆系统中采用容易发生堵管事故,因此为了确定滚动球阀门在充填系统中的适用性,必须针对不同的料浆进行大量的试验研究。对于要求达到满管流动状态的充填系统,采用流量协调控制阀也可调节或消除浆体特性变化带来的影响,其结构如图

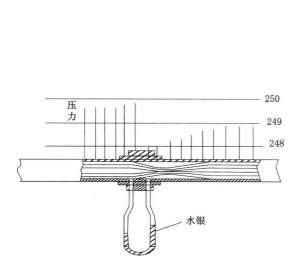

图 7-107    料浆穿过阻尼孔前后的压力变化

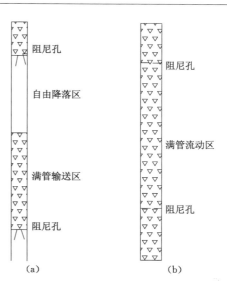

图 7-108    阻尼孔的两种布置方案

7-109所示。流量比例控制阀主体部件是带加强筋的柔性管道。该管道被安装在充满油且带压力的箱体内,整个箱体连接在充填料输送系统上。管道形状随筒式滚柱位置的不同而变化,筒式滚柱的运行路线由导向槽限定。橡胶管衬于箱体内壁,由于柔性管道具有高压下任意变形的特征,因此可通过施压于内部系统达到充填系统的压力值来补偿调整。据预测,该阀门可使流动速度得到有效控制,且速度调节变化范围幅度大,同时也可使流速保持最低。

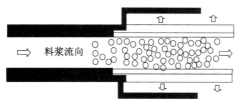

图 7-109    滚动球阀门结构示意图

### 7.6.3.3    孔状节流管装置

带孔节流管的基本原理类似阻尼孔,其结构如图 7-110 所示。节流管两头厚度逐渐减小,即内径逐渐增大,到管头位置节流管内径基本与外径相同。其使用方法是,将孔状节流管套入充填管道内,依据其消耗的能量,调整互相之间的间距,使充填料浆的流动达到满管流动状态。孔状节流管在一定程度上克服了普通节流管和阻尼孔等耗能装置当料浆通过之后在其下方形成自由落体区域的不足,同时增大了管壁的粗糙度,因此消耗的能量更多。其优点是使用方便、灵活,缺点是节流管本身的磨损大,使用寿命短。

图 7-110    孔状节流管结构示意图

#### 7.6.4　其他技术措施

降低管道磨损的其他工程技术措施包括：

（1）降低料浆对管道的磨蚀

料浆对管道的损害包括磨损和腐蚀两方面，因此降低料浆对管道的损耗应从这两方面做起。首先，要优化充填材料的粒级组成、确定管道磨损较小的材料配合比，尽可能降低充填骨料的粒径、选择表面光滑的骨料，添加对管道磨损相对轻微的细粒级物料，如粉煤灰、尾砂等，适当减小刚度较大的骨料含量；其次，要全面掌握充填料浆的化学性能，调整充填材料的用量比例，减少腐蚀性较强的材料含量，调整料浆的 pH 值，料浆中避免混入空气，降低氧含量，以达到降低充填料浆对管道腐蚀的目的；最后，在料浆中加入减阻剂，可以减小对管道的磨损。

（2）研制和采用耐磨抗腐蚀性能更好的新型管材和内衬

了解充填料浆的性能，在比较试验的基础上，研制和采用耐磨抗腐蚀性能更好的新型管材和内衬，提高管道自身的抗磨蚀能力；全面提高钢管衬里的制造质量，确保衬里质量和涂层质量，防止衬里松脱随料浆一起流出而起不到保护管道的作用。

（3）充填倍线小时要采用减压输送系统

充填倍线较小的矿山，要设法降低料浆的输送速度，降低料浆对管壁的压力。在相同的流速下，管道的磨损速度随料浆的压力增加而提高，当料浆的压力增大到一定程度，即使很小的料浆流速，也会对管道带来很高的磨损率。因此，采用减压输送系统，可以达到降低管道磨损率的目的。

（4）在水平管段需将充填管定期翻转

在水平管段，由于管道的磨损以底部最大、两侧次之、顶部最小，因此将充填管定期翻转，可以延长管道寿命。

（5）提高垂直管道的安装质量

提高垂直管道的安装质量，减少管道的倾斜及非同心程度。理论分析和矿山的生产实践都已经证明，如果垂直管道安装时其垂直度和同心度不好，就会大大提高管道的磨损速度，因此，必须提高管道安装质量，力争垂直度、同心度偏差在 $\pm5\%$ 之内等。

（6）弯管部分建议采用丁字管或缓冲盒弯头

在磨损率高的弯管部分，应采用丁字管或缓冲盒弯头，避免料浆对大直径弯管外半径磨出的窄长槽。

# 8   膏体料浆输送管道配套设备研制

膏体充填开采在某矿得到广泛深入的应用,充填工艺系统已趋于成熟,但膏体充填系统安全高效控制问题急需解决。膏体充填系统的关键环节以及配套设备包括以下几个方面:(1)充填物料的制备。充填物料的制备主要包括充填原材料的质量分析、原材料的称量、充填原材料的破碎处理、充填物料的配制和充填物料的搅拌处理。(2)充填设备的选型。充填设备选型主要包括充填泵选型、充填管道选型、连接阀门选型、破碎机选型、搅拌机选型和储存料仓的研制等。(3)充填物料输送控制。充填物料输送控制主要包括管道阻力损失计算、管道压力监测、充填管道堵管防治、充填管道的切换、充填管道磨损防治和残留充填物料的清洗等。(4)充填管道性能参数监测。充填管道作为充填系统的重要组成部分,其运行状态好坏对充填工作正常运行起着重要作用。在对现有膏体充填系统进行深入分析的基础上进行了关键配套设备研制工作,研发设备路线如图8-1所示。

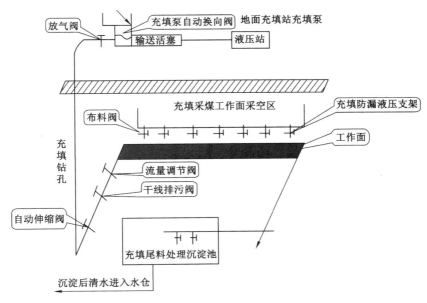

图 8-1   膏体充填系统关键配套设备位置图

## 8.1   充填泵自动换向阀

### 8.1.1   研制背景

国外对充填泵的换向研究起步比较早,技术也比国内先进。德国是欧洲充填泵发展最快的国家,第一台得到成功应用的充填泵就是在德国诞生,对充填泵的起步和发展作出很大贡献。1932 年由荷兰开发的第一台机械式充填泵,明确了充填泵的构造原理,为后来的机械式充填泵开发奠定了基础。随着科学技术的快速进步,充填泵往复换向的驱动方式也从最初的机械式驱动发展到现在的机电一体化形式。机械式驱动方式以曲柄滑块机构为主,采用机械驱动的充填泵重量大、结构复杂、磨损较快、造价高,所以现在使用场合较少。当前应用较多的几种自动换向机构是机动-液控、机动-电控、电-液以及全液压控制方式,它们依据自身特点在适当的工作场合使用,都能较好地实现往复换向方式;不足之处在于机械碰撞使系统的可靠性不高,再有受电磁换向阀的电磁推力影响,不适合大流量阀控制。全液压自动换向系统结构简单,换向平稳可靠,使用维护方便,受环境因素影响较小。我国在 20 世纪50 年代开始从国外引进充填泵,直到 80 年代才较大范围的推广。目前,国内充填泵生产企业有十余家,总生产能力 600 台左右,主要集中在中联重工、三一重工、辽宁海诺、安徽星马、上海普斯特 5 个企业,产量占全行业的 95%。泵车的型号也有多种,泵送高度从 20 m 到50 m,国内目前生产的充填泵车多集中在 37 m 以下。我国虽然起步较晚,但发展相当迅速,目前国内占主导地位的泵送液压系统有三种:一种由三一重工采用全液压液控换向系统;第二种是中联重科采用电信号换向;第三种是主要用在泵车上的闭式系统,换向冲击小,但成本比较高。在矿井膏体充填时,为了防止堵管而停止料浆输送,一般采用主管和副管两套充填管路。正常充填时,采用主管作为充填管路,副管为备用管路;当主管发生堵管事故时,需要将充填泵与主管之间的连接管拆卸开,安装到充填泵与副管之间。目前,充填泵和连接管与主、副管路均采用法兰连接方式,拆卸、安装十分不便,费时费力,因此,研发一种自动切换设备,免去拆装管路,便成了当务之急。

### 8.1.2 设备研制

根据目前充填泵管口和输送管路的对接情况,研制了充填管路自动换向阀。充填泵换向设备包括固定支架,固定支架的上部中间部位设置有与充填泵相连接的上管口,固定支架下部中间部位并排设置有两个下管口,固定支架内设置有与固定支架紧密相接的滑动支架,滑动支架可在固定支架内来回滑动,滑动支架内设置有两连接通道,两连接通道呈"八"字形排布,每个连接通道上端口与下端口的水平距离与上管口和下管口的水平距离相同。当其中一连接通道的上端口与固定支架的上管口密封连通时,该连接通道的下端口与相对应侧的下管口密封连通;固定支架的一侧端设置有液压缸,液压缸的活塞杆与伸缩支架的一侧端相连通。该设备的作用是充填时,固定支架上管口的上部与充填泵相连通,上管口的下部与其中一连接通道的上端口密封连通,该连接通道的下端口对应的下管口与充填主管相连通,另一连接通道备用;当充填主管发生堵管事故,需要启用副管充填时,启动液压缸使滑动支架运动,另一连接通道的上端口与上管口密封连通,该连接通道的下端口对应的下管口与充填副管相连通,通过充填副管继续充填,同时通过附属上管口与附属下管口对发生堵塞的主管进行清洗,以备副管发生堵管时再次利用,主、副管循环使用,不会因为一条充填管路堵塞而影响整个充填工作的运行,提高了工作效率。充填管道自动换向阀结构设计如图 8-2(泵口与主管相连)、图 8-3(泵口与副管相连)所示,实物如图 8-4、图 8-5 所示。

### 8.1.3 实施方式

结合图 8-2 和图 8-3 作进一步说明,充填管道自动换向阀包括固定支架 1,固定支架 1

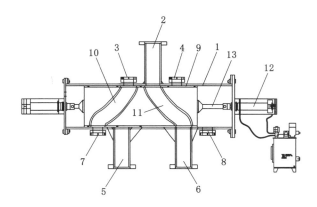

图 8-2　泵口与主管连接

1——固定支架;2——上管口;3,4——附属上管口;5,6——下管口;7,8——附属下管口;
9——滑动支架;10,11——连接通道;12——液压缸;13——液压缸活塞

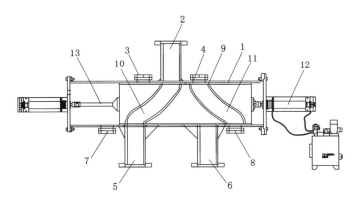

图 8-3　泵口与副管连接

1——固定支架;2——上管口;3,4——附属上管口;5,6——下管口;7,8——附属下管口;
9——滑动支架;10,11——连接通道;12——液压缸;13——液压缸活塞

图 8-4　充填泵自动换向阀实物

图 8-5　充填泵自动换向阀液压控制系统

的上部中间部位并排设置有上管口 2 和两个附属上管口 3 和 4,两个附属上管口 3 和 4 对称
设置在上管口 2 的两侧且与上管口 2 位于同一轴线上;固定支架 1 下部中间部位并排设置
有两个下管口 5 和 6 和两个附属下管口 7 和 8,两个下管口 5 和 6 位于两个附属下管口 7 和

8 的内侧,且两下管口 5、6 和两附属下管口位于同一轴线上。在固定支架 1 内部为滑动支架 9,滑动支架 9 与固定支架 1 紧密接触,且可沿固定支架 1 来回滑动,滑动支架 9 内固定有 2 根连接通道 10 和 11,连接通道 10 和 11 呈"八"字形排布,每个连接通道的上端口与下端口的水平距离等于上管口与任一下管口的水平距离,两连接通道上端口的距离等于上管口与任一附属上管口的距离,也等于下管口与相邻附属下管口之间的距离。固定支架 1 的两侧端都固定有液压缸 12,液压缸活塞杆 13 的端部与滑动支架 9 的两侧端相连接,两液压缸通过管路与液压站相连接。当左侧的连接通道 10 的上端口与上管口 2 密封连通时,连接通道 10 的下端口与左侧的下管口 5 密封连接,右侧的连接通道 11 的上端口与右侧的附属上管口 4 相连通,连接通道 11 的下端口与右侧的附属下管口 8 相连通。当发生堵管事故需要切换连接通道时,两端液压缸的活塞杆一个伸出一个缩回,带动滑动支架在固定支架内滑动,使右侧的连接通道 11 上端口与上管口 2 密封连通,连接通道 11 的下端口与右侧的下管口 6 密封连接,左侧的连接通道 10 的上端口与左侧的附属上管口 3 相连通,连接通道 10 的下端口与左侧的附属下管口 7 相连通,达到切换的目的。

### 8.1.4 应用效果

充填时,固定支架上管口的上部与充填泵相连通,上管口的下部与其中一连接通道的上端口密封连通,该连接通道的下端口对应的下管口与充填主管相连通,另一连接通道备用;当充填主管发生堵管事故,需要启用副管充填时,启动液压缸使滑动支架运动,另一连接通道的上端口与上管口密封连通,该连接通道的下端口对应的下管口与充填副管相连通,通过充填副管继续充填,同时通过附属上管口与附属下管口对发生堵塞的主管进行清洗,以备副管发生堵管时再次利用。主、副管循环使用,不会因为一条充填管路堵塞而影响整个充填工作的运行,提高了工作效率。

# 8.2 充填管路自动伸缩阀

### 8.2.1 研制背景

某矿首试充填采区为 2300 采区,距充填站较远,充填管路较长。在进行充填管路安装时采用多地点平行作业,安装后的多段管路相接时不能很好地衔接,在充填过程中出现故障进行排查处理时要拆卸管路,十分费事。因此,充填管路收缩阀的研制对整个充填管路的拆装连接是十分必要的。充填管路自动伸缩阀研制主要考虑以下几个方面:

(1)充填管路长度

表 8-1 统计了该矿膏体充填某条带煤柱工作面及某采区上帮区最远的某工作面和下帮区最远的某工作面,同时还统计了某采区、某采区最远工作面充填管道距离。

该矿膏体充填一个重要的特点是充填管道距离远,首试条带工作面充填管道长度达到 2 440 m,如果充填站能够为 6300 采区、7300 采区开采服务,最远充填管道长度将达到 6 000 m。在靳庄村南路与西翼胶带下山交叉点附近布置充填钻孔,从充填站到充填钻孔距离 1 550 m 左右,充填钻孔深度为 500 m 左右。膏体充填首试条带煤柱工作面 CT2301 面初采时井下充填管长度 1 550 m 左右,2300 采区上帮区最远的 2317/18 煤柱面初采时井下充填管长度 3 000 m 左右;2300 采区下帮区最远的 2333 工作面初采时井下充填管长度

3 900 m 左右,充填管路较长。

表 8-1　　　　　　　　　　　某矿工作面充填管路长度统计之一

| 序号 | 工作面 | 充填管长度/m | 充填管布置线路 |
|---|---|---|---|
| 1 | 2302/03 条带面 | 2 440 | 地面—钻孔—西翼胶带巷—西翼胶带下山—回采巷—煤柱面 |
| 2 | 2317/18 条带面 | 4 640 | 地面—钻孔—西翼胶带巷—西翼胶带下山—回采巷—煤柱面 |
| 3 | 2333 条带面 | 5 600 | 地面—钻孔—西翼胶带巷—西翼胶带下山——485 东胶带大巷—回采巷—煤柱面 |
| 4 | 1336 条带面 | 4 720 | 地面—钻孔—北翼胶带上山—北翼胶带大巷联络巷—北翼大巷联络巷—回采巷—煤柱面 |
| 5 | 6300 西翼长壁面 | 5 920 | 地面—钻孔—北翼胶带上山—北翼胶带大巷联络巷—东翼大巷—6300 胶带大巷—回采巷—煤柱面 |

（2）安全隐患排查

该矿充填管路长,堵管事故防治尤为重要。充填管路堵管事故的关键是预防,把严重堵管事故消灭在萌芽状态,同时系统设计中充分考虑为堵管事故处理创造有利条件,一旦发生堵管事故争取能够在最短的时间内完成堵管事故处理,最大限度减少堵管损失和对充填工作面生产影响。当充填管路发生堵管事故时,会严重影响生产。

（3）缓冲管路瞬间冲击压力

在充填工作开始时,充填料浆刚刚进入充填管路时,由于水和水泥浆引流,在钻孔垂直管路段自由下落,料浆速度迅速增高而形成湍流。高浓度的料浆属于黏性流体,易于封闭钻孔断面,使钻孔内的空气被压缩,这样原存在于充填管路内的空气就会被快速下来的料浆挤向前面的充填管路,这股气体在管道中会形成一定的冲击波,如果不对冲击波进行缓冲则可能引发以下问题:

① 瞬间的冲击引发充填管道的强烈振动,影响连续排浆;

② 料浆对充填管道法向冲击力非常大,充填管道的磨损程度加大,使用寿命减短;

③ 充填管道的连接处因振动会出现松动,原有的密封性变坏;

④ 当冲击压力过大时,会发生管喷事故。

（4）系统完善

目前的充填管路都是由多根直管相接而成,每两根相连的直管通过管卡固定连接在一起,此种连接方式虽然比较牢固,但是在处理故障管道拆或安装时,需要打开连接管卡进行维修,费时费力且存在安全隐患。因此,研发一种拆装方便、省时省力的管路伸缩装置便成了当务之急。

**8.2.2　设备研制**

充填管路伸缩阀是用来调整补偿管路安装和事故处理过程中的累积误差,提高安装效率,缓冲管路瞬间压力冲击而产生的压力振动。充填管路伸缩阀主要是安装在干线管路上,可以实现自由调节,其伸缩行程取决于外部油缸的行程,通过乳化液对伸缩管进行控制,对管路进行调整达到对接所需要的精度。该伸缩装置可与管路快速自动拆装,省时省力,实现了现场无人化操作,提高了工作效率和安全性。

膏体充填管路伸缩装置包括固定管口,固定管口的外表面轴向对称设置有两个液压缸,两个液压缸的活塞杆朝向相同。固定管口的内表面设置有伸缩管口,伸缩管口的外表面与固定管口的内表面紧密接触,伸缩管口的外端部表面径向对称设置有两个连接柱,每个连接柱与对应侧的活塞杆端部相连接。固定管口背向活塞杆的一端向内收缩形成一收紧口,收紧口的内径与伸缩管口的内径相同。收紧口的轴线、固定管口的轴线和伸缩管口的轴线重合。每个连接柱与活塞杆垂直连接,每个液压缸的两端缸壁上开设有进回油口。膏体充填管路伸缩阀剖面结构示意图如图 8-6 所示,实物如图 8-7 所示。

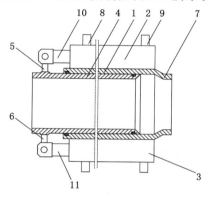

图 8-6　充填管路伸缩阀结构示意

1——固定管口;2,3——液压缸;4——伸缩管口;5,6——连接柱;
7——收紧口;8,9——进回油口;10,11——活塞杆

(a)　　　　　　　　　　　　(b)

图 8-7　充填管路自动伸缩阀

## 8.2.3　实施方式

结合图 8-6 和图 8-7 进一步详细说明,膏体充填管路伸缩装置包括固定管口 1,固定管口 1 的外表面轴向对称设置有两个液压缸 2 和 3,液压缸 2 和 3 的活塞杆 10 和 11 朝向相同;固定管口 1 内设置有同轴的伸缩管口 4,固定管口 1 的内表面与伸缩管口 4 的外表面紧密接触,并可沿固定管口 1 的内表面来回滑动,伸缩管口 4 的左端部外表面径向对称设置有两个连接柱 5 和 6,连接柱 5 和 6 与各自对应侧的活塞杆 10 和 11 的端部垂直连接。固定管口 1 的右端向内收缩形成一收紧口 7,收紧口 7 的内径与伸缩管口 4 的内径相同,且收紧口 7 的轴线与固定管口 1 和伸缩管口 4 的轴线重合。每个液压缸的两端缸壁上开设有进回油口 8 和 9。当安装充填管路时,右端的进回油 9 进油,左端的进回油口 8 回油,活塞杆伸

出,同时将伸缩管口 4 推出,使伸缩管口 4 套置在直管上,完成安装的目的;当发生堵管事故需要放浆时,液压缸右端的进回油口 9 回油,左端的进回油口 8 进油,活塞杆缩回,使伸缩管口 4 缩到固定管口 1 内,与直管分离,达到放浆的目的。每个液压缸与液压站相连接。在发生堵管事故时,无须人员到现场,只需通过液压站控制活塞杆的伸缩即可实现管路装拆的目的,实现了现场无人操作。

### 8.2.4  应用效果

在安装充填管路时,充填管路伸缩阀位于两直管之间,第一根直管连接在充填管路伸缩装置的收紧口内,第二根直管的端部与充填管路伸缩装置留有一定距离,当活塞杆带动伸缩管口伸出时,第二根直管被套置在伸缩管口内,充填管路伸缩装置与直管依次连接,形成一完整的充填管路系统。充填管路伸缩阀主要应用效果如下:

(1)新的充填管路连接时,可以多个地点多个工作小组并行工作,各组安装完毕后在各段之间用充填管路伸缩阀连接即可,大大减少了管路安装铺设时间,提高了工作效率。

(2)当发生堵管事故需要放浆时,只需将活塞杆缩回活塞内使直管与伸缩管口脱离即可实现放浆的目的,因此采用充填管路伸缩阀安装充填管路时操作简单、方便,而且在堵管需要放浆时也无须人员到现场,只需通过液压油控制活塞杆缩回带动伸缩管口缩回到固定管口内即可实现放浆的目的,避免了拆卸多处管卡的麻烦,大大提高了工作效率和安全性。

(3)减弱了充填管路瞬间压力冲击而产生的振动。

## 8.3  干线管排污阀

### 8.3.1  研制背景

充填管路都是由多根直管通过管卡互相连接而成,每个管道长约 4.5 m,因工作面离充填站较远充填距离较长,起初没有设置排污阀,当发生堵管事故需要排除管道内的污泥时需要打开管卡或者三通,把管道中的废弃物排出管道。由于膏体充填管道比较粗,工人在打开管卡或三通时比较困难,且重新连接时管道不易对接和密封。干线管路中的管箍如图 8-8 所示,三通如图 8-9 所示。

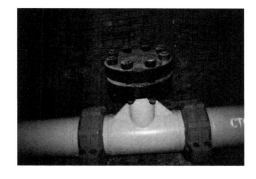

图 8-8  干线管上的管箍　　　　　　　　　图 8-9  干线管上的三通

### 8.3.2  设备研制

干线管排污阀在充填干线管需要冲洗时可切换到排污管口,使充填干线管里的废弃物从排污管口排走;在正常充填时切换到充填管口,完成充填工作。膏体充填干线管排污阀包括阀体,阀体的上部和下部设置有与充填干线管相连通的进料口和出料口,进料口与出料口之间的阀体内部设置有可横向移动的阀块,阀块上并排设置有充填管口和排污管口,进料口与充填管口或与排污管口相连通。其中,阀体的两侧对称设置有两个液压缸,液压缸内的活塞杆朝向同一侧,活塞杆的端部与固定在阀块端部的连接杆相连接。充填管口靠近连接杆设置,充填管口的上端口可与进料口密封连接,下端口可与出料口密封连接;排污管口呈直角形,排污管口的上端口可与进料口密封连接,下端口的朝向与活塞杆的朝向相反。干线管排污阀的研制结构如图 8-10 至图 8-13 所示(图 8-10 至图 8-13 中标注含义相同),实物如图8-14 所示。

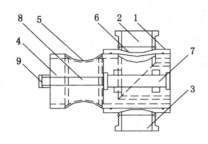

图 8-10　进料口与排污管口连接主视图

1——阀体;2——进料口;3——出料口;

4——阀块(可横向移动);5——充填管口;6——排污管口;

7——液压缸;8——活塞杆;9——连接杆

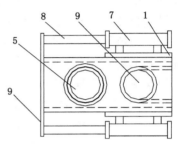

图 8-11　进料口与排污管口连接俯视图

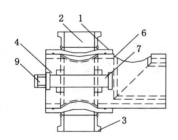

图 8-12　进料口与充填管口主视图

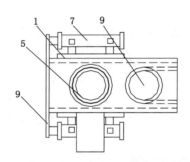

图 8-13　进料口与充填管口俯视图

(a)

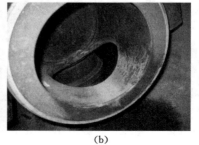
(b)

图 8-14　干线管排污阀实物

### 8.3.3 实施方式

结合图 8-10 至图 8-13 对干线管排污阀的实施方式做进一步说明。膏体充填干线管排污阀包括阀体 1,阀体 1 的上部和下部设置有与充填干线管相连通的进料口 2 和出料口 3,进料口 2 与出料口 3 之间的阀体内部设置有可横向移动的阀块 4,阀块 4 上并排设置有充填管口 5 和排污管口 6,进料口 2 择一与充填管口 5 和排污管口 6 相连通。阀体 1 的两侧对称设置有两个液压缸 7,液压缸 7 内的活塞杆 8 朝向同一侧,活塞杆 8 的端部与固定在阀块 4 端部的连接杆 9 相连接。上述充填管口 5 靠近连接杆 9 设置,充填管口 5 的上端口可与进料口 2 密封连接,下端口可与出料口 3 密封连接;排污管口 6 呈直角形,排污管口 6 的上端口可与进料口 2 密封连接,下端口的朝向与活塞杆 8 的朝向相反,排污管口 6 的下端口与排污管路相连通。

### 8.3.4 应用效果

经过在现场使用,干线管排污阀的效果显著。在正常充填时,活塞杆缩回液压缸内,充填管口的上端口与进料口密封连接,充填管口的下端口与出料口密封连接,膏体物料从充填管口进入到下方的充填干线管中,完成充填工作;当充填干线管需要冲洗时,活塞杆伸出,带动阀块移动,使排污管口的上端口与进料口密封连接,干线管中的冲洗物经排污管口排走,完成冲洗工作。现场应用中,工作人员只需操作液压缸操纵杆就能完成充填料管和排污料管的转换,无须拆卸管卡就能快速完成干线管堵管或清洗管道时的排污工作。这就大大减少了作业人员数目,提高了工作效率,减轻了工作人员的劳动强度,最重要的是保证了干线管道的原有良好密封性,为充填工作安全、高效控制提供了保障。

## 8.4 管道流量调节阀

### 8.4.1 研制背景

在前期打水和打灰浆时,阀门的开度逐步增大防止水或者灰浆在管路中出现断流现象造成堵管。当地面系统出现故障后,立管中的浆体由于重力要产生压力致使膏体流动造成空管引起断流。为了避免事故发生,要迅速果断地切换调节阀,隔断膏体流动,使浆体保持静止状态,待故障排除后再重新开启阀门,极大地增强充填系统的可靠性。一般阀门承压能力较差,不能满足充填工艺的要求,因此研发了柱塞式阀门,承压能力可达到 30 MPa,满足了充填工艺的要求,流量调节阀为系统满管流和事故应急处理提供了可靠的保障。

### 8.4.2 设备研制

针对现有技术中的缺陷,研制一种膏体充填管道清洗流量调节控制阀,该装置通过控制活塞的运动来完成对流量的调节,实现了流量的自动化调节和精确调节。膏体充填管道清洗流量调节控制阀包括液压缸,液压缸体中部开设有进料口与出料口,进料口与出料口相对应,进料口和出料口两侧的缸体长度大于进料口和出料口的内径。液压缸内设置有活塞,活塞将液压缸隔成大腔和小腔两个腔室,活塞杆位于小腔内并穿出液压缸端部,活塞的长度大于进料口和出料口内径的 2 倍,活塞的一端为活塞柱结构,另一端开设有与进料口和出料口相适配的通孔,大腔和小腔开设有液压油口,液压油口通过管路与液压系统相连接。活塞上的通孔靠近小腔一侧,活塞柱位于大腔一侧;当活塞位于液压缸的左端时,活塞上的通孔正好将进料口和出料口连通,当活塞位于液压缸的右端时,活塞柱正好将进料口和出料口堵死。液压系统包括油箱,油箱通过管路与油泵连接,油泵通过管路与三位四通电磁阀的第一接口相连通,三位四通电磁阀的第二接口通过管路与液压缸的大腔相连通,三位四通电磁阀的第三接口通过管路与液压缸的小腔连通,三位四通电磁阀的第四接口通过管路与油箱相连通。该装置的剖视结构如图 8-15 所示,实物如图 8-16 所示,液压系统原理如图 8-17 所示。

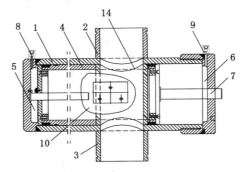

图 8-15　流量调节阀剖视结构示意图

1——液压缸;2——进料口;3——出料口;4——活塞;5——大腔;
6——小腔;7——活塞杆;8,9——液压油口;10——三位四通电磁阀;14——通孔

图 8-16　流量调节阀实物

## 8.4.3　实施方式

结合图 8-15 至图 8-17 对膏体充填管道清洗流量调节控制阀在现场的实施进行详细说明。膏体充填管道清洗流量调节控制阀包括液压缸 1,液压缸 1 缸体中部开设有内径相同的进料口 2 与出料口 3,进料口 2 与出料口 3 相对应,进料口 2 和出料口 3 两侧的缸体长度为进料口和出料口的内径的 1.2 倍,液压缸 1 内设置有活塞 4,活塞 4 将液压缸 1 隔成大腔 5 和小腔 6 两个腔室,活塞杆 7 位于小腔 6 内并穿出液压缸 1 端部,活塞 4 的长度为进料口和出料口内径的 2.4 倍,活塞 4 的一端为实心结构,另一端开设有与进料口和出料口内径大小相同的通孔 14,大腔 5 的端部缸壁上开设有液压油口 8,小腔 6 的端部缸壁上开设有液压油口 9;液压油口 8 通过管路与三位四通电磁阀 10 的第二油口 102 相通,液压油口 9 通过管路与三位四通电磁阀 10 的第三油口 103 相通,三位四通电磁阀 10 的第一油口 101 通过管路与油泵 12 相连通,油泵 12 与油箱 13 相连通,三位四通电磁阀 10 的第四油口 104 通过管路与油箱 13 相连通,活塞杆 7 的外表面标有刻度。

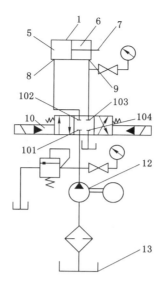

图 8-17  液压系统原理

1——液压缸;2——进料口;3——出料口;4——活塞;5——大腔;6——小腔;7——活塞杆;
8,9——液压油口;10——三位四通电磁阀;101——第一油口;102——第二油口;
103——第三油口;104——第四油口;12——油泵;13——油箱

### 8.4.4  应用效果

通过液压系统控制活塞的移动来完成流量的调节,实现了现场无人化操作,同时还可通过活塞杆伸出液压缸外长度来判断膏体的流量大小,实现对流量的精确控制。自某矿应用以来,在管道输送、防止料浆离析、管道排放气及堵管预防方面起到了巨大作用。

## 8.5  充填隔离液压支架

### 8.5.1  研制背景

在充填工作中,隔离墙搭设是充填工作面重要工作内容之一。由于矸石膏体有一定的初凝时间,充填料浆被输送至待充填采空区时并没有凝固,还有一定的流动性,一旦隔离墙搭设不好充填料浆很容易通过缝隙流到采煤工作面,而且在一些煤层较厚的工作面,充填料浆在凝固前侧压较大,极易形成跑浆。矸石膏体料浆的漏失会影响充填质量,同时还会给采煤工作面造成环境影响。很多学者和现场工作人员提出了一些方法和措施,但人工隔离的效果一直不好。目前的液压支架仅具有支撑掩护的功能,不能对充填隔离区进行封堵,降低了工作效率。充填开采为防止待充填区漏浆,隔离墙搭设示意如图 8-18 和图 8-19 所示。

### 8.5.2  设备研制

针对现有技术中的缺陷,提供一种具有充填防漏功能的液压支架,该液压支架不仅能够保证在采煤时具有足够的支护强度,而且该液压支架的尾部可形成隔离墙,在液压支架向前推进后还可对后部的采空区进行充填,无须另搭隔离墙。膏体充填材料浆液输送到采煤工

图 8-18　隔离墙打设

图 8-19　隔离墙密闭封堵

作面以后,要做到及时、保质保量完成充填任务,一般需要做好以下三方面工作:一是充填空间的临时支护,保证在充填前、充填期间和充填体能够有效作用前的这段时间内顶板(煤或岩石)保持稳定。二是隔离墙的设立,需要快速形成必要的封闭待充填空间,为充填创造更多的时间,避免充填料浆流失和影响工作面环境。三是合理安排充填顺序与措施,保证充填作业连续进行,保证充填体接顶质量,这也是关系充填控制地表沉陷的一个关键环节。膏体充填材料的特性决定了它不同于传统的水砂充填,对工作面支架的要求也明显区别于水砂充填,主要区别如表 8-2 所示。

表 8-2　　　　　　　　　　　　膏体充填与水砂充填隔离要求对比

| 序号 | 比较项目 | 膏体充填 | 水砂充填 |
|---|---|---|---|
| 1 | 充填区内充填物料状态 | 数小时仍保持为具有流动性能的膏体 | 河沙/矸石颗粒快速沉淀失去流动性 |
| 2 | 充填物失去流动性途径 | 凝结固化、失水 | 失水 |
| 3 | 隔离防漏要求 | 高 | 较低 |
| 4 | 对隔离墙侧压力 | 大 | 较低 |

　　为了使膏体充填技术真正发展成为"高效安全、高采出率、环境协调"的绿色采煤技术,必须发展专门的液压膏体充填支架,这种支架应该满足以下基本功能要求:

　　① 对工作面采煤作业空间顶板的支护作用,这一点与普通综采工作面对支架的要求是一致的,需要指出的是采用全部充填以后充填开采工作面一般不出现周期来压显现,对充填支架工作阻力要求相对较低,支护强度可以按照同等条件垮落法开采所需支护强度的60%～80%考虑。

　　② 对工作面待充填空间顶板的支护作用。需要指出的是,工作面待充填空间的支护同样十分重要,工作面采煤作业空间与待充填空间的支护共同决定充填前顶底板移近量,这直接影响到充填前的顶底移近量,为了给充填创造良好的条件,尽可能提高充填控制地表沉陷效果,工作面采煤作业空间与待充填空间的支护在必须保证支护空间安全的同时也必须尽可能减少充填前的顶底板移近量。

　　③ 对未凝结固化的新充填体保护作用。膏体充填浆体凝结固化到能够自立并有能力对顶板起一定的支撑作用,防止直接顶板冒落破坏,一般需要 8 h 左右。为了提高充填工作面煤炭生产能力,保证充填完成以后即可安排采煤工作甚至边采煤边充填,需要充填支架在

保证工作面采煤前移的同时还能够继续保持对新充填体的支护作用。

④ 隔离墙作用。在充填过程中膏体充填支架还要起到隔离充填区的作用,保证充填接顶,防止充填料浆流入工作面而影响生产。

⑤ 方便安排采煤与充填工作,使充填对采煤工作的影响最小。理想的膏体充填支架应该保证采煤与充填工作互不影响,在充填的时候可以安排采煤,或者充填完成以后即可安排采煤,不需要等待充填体凝结固化 8 h。

膏体充填液压支架既要满足回采过程中的顶板支护要求,又可以作为充填过程中的隔离墙的支架。对膏体充填液压支架顶板支护要求,主要根据以下两种方法选择:

(1)岩石自重法

这种方法主要由德国、日本、波兰、原苏联、美国、印度等国根据顶板运动特点,采用采高倍数和岩石重度的乘积来计算支护密度:

$$p = kh\gamma \tag{8-1}$$

式中　$p$ ——液压支架支护密度,MPa;

$k$ ——煤层赋存条件决定的系数,随地域不同而不同;

$h$ ——采高,m;

$\gamma$ ——岩石重度,kN/m³。

(2)理论分析法

根据宋振骐院士的传递岩梁学说,液压支架的工作状态有两种即给定变形和限定变形,两状态下的支护强度由下式计算:

给定变形:

$$p = A + \frac{m_E \gamma_E c}{K_T L_K} \tag{8-2}$$

限定变形:

$$p = A + \frac{m_E \gamma_E c \Delta h_A}{K_T L_K \Delta h_i} \tag{8-3}$$

式中　$\Delta h_A$ ——顶板最大下沉量;

$\Delta h_i$ ——要求控制的顶板下沉量;

$m_E, \gamma_E, c$ ——第一岩梁的厚度、重度和周期来压步距;

$K_T$ ——岩重分配系数,按表 8-3 选取。

**表 8-3** $K_T$ 选取表

| $N$ | $N \leqslant 1$ | $1 < N \leqslant 2.5$ | $2.5 < N \leqslant 5$ | $N > 5$ |
|---|---|---|---|---|
| $K_T$ | 2 | $2N$ | $38(N-2.5+5)$ | $\infty$ |

某矿 $3_上$ 煤层条带煤柱膏体充填开采具有以下特点:

① 煤层为中厚层,顶板为中等稳定的粉砂岩。

② 工作面一般比较短,充填步距大,设计为 3～5 m。

针对 $3_上$ 煤层条带煤柱膏体充填开采特点,提出了三种膏体充填液压支架方案:尾梁/隔离板结合式、低速液压马达驱动伸缩尾梁式和支架/锚网结合式。这三种支架设计方案的技术特点与优缺点对比分析如表 8-4 所示。通过比较,选用尾梁/隔离板结合式液压支架方案,支架结构如图 8-20 所示,实物如图 8-21 所示。充填防漏液压支架包括前后立柱、顶梁和底座。底座采用半开底式箱形结构,配备抬底机构和底调机构;顶梁采用整体顶梁结构,顶梁后部铰接有尾梁,尾梁的下部与顶梁的下部连接有液压缸,液压缸可将尾梁推出与顶梁在一个平面上作为支护顶板,当尾梁在液压缸的作用下收回与顶梁呈直角状态时作为上隔离板;尾梁的中部开设有料管连接孔,底座的后部整体高起形成下隔离板,上隔离板和下隔离板相互搭接构成隔离墙,尾梁和底座的同一侧设置有活动侧护板。

**表 8-4**  膏体充填液压支架方案比较

| 方案 | 尾梁/隔离板结合式 | 低速液压马达驱动伸缩尾梁式 | 支架/锚网结合式 |
|---|---|---|---|
| 技术特点 | 四柱;四连杆;上下搭接,水平伸缩式隔离板;尾梁与顶梁铰接,在后伸千斤顶作用下向后旋转到水平位置支撑待充填区顶板,后伸千斤顶收缩,尾梁向下旋转呈垂直状态作上隔离板用 | 四柱;四连杆;伸缩式尾梁,由低速液压马达驱动实现尾梁伸与缩,液压马达动力为工作面泵站提供的高压乳化液;上下搭接,水平伸缩式隔离板 | 四柱;四连杆;上下搭接,水平伸缩式隔离板;无尾梁;工作面全面挂网,打锚杆支护 |
| 优点 | 支架后部采取辅助隔离措施有支护保障;结构比较简单;操作最简便;上下隔离板有后伸千斤顶收缩保证前后压紧,隔离效果保证度较高 | 支架后部采取辅助隔离措施有支护保障;在伸缩梁长度范围内,能够及时对待充填区进行有效支护;伸缩梁可以全部收缩,充填区不露尾梁 | 支架后部采取辅助隔离措施有支护保障;支架结构最简单,只在普通四柱液压支架基础上增加隔离板;工作面顶板支护最可靠;待充填区全部全过程支护,充填前顶板下沉量小;对顶板适应能力强,有条件进一步简化充填工作面支架结构 |
| 缺点 | 待充填区不是全部全过程支护;充填区达到尾梁长度宽度以后,尾梁才能够旋转对顶板起支撑作用,对于顶板破碎条件充填区支护不利 | 待充填区不是全部全过程支护;结构复杂;低速液压马达第一次应用在液压支架上,有待试验考察;上下隔离板需要辅助措施压紧;尾梁不能够全部覆盖其作用区,工人在支架后面采取辅助隔离措施,有漏顶危险 | 挂网、打锚杆可能影响采煤工作;工作面占用人员较多;待充填区支护成本高;锚杆尾部可能影响支架顶梁与顶板的紧密接触关系,人为产生跑漏浆通道,增加辅助隔离措施工作量 |

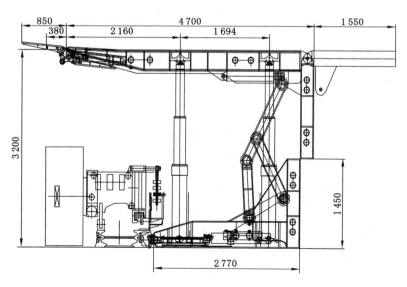

图 8-20  膏体充填防漏液压支架结构图

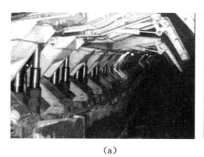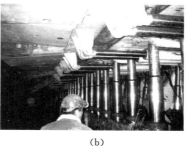

(a)　　　　　　　　　　　　　(b)

图 8-21　膏体充填防漏液压支架实物

该充填支架顶梁长度 4 700 mm,梁端距离 380 mm,护帮板长度 850 mm,尾梁长度 1 800 mm,旋转水平以后增加支护宽度 1 550 mm,具体技术参数如表 8-5 所示。

表 8-5　　　　　　　　　　　某矿 ZC4200/17/32 型充填支架技术参数

| 参　　数 | 数　　据 | 单　　位 |
|---|---|---|
| 高　　度 | 1 700～3 200 | mm |
| 宽　　度 | 1 420～1 600 | mm |
| 中心距 | 1 500 | mm |
| 初撑力 | 3 600 | kN |
| 工作阻力 | 4 000 | kN |
| 支护强度 | 0.40～0.52 | MPa |
| 对底板比压 | 1.0 | MPa |
| 泵站工作压力 | 31.4 | MPa |
| 尾梁宽度 | 1 420～1 600 | mm |
| 尾梁最大悬长 | 1 550 | mm |
| 重　　量 | 15 | t |

### 8.5.3　实施方式

充填防漏功能的液压支架,采用高强度钢板制作,液压系统采用手动大流量操纵系统,前、后立柱采用前置正四连杆形式,前后排立柱间距合理调整,为充填管道的布置及整体前移和人员行走提供了空间。底座采用半开底式箱形结构,前过桥采用厚度 100 mm 的高强度钢板,配备抬底机构和底调机构,底座的后部整体高起,形成下隔离板,下隔离板的一侧设置有活动侧护板。顶梁采用整体结构,后部铰接有尾梁,顶梁和尾梁的同一侧设置有活动侧护板。尾梁的下部和顶梁的下部连接有液压缸,尾梁可在液压缸的作用下伸出与顶梁在同一水平面形成支护顶板,微量收回时与顶梁呈直角状态形成上隔离板,尾梁的中部开设有料管连接孔,需要布置充填管的,将充填管与料管连接孔相连接,不需要布置充填管的可将料管连接孔堵住。膏体充填防漏液压支架内充填管道布置如图 8-22 所示,支架内充填管道向待充区铺设过程如图 8-23 所示,膏体充填防漏液压支架尾梁收缩成隔离板过程如图 8-24所示,充填管道口如图 8-25 所示。

图 8-22　支架内充填管道布置　　　　　　图 8-23　充填管道向待充区连接

图 8-24　充填防漏液压支架尾梁　　　　　　图 8-25　充填管道口

该支架采用钢板直接接触密封结构,顶梁和尾梁采用伸缩板式线接触密封结构,尾梁收回时上部与顶梁、下部与底座上部搭接共同实现接触密封,密封结构能适应最大俯采 10°要求,相邻液压支架的顶梁、尾梁和底座活动侧护板相互挤压贴合实现密封。

### 8.5.4　应用效果

膏体充填防漏液压支架在某矿应用后起到了很大的作用,在保证液压支架稳定性的条件下能够满足充填防漏的需要。液压支架在采煤时,尾梁在液压缸的作用下伸出与顶梁位于同一水平面上,主动支护充填区顶板;在充填时尾梁缩回,与顶梁呈直角状态变成上隔离板,上隔离板与顶梁后端、下隔离板相互搭接,构成具有良好防漏功能的隔离墙,而且顶梁、尾梁和底座的同一侧设置有活动侧护板,保证了相邻液压支架侧面接触紧密,防止料浆从两液压支架之间泄露,极大地提高了隔离墙施工效率和隔离效果。采用专用充填液压支架搭设隔离墙示意如图 8-26 和图 8-27 所示。

图 8-26   待充填区隔离墙搭设          图 8-27   待充填区局部密封

## 8.6   井下工作面管路自动切换阀

### 8.6.1   研制背景

　　某矿 A 膏体充填工作面和 B 膏体充填工作面是两个相邻的工作面,都位于 2300 采区,两个工作面共用一条立管,在−410 水平西翼胶带上山机头处布置各自的工作面充填管路。在两个工作面交替充填过程中(即充填完 A 工作面后马上对 B 工作面进行充填),需要把 A 工作面充填管路与主充填管路拆开后再把 B 工作面充填管路连接到主充填管路上,在拆接充填管路过程中,不仅难以保证充填管路连接处密封垫良好而且拆接管路的工作量大,不利于连续充填。因此,要实现两个膏体充填工作面在共用一条立管情况下两条分管路之间的快速切换,实现不拆接管路进行连续充填工作。

### 8.6.2   设备研制

　　矿井充填管路自动切换装置包括支架、连接管、摆管油缸和压紧油缸。支架的一端设置有进料口,另一端设置有多个出料口。连接管的入口端与进料口固定连接并与其相连通,连接管的出口端连接有摆管油缸并在摆管油缸的作用下可选择与多个出料口中的一个相连通。压紧油缸具有可伸缩的活塞杆,当活塞杆伸出时可将连接管的出口端压紧在与出口端连通的出料口上,进料口和出料口包括法兰盘连接管的两端分别设置有法兰盘,连接管与进料口和出料口通过法兰盘连接。摆管油缸和压紧油缸都设置在支架内部,压紧油缸的工作压力大于 20 MPa。该装置的优点在于结构简单,安装维修方便,故障率低。井下工作面管路自动切换原理与液压元件中的两位两通阀原理相似,通过阀芯的条件来改变膏体运行的路线。井下工作面管路自动切换原理如图 8-28 所示,自动切换阀结构设计如图 8-29 至图 8-31 所示,实物应用如图 8-32 和图 8-33 所示。

### 8.6.3   实施方式

　　工作面自动切换阀切换工艺为压紧油缸 4,进油嘴(油腔内),压力降到 0 MPa,操作摆动油缸 3,使其 S 管耐磨结头对正 A 或 B 工作面出料口。压紧工作状态将压紧油缸压紧压力至≥20 MPa,进油管路压力升至 20 MPa,充填管可进行充填。辅力机械装置当无油压动力源或者当油压无法保持在 20 MPa 以上时,可紧固 M42 螺栓和固定螺栓即可。该装置承压≥20 MPa,配备独立液压站,带储能口和压力报警装置。S 摆管摆动灵活,轴向位移

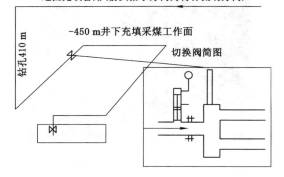

图 8-28　管路自动切换原理工艺图

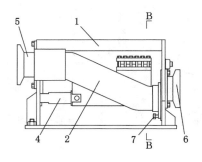

图 8-29　管路自动切换阀结构主视图

1——支架；2——连接管；
4——压紧油缸；5——进料口；
6——出料口；7——辅助压紧装置

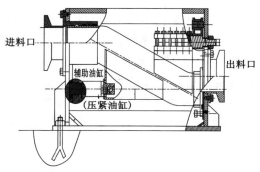

图 8-30　管路自动切换阀结构 A—A 剖面

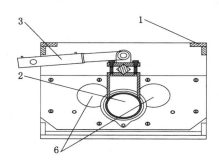

图 8-31　管路自动切换阀结构 B—B 剖面

1——支架；2——连接管；
3——摆管油缸；6——出料口

图 8-32　管路自动切换阀外形

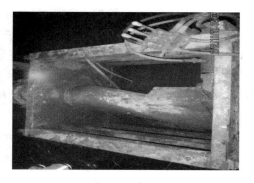

图 8-33　管路自动切换阀内部管道连接

5 mm，耐磨接口与衬板油脂润滑。压紧油缸应固定在 S 摆管上，可采用轴栓固定。M42 及衬管上 M20 孔是固定耐磨口备用装置。外壳平行度≤5 mm。摆管油缸控制伸缩长度，保证摆管到位实现定位。

矿井充填管路自动切换装置包括支架、连接管、摆管油缸和压紧油缸。支架为角钢、钢管或其他型钢焊接成的基本成长方体的金属框架,连接管、摆管油缸和压紧油缸都设置在支架内部,支架的一端设置有一个进料口,另一端设置有两个出料口;连接管的入口端与进料口固定连接并与进料口相连通,连接管的出口端连接有摆管油缸,摆管油缸的活塞杆的伸缩可以通过机械装置使连接管的出口端在一定的范围内自由移动,从而可选择的与两个出料口中的任意一个相连通;为保证连接管的出口端与出料口的连接紧密,防止充填料泄漏,在连接管与出料口连通后,需要使用压紧油缸密封连接管与出料口的连接,压紧油缸具有可伸缩的活塞杆,其工作压力大于 20 MPa,当在工作压力下活塞杆伸出时,就将连接管的出口端压紧在与出口端连通的出料口上,实现连接管与出料口的密封连接,同时考虑到井下有可能发生压紧油缸压力不足或液压工作站没有供液等情况,矿井充填管路自动切换装置还可以设置辅助压紧装置,包括固定螺栓,使用旋紧固定螺栓的方法将连接管的出口端进一步压紧在出料口上。进料口和出料口可以是法兰盘结构,其于连接管的两端设置的法兰盘相对应,形成法兰连接。为方便连接管的移动,可以使用柔性管,如橡胶管、钢塑复合管等,也可以采用在连接管中设置可活动接头方法,只要其满足充填要求即可。

### 8.6.4　应用效果

井下工作面管路自动切换阀实现了充填工作面轮采轮充模式,彻底改变了充填开采产量低、效率低的现状,提高了效率,同时实现了主管与轮采面管自动切换,节约了大量的人力、物力。

## 8.7　满管自流自动清洗控制系统

### 8.7.1　研究背景

由于目前管路结构单一,整个管路连接只由管箍及盲板三通组成,而且管路清洗方式简单,造成膏体管底沉积最厚达 6 cm。一旦管路异常震动,管路内沉积物很容易脱落卷起造成堵管;由于管道清洗工艺正常为充填—矸石浆—粉煤灰浆—水,在清洗时极易造成大颗粒煤矸石在变坡点沉积。因此,研究长距离管路清洗技术成为膏体充填安全、高效的另一个关键问题。

### 8.7.2　设备研制

由于某矿膏体充填管道有近 450 m 垂直段,可以利用垂直段高压水流成为清洗管道的动力,由此设计了管道自动控制工艺阀,结构如图 8-34 所示。满管自流自动控制工艺阀原理:

利用垂直段水的压力(4~5 MPa)与液压泵站(31.5 MPa)的关系设计,系统可自动或人工开启。测试进水端压力静止满管时,$f_1$ 压力为 0~4.5 MPa,液压泵站压力为 31.5 MPa,进水端面与油缸截面比 7:1,实现压力平衡。

(1) 当 $f_1 = 4.5$ MPa 时,$f_2 = 31.5$ MPa,油缸处于静止状态;

(2) 当 $f_2 > f_1$ 时,油缸向左运动,关闭管路;

(3) 当 $f_2 < f_1$ 时,油缸向右运动,启动管路。

管道自动控制工艺阀实物如图 8-35 所示。

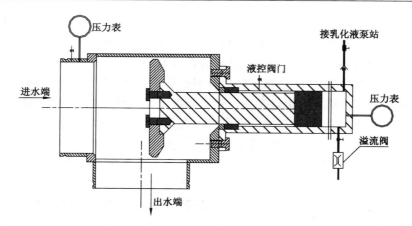

图 8-34　满管自流自动控制工艺阀结构

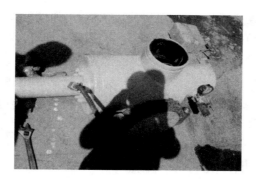

图 8-35　满管自流自动控制工艺阀实物

满管自流自动清洗系统已被中华人民共和国国家知识产权局授权发明或实用新型专利,专利号:ZL201120443649.2。

### 8.7.3　应用效果

满管自流清洗技术原理:当膏体料浆基本输送完成后,将地面供水管道闸阀打开,同时打开钻孔顶部放气阀,水全部注满充填管道,排空管内空气后关闭放气阀,保证料浆斗时刻处于高水位。开始冲洗时,井上下人员联系好,井下闸门工迅速打开干线闸门,在自然压差的作用下充填管内水流达到高速流动状态,超过了浆体临界流速,管道内的残留物随着水流流出管道进入沉淀池。某矿充填管道长度 2 200 m,一般冲洗时间 10～15 min,满管自流清洗工艺流程如图 8-36 所示。

满管清洗工艺流程如下:

(1) 开始冲洗管路时,将补水管道出口与高位料浆斗(冲洗时作为水斗)连接,料浆斗通过充填泵"S"摆管与充填管道连接,高位料浆斗出口高度要高于充填管道出口,在补水管出口和充填管道的出口分别设置有阀门。

(2) 输送泵停止输送料浆后,充填泵停止运行,将料浆斗和充填管路连通,即将充填泵"S"摆管摆至和管路连通位置,然后将立管底处闸阀关闭,打开地面放气阀,向充填管路补水;待钻孔放气阀开始排水,证明充填管路已被水充满,通知立管底闸阀看护人员开始放水,

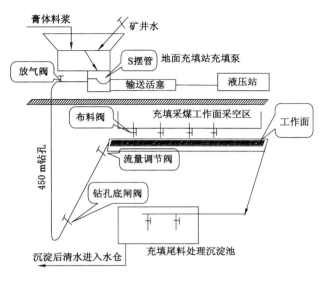

图 8-36　满管自流清洗工艺流程

此次放水可将钻孔底闸阀段管路清洗干净;继续冲洗 10 min 后关闭充填干线管路末端闸门,通知地面开始补水,待立管放气阀见水后,开始打开末端闸门放水冲洗管路,根据管路长度应连续冲洗 15 min 方可将管内杂物全部排至沉淀池。满管自流自动清洗系统的利用,完全摒弃了传统的膏体—矸石浆—粉煤灰浆—水—清洗球—风吹清洗模式,使膏体充填开采进入了高速充填和高速清洗时代,大大节约了管道清洗时间,而且清洗效果非常好。在使用满管自流自动清洗控制系统以来,发现残余在管道中的金属片及铁丝等杂物也被清洗出来,拆开管道发现一些混凝土浆积垢也被清洗得非常干净,效果非常好。

# 9　膏体充填覆岩与地表沉陷监测评价

膏体充填技术作为一种新的采矿方法,虽然在采空区进行实物充填,接顶效果较好,但上覆岩层仍会随着煤层的采出及充填体的缓慢压实而受到影响,从而产生矿压显现。因此,在充填开采的同时需要对顶板活动规律进行观测。通过对充填体的应力、应变、回采巷道变形、支架压力变化情况及采煤工作面的"三量"观测,及时掌握充填工作面矿压显现规律,摸清采煤工作面围岩与支架的相互关系,在顺利实施充填开采的同时也为采面巷道布置、设备选型、支护设计和顶板控制提供科学依据,这不但对充填开采覆岩控制和矿山压力理论研究有重要意义,同时对指导充填采场安全生产也具有重要意义。在充填采场监测中,常规监测比较容易。由于充填膏体处在高温、高湿、有压及膏体水化环境下,常规的仪器无法监测。因此,系统研究充填膏体的工作性能及充填效果评价成为充填开采的关键。目前,国内外对充填膏体的工作性能及充填效果监测与评价的相关研究资料极少。

## 9.1　膏体长期稳定性监测

### 9.1.1　膏体在线监测系统研制

在井下最直接、最有说服力评价充填膏体长期稳定性的方式是监测充填膏体应力及变形状态。由于充填膏体处在高温、高湿、有压及水化环境下,普通的传感器无法监测。针对这一问题,研制了壁后充填膏体在线监测系统。

（1）监测系统组成

监测系统采用总级分线式布置,通过在回采巷道内布置通信监测分站（KJF70）,通信分站下位机采用 RS485 总线与测点各传感器连接,每个测点用一个接线盒将 2 个传感器连接起来。各测点接线盒与通信分站采用离散式分别连接,监测系统结构如图 9-1 所示,软件界面如图 9-2 所示。

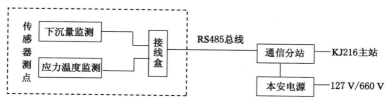

图 9-1　监测系统结构

（2）工作原理

每个传感器均内置变送器和 RS485 通信接口,多通接线盒将各个传感器并联到 RS485 总线上,然后分别连接到 KJF70 通信分站 RS485 总线。整个系统采用集散式连接,每个传

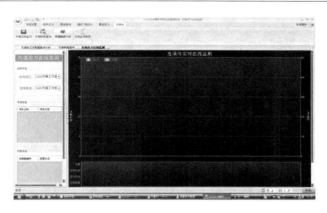

图 9-2　软件界面

感器具有唯一的地址编码,传感器与通信分站总线连接方式采用树形并联,通过支路限流匹配,使每一支路出现故障时不影响其他支路测点的运行。通信分站由计算机控制通过 RS485 总线巡测每个传感器数据,并循环显示在 LCD 屏幕上。如果条件允许,可通过电话线或环网将监测数据实时传送到井上计算机来存储和分析。

（3）膏体变形监测

膏体变形监测采用特制 KBU101-200 型顶底板变形仪,量程可达到 500～800 mm。变形仪采用齿轮-齿条结构,通过内部的角位移传感器将位移信号转换成电压信号并被单片机采集形成数字信号。变形仪内置 RS485 通信接口,通过电缆将数据传送到 RS485 总线。变形仪采用弹性储能活塞杆位移结构,该结构可以做到传感器内部的防水密封,具有校零功能,变形仪长度可根据工作面高度加工,加接长杆的测量范围可以达到 3.0 m。若要测量高度更大,需增加支撑杆,简单的办法是在底板上固定支设金属管到一定高度,将变形仪安装到金属管上部与顶板接触。膏体变形仪结构如图 9-3 所示。

（4）膏体应力监测

膏体所受载荷可直接作用到压力传感器上,传感器水平放置在采场底板上。当底板不平时可考虑将传感器固定到钢板上再放置到底板上,压力传感器结构如图 9-4 所示。膏体应力传感器工作原理为充填介质压力直接作用到传感器应变体上,使应变体产生弹性变形,应变计输出与作用力呈正比的电压信号,变送器将电压信号放大后输出。

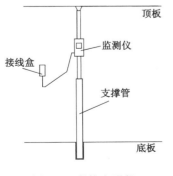

图 9-3　膏体变形仪

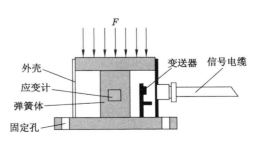

图 9-4　应力传感器

（5）膏体温度监测

由于在搭设密闭墙期间，感觉工作面温度非常高，为了解膏体的水化温度情况，进行了充填膏体温度监测，监测时温度传感器与压力传感器共同密封在一起。温度监测采用 TS-18B20 数字温度传感器，采用美国 DALLAS 公司生产的 DS18B20 可组网数字温度传感器芯片封装而成，具有耐磨耐碰、体积小、使用方便、封装形式多样等优点，适用于各种狭小空间设备数字测温和控制领域，如图 9-5 所示。

### 9.1.2 监测方案设计

在距开切眼 50 m、100 m 和 150 m 的工作面上，各布置 3 条测线，每条测线布置 3 个测区，每个测区均布置应力、温度传感器及膏体变形仪，工作面测点布置方案如图 9-6 所示。工作面长 100 m，在距两侧巷道 20 m 的位置各布置一组，在工作面中间位置布置一组，所测数据通过布设的通信电缆在回采巷道接通信分站，通信分站连接到通信主站，主站通过专用电话线或光端机（光缆）等通过适配器传到地面接收主机，通过专用软件监测，各测点的实际安装布置可以根据现场实际条件进行适当调整，但不宜离开切眼太近，以免煤柱效应引起顶板的垮落不充分，不能真实反映顶板运动情况。

图 9-5　温度传感器

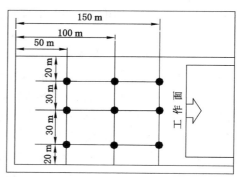

图 9-6　工作面测点布置

### 9.1.3 监测实际布置

监测从 2010 年 8 月 8 日开始共布设四条测线。2010 年 8 月 8 日，在距工作面充填切眼 138.7 m 处布置第一条测线，由于对现场温度及设备等情况认识不十分清楚，设备在充填 8 h 左右出现故障；第二条测线在 2010 年 8 月 23 日工作面累计推进 158.1 m 处安设，其中 011Y# 号压力传感器在开始安装时出现故障，其余设备运行正常；第三条测线在 2010 年 10 月 10 日工作面累计推进 212.3 m 处安设，设备运行正常；第四条测线于 2011 年 4 月 27 日在工作面累计推进 456 m 处安设，包括温度传感器。每条测线实际布置如图 9-7 所示。

### 9.1.4 设备安装

由于膏状浆体在充填过程中巨大的冲击作用，为防止设备出现意外，采取了打地锚的固定方式。充填体变形仪、压力传感器安装方式如图 9-8 和图 9-9 所示，实际安装过程如图 9-10 至图 9-13 所示。

### 9.1.5 典型监测结果分析

第三条测线充填膏体应力与工作面推进关系如图 9-14 和图 9-15 所示，充填膏体压缩

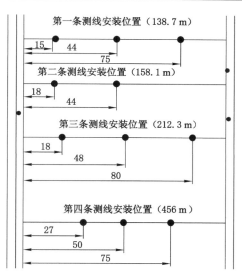

图 9-7 工作面测线实际布置(单位:m)

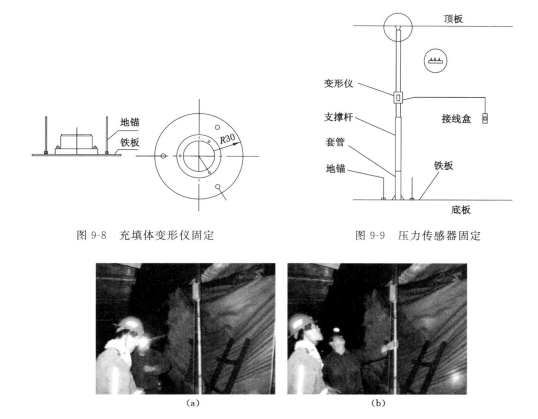

图 9-8 充填体变形仪固定

图 9-9 压力传感器固定

图 9-10 充填体变形仪现场安装

变形量与工作面推进关系如图 9-16 和图 9-17 所示。第四条测线充填膏体水化温度与时间关系曲线如图 9-18 和图 9-19 所示。

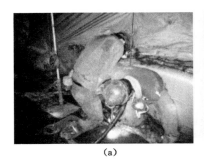 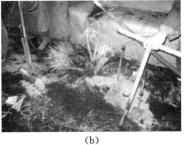

(a)　　　　　　　　　　　　(b)

图 9-11　压力传感器现场安装

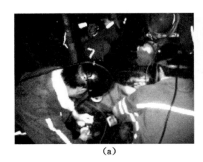 

(a)　　　　　　　　　　　　(b)

图 9-12　电缆接头用冷补胶密封

(a)　　　　　　　　　　　　(b)

图 9-13　整体用防水布保护

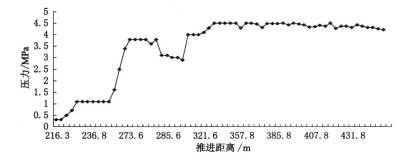

图 9-14　12# 架充填膏体应力与工作面推进距离关系

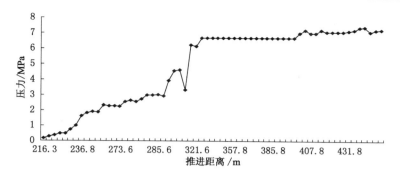

图 9-15　53#架充填膏体应力与工作面推进距离关系

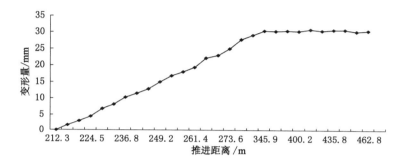

图 9-16　12#架充填膏体变形量与工作面推进距离关系

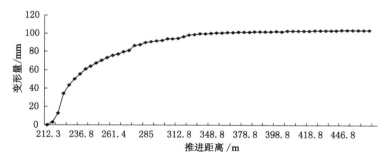

图 9-17　53#架充填膏体变形量与工作面推进距离关系

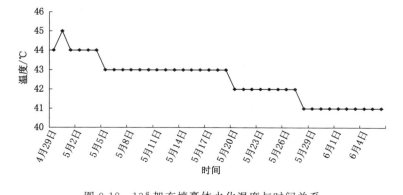

图 9-18　13#架充填膏体水化温度与时间关系

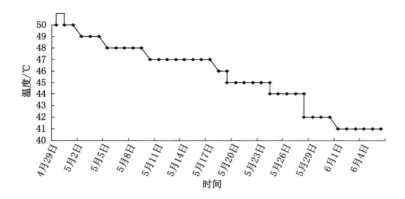

图 9-19　50# 架充填膏体水化温度与时间关系

从第三条测线 12# 架、53# 架膏体受力与工作面推进关系可知,当工作面推过 100 m 左右后膏体受力趋于稳定,工作面中部压力大于两边;从 12# 架、53# 架充填膏体变形量与工作面推进关系可知,膏体变形在工作面推过 130 m 左右稳定,变形量最大达到 104.3 mm,最大压缩率 3.8%;从第四条测线 13# 架、50# 架膏体水化温度与时间的关系可知,膏体最高水化温度在 50 ℃,水化反应在第二、三天最强烈,随后逐渐降低,一个月后充填膏体温度稳定在 40 ℃左右,后期由于传输线路影响停止观测。煤层厚度 2 700 mm,充填体顶板下沉量取 150 mm,充填体欠接顶量取 $0.05H_{采}$ 为 135 mm,$\eta_0$ 取 1,$k_1$ 取 0.7,$k_2$ 取 1,计算得知该煤矿 2351 膏体充填工作面地表下沉系数为 0.1。

# 9.2　地表岩移观测

## 9.2.1　生产地质条件

某矿 2351 膏体充填工作面位于矿井西侧,勒庄东北约 200 m,仙庄村东约 220 m 处,−410 水平西翼胶带下山西翼,北为 2302 工作面,南为 2303 条带工作面,西为 1339 条带工作面。工作面包括回采巷道宽度约 102 m,走向长约 1 150 m,开采煤层为 3上煤,煤层平均厚度 2.7 m。煤层顶底板为中、细粉砂岩,总厚度 3.7～10.2 m,间隔岩层为中砂岩、砂质泥岩及泥岩。上组煤直接充水含水层厚度大,富水性弱至中等,补给条件不良,静储量丰富。2351 工作面地表平坦开阔为平原农田,105 国道经工作面由东南往西北穿过,矿区铁路专用线从工作面中部倾向方向穿过,回采对离工作面较近的甜菊糖厂及两侧零星建筑物有一定的影响。

## 9.2.2　地表岩移观测站布设

沿该矿 2351 工作面上方对应 105 国道设一条走向观测线,沿 2351 工作面中部上方矿区铁路专用线设一条倾向观测线。预计 2351 工作面地表移动盆地边界角值:走向综合边界角为 52°,上山综合边界角为 52°,下山综合边界角为 51°。地面走向测线长度为 1 852 m;倾向测线沿该矿至唐口的矿区铁路线延伸方向布设,测线长度 843 m。测量期间为了更准确地反映 2351 工作面地表沉陷情况,于 2010 年 8 月 9 日在铁路北侧 500 m,105 国道西侧的农田里布置 32 个点,其中走向观测点 14 个,倾向观测点 18 个。农田里的点在测过两次后，由于农业生产大部分点遭到破坏，所以 2010 年 11 月 7 号在公路北19 号点西侧的小路上布置 21 个测点。地表移动观测工作主要进行了观测站的连接测量，全面观测和日常观测工作。观测设备采用美国光谱 EPOCH35 双频 GPS 系统和Trimble DiNi 数字水准仪相结合的方式。水准测量在初始期和衰退期每 1～3 个月观测一次，在活跃期每 7～10 d 观测一次。每次观测结束后，均对观测成果进行检查，使其满足《煤矿测量规程》有关规定，然后进行各种改正数的计算和平差计算。2351 工作面地表岩移观测线设计如图 9-20 所示。

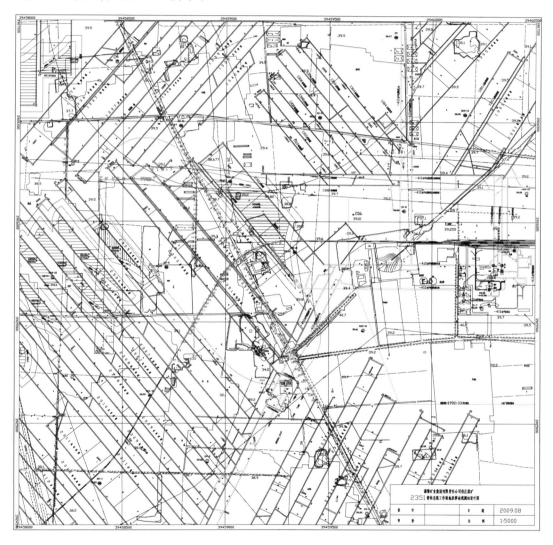

图 9-20 2351 工作面地表观测站设计

### 9.2.3 观测结果分析

由于前两次测量时，地面测点受到人为因素破坏严重不便参考，在经过补点之后，测量数据以第三次为准，地表下沉曲线如图 9-21 至图 9-24 所示。由图 9-21 至图 9-24 分析可

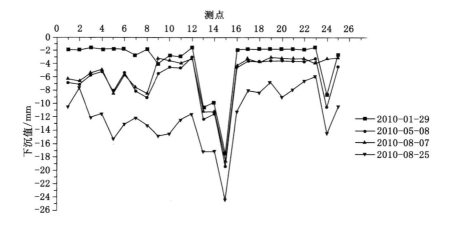

图 9-21　公路南测线下沉量

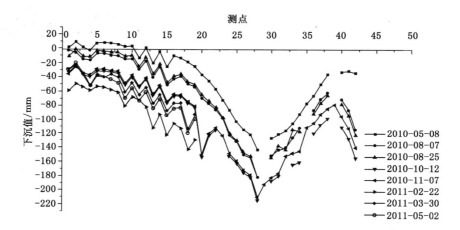

图 9-22　公路北测线下沉量

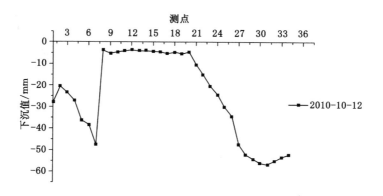

图 9-23　农田测线下沉量

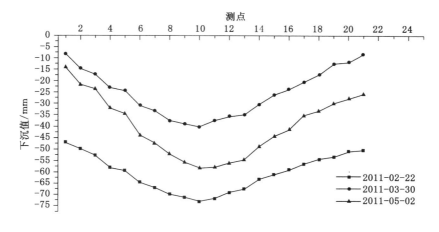

图 9-24　小路测线下沉量

知,2351 工作面开采还没有影响到铁路和公路南侧测点,变化值在允许的范围内。**根据矿上提供的资料**,2351 工作面已开采 540 m,在距工作面对应的地表较近的位置,即 W13～19 号测点下沉量在 80～90 mm,公路北距离工作面较远的 N20～36 号测点下沉较大,因为 1340 工作面在 2010 年 5 月初刚刚回采完毕,所以对测量数据有一定的影响。从 2010 年 11 月 7 日开始,不再对公路北 GLN20～42 号点测量,新增开采区范围内小路点的测量,到 2011 年 5 月 2 日小路测线下沉最大值点(XL10)58.3 mm,由于 2351 工作面倾向较短 (103 m),地表移动为非充分采动。工作面已采过 XL10 点约 260 m,根据以往类似条件分析该点还未达到稳定值,地表最大下沉速度为 0.6 mm/d。经曲线拟合,2351 工作面在充分采动条件下地表下沉系数 $q=0.08$。地面建(构)筑物情况如图 9-25 所示。

图 9-25　地表建(构)筑物现状

# 9.3 充填效果评价

通过地下和地上综合数据分析，2351 工作面的充填效果是非常理想的，在充分采动情况下地表下沉系数预计在 0.1 左右，有效地控制了地表的下沉，基本解决了村下压煤开采问题。膏体充填技术成功应用为推动"三下一上"、城区密集建筑物下尤其是高层建筑物下占压的煤炭资源开采和处理危害人们生活和环境的固体废弃物煤矸石、粉煤灰等，推广应用"安全、高效、高采出率、环保"的新型膏体充填综合机械化采煤技术具有重要的理论和现实意义。

# 参 考 文 献

［1］白占平,曹兰柱,白润才.相似材料配比的正交试验研究[J].露天采煤技术,1996(3): 22-23.

［2］蔡嗣经.胶结充填体强度设计的几个理论模型[J].江西冶金学院学报,1985(4):12-21.

［3］蔡希高.缓凝外加剂缓凝作用的化学本质[J].化学建材,2007,23(2):41-44.

［4］柴敬,段书武.相似材料模型内部位移测试研究[J].采矿与安全工程学报,2003(3): 93-95.

［5］陈杰.井下矸石充填工艺及普采工作面充填装备[J].煤炭科学技术,2010,4(38): 32-34.

［6］程仰瑞,武通海,寇子明.液压支架模拟试验系统[J].煤矿机械,2002(2):51-53.

［7］代建四.煤矿充填开采的现状与发展趋势[J].科技创新导报,2010(18):60-61.

［8］当代世界煤炭工业课题组.当代世界煤矿工业发展趋势[J].中国煤炭,2011,37(3): 119-124.

［9］邓代强,高永涛,康瑞海,等.尾砂胶固充填材料的力学性能[J].石河子大学学报(自然 科学版),2009,27(1):88-91.

［10］邓代强,姚中亮,唐绍辉,等.充填体单轴压缩韧性性能试验研究[J].矿业研究与开发, 2005,25(5):26-28.

［11］丁德强,王新民.膏体管道输送阻力损失研究[J].矿业快报,2006,26(1):29-31.

［12］方春锋,牟建凯,王晶.太平煤矿综采充填工作面设备配套与工艺[J].煤矿现代化, 2010(05):32-33.

［13］冯光明.超高水充填材料及其充填开采技术研究与应用[D].徐州:中国矿业大 学,2009.

［14］冯振忠.井下巷道矸石充填输送机的研制及应用[J].矿山机械,2006(11):86-88.

［15］顾大钊.相似材料和相似模型[M].徐州:中国矿业大学出版社,1995.

［16］顾金才,顾雷雨,陈安敏,等.深部开挖硐室围岩分层断裂破坏机制模型试验研究[J]. 岩石力学与工程学报,2008,27(3):433-438.

［17］郭广礼,缪协兴,查剑锋,等.长壁工作面矸石充填开采沉陷控制效果的初步分析[J]. 中国科技论文在线,2008,3(11):805-809.

［18］郭惟嘉,刘伟韬,张文泉.矿井特殊开采[M].北京:煤炭工业出版社,2008.

［19］韩斌,张升学,邓建,等.基于可靠度理论的下向进路充填体强度确定方法[J].中国矿 业大学学报,2006,35(3):372-376.

［20］韩伯鲤,陈霞龄,宋一乐,等.岩体相似材料的研究[J].武汉水利电力大学学报,1997, 30(2):6-9.

[21] 韩森,张钦礼,张传恕.回采过程中充填体自立可靠性设计[J].采矿技术,2008,8(2):15-17.

[22] 郝耐红.浅谈煤炭工业的可持续发展[J].科技情报开发与研究,2011,21(19):181-183.

[23] 何利辉,贾尚昆,陈超,等.煤矿膏体充填材料力学变形性能的试验研究[J].煤矿安全,2011,42(5):20-23.

[24] 侯浩波,张发文,魏娜,等.利用 HAS 固化剂固化尾砂胶结充填的研究[J].武汉理工大学学报,2009(04):7-10.

[25] 侯忠杰,谢胜华,张杰.地表厚土层浅埋煤层开采模拟实验研究[J].西安科技大学学报,2003,23(4):357-360.

[26] 胡华,孙恒虎.矿山充填工艺技术的发展及似膏体充填新技术[J].中国矿业,2001(06):47-50.

[27] 胡家国,古德生,郭力.粉煤灰胶凝性能的探讨[J].金属矿山,2003(06):48-52.

[28] 黄焕发.东沟坝金矿干式充填系统设计与实践[J].金属矿山,1999(4):16-18.

[29] 黄乐亭.我国村庄下采煤的现状与发展重点[J].矿山测量,1999(4):3-5.

[30] 黄苏锦.东乡铜矿膏体充填管道输送自流初探[J].铜业工程,2011(3):10-12.

[31] 黄兆龙,湛渊源.粉煤灰的物理和化学性质[J].粉煤灰综合利用,2003(4):3-8.

[32] 惠功领.我国煤矿充填开采技术现状与发展[J].煤炭工程,2010,1(2):21-23.

[33] 江梅.磷石膏胶结充填技术开发及应用[J].非金属矿,2006,29(2):32-34.

[34] 解伟,隋利军,何哲祥.我国尾矿处置技术的现状及设想[J].矿业快报,2008,24(5):10-12.

[35] 金川公司技术考察组.金川公司赴德法泵送充填技术考察报告[J].中国矿业,1995,4(3):37-40.

[36] 康荣.未来中国煤炭工业发展的关键制约因素[J].中国煤炭工业,2011(4):50-51.

[37] 寇晓东.FLAC-3D进行三峡船闸高边坡稳定分析[J].岩石力学与工程学报,2001,20(1):6-10.

[38] 黎良杰,钱鸣高,殷有泉.采场底板突水相似材料模拟研究[J].煤田地质与勘探,1996,25(1):33-36.

[39] 李凤明,耿德庸.我国村庄下采煤的研究现状存在问题及发展趋势[J].煤炭科学技术,1999,27(1):10-13.

[40] 李付刚,潘志华,傅秀新,等.高效低碱液态水泥速凝剂的性能及促凝机理研究[J].建井技术,2008,29(6):18-20.

[41] 李一帆,张建明,邓飞,等.深部采空区尾砂胶结充填体强度特性试验研究[J].岩土力学,2005,26(6):865-868.

[42] 李贻久,江新兵.综采膏体充填工艺在太平煤矿的应用[J].煤矿开采,2009(2):42-43.

[43] 刘长友,杨培举.充填开采时上覆岩层的活动规律和稳定性分析[J].中国矿业大学学报,2004,33(2):166-169.

[44] 刘会勇,李伟,赵青.混凝土泵输送管道压力小波滤波方法研究[J].机床与液压,2010,38(23):23-24.

［45］刘坚.粉煤灰在矿山充填中的试验研究［J］.矿产保护与利用,2003(05):43-44.

［46］刘建庄,赵春景,浑宝炬.胶结充填体自立的受力分析与研究［J］.有色矿冶,2008,24(4):12-13.

［47］刘江.煤矸石的理化性能研究［J］.煤炭技术,2008,27(5):139-140.

［48］刘江.煤矸石的性质及应用［C］.第四届全国选矿专业学术年会论文集,2008:232-233.

［49］刘可仁.充填理论基础［M］.北京:冶金工业出版社,1982.

［50］刘天泉."三下一上"采煤技术的现状及展望［J］.煤炭科学技术,1995,23(1):5-8.

［51］刘同友,周成浦.金川镍矿充填采矿技术的发展及面临的挑战［J］.中国有色金属学会,第四届全国充填采矿会议论文集,1999:6-10.

［52］刘维华,杨汝恒,李心一,等.粗粒磨砂胶结充填体抗压强度参数试验研究［J］.云南冶金,1987(04):16-21.

［53］刘文岗.浅埋煤层砂土层载荷传递机理研究［D］.西安:西安科技大学,2003.

［54］刘勇.矿山充填采矿新技术［M］.北京:中国知识出版社,2007.

［55］刘志祥,李夕兵,戴塔根,等.尾砂胶结充填体损伤模型及与岩体的匹配分析［J］.岩土力学,2006,27(9):1442-1446.

［56］刘志祥,李夕兵.尾砂分形级配与胶结强度的知识库研究［J］.岩石力学与工程学报,2005,24(10):1789-1793.

［57］刘志祥,李夕兵.尾砂胶结充填体力学试验及损伤研究［J］.金属矿山,2004(11):22-24,42.

［58］卢平.制约胶结充填采矿法发展的若干充填体力学问题［J］.黄金,1994,15(7):18-22.

［59］罗斐.煤炭资源的现状与结构分析［J］.中国煤炭,2008,34(3):91-94.

［60］罗建祥.影响胶结充填体强度的因素分析［J］.甘肃冶金,2005,27(2):24-25.

［61］罗勇,李川,杨华,等.基于光纤Bragg光栅的管道压力在线监测［J］.化工自动化及仪表,2011,38(5):533-535.

［62］马立强,张东升,陈涛,等.综放巷内充填原位沿空留巷充填体支护阻力研究［J］.岩石力学与工程学,2007,26(3):544-550.

［63］马伟东,古德生,王劼.用于充填采矿的高性能水淬渣胶凝材料［J］.有色金属,2006,58(1):86-88.

［64］缪协兴,钱鸣高.中国煤炭资源绿色开采研究现状与展望［J］.采矿与安全工程学报,2009,26(1):1-14.

［65］潘志华,程建坤.水泥速凝剂研究现状及发展方向［J］.建井技术,2005,26(2):22-27.

［66］攀统江.采用正交试验方法进行SMA混合料的配合比设计研究［J］.石油沥青,2000,14(2):18-28.

［67］彭刚,杨明,刘志祥.上向分层干式充填连续采矿法试验研究［J］.矿业研究与开发,1996(3):23-26.

［68］彭继承.充填理论及应用［M］.长沙:中南工业大学出版社,1998.

［69］彭志华.废石尾砂胶结充填力学研究进展［J］.中国矿业,2008,17(9):83-85.

［70］钱觉时.粉煤灰特性与粉煤灰混凝土［M］.北京:科学出版社,2004.

［71］钱鸣高,许家林,缪协兴.煤矿绿色开采技术［J］.中国矿业大学学报,2003,32(4):

343-348.

[72] 钱鸣高.采场围岩控制理论与实践[J].矿山压力与顶板管理,1998(34):12-15.

[73] 盛永莉.正交试验设计及其应用[J].济南大学学报,1997,7(3):69-73.

[74] 苏达根,初昆明,孙涛.分选与磨细粉煤灰对水泥胶砂性能的影响[J].水泥,2006(4):72-75.

[75] 孙三壮,梅维岑,黄顺利,等.金川二矿区井下废石料充填利用及充填体受力状态分析[J].矿冶工程,1997,17(1):1-4.

[76] 孙玉宁,李化敏.煤层群开采矿压显现的时空关系及相互影响研究[J].煤炭工程,2004(1):54-58.

[77] 孙元春,尚彦军.煤矿绿色开采与沙漠综合治理的互补性[J].煤炭学报,2009(12):1643-1648.

[78] 唐明德,罗邦兆.高强减水速凝剂及其应用[J].矿业研究与开发,1992(S1):226-230.

[79] 王建学,刘天泉.冒落矸石空隙注浆胶结充填减沉技术的可行性研究[J].煤矿开采,2001(1):45-45.

[80] 王庆一.中国煤炭工业的数字化解读[J].中国煤炭,2012,38(1):18-22.

[81] 王述银,贾理利,董维佳.Ⅰ级粉煤灰的减水特性[J].粉煤灰,2001(3):12-14.

[82] 王文静.新汶矿区煤矸石特征及综合利用研究[J].煤炭科学技术,2003,38(11):32-35.

[83] 王显政.中国煤炭工业发展面临的机遇与挑战[J].中国煤炭,2010,36(7):5-8.

[84] 王显政.中国煤炭工业面临的机遇与挑战[J].山西能源与节能,2010(5):4-6.

[85] 王新民,丁德强,吴亚斌,等.膏体充填管道输送数值模拟与分析[J].中国矿业,2006,15(7):57-59.

[86] 王新民,丁德强,肖富国,等.膏体管道输送阻力损失研究[J].金属矿山,2007(5):29-31.

[87] 王新民,古德生,张钦礼.深井矿山充填理论与管道输送技术[M].长沙:中南大学出版社.2010.

[88] 王新民,肖卫国,张钦礼.深井矿山充填理论与技术[M].长沙:中南大学出版社.2005.

[89] 王有俊.矸石直接充填及效益分析[J].辽宁工程技术大学学报,2003(22):70-71.

[90] 王占川,周建保,于利.太平煤矿综采充填工作面充填回采实践[J].山东煤炭科技,2009(03):52-55.

[91] 王志辉,陈宏娟.磨机研磨体级配的理论研究及试验[J].建材世界,1997(01):41-44.

[92] 魏学勇.FLAC-3D在矿井防治水中的应用[J].煤炭学报,2004,29(6):704-707.

[93] 吴邦全,陈乃俊,高荣久.煤矸石充填复垦建筑用地地质灾害危险性评估[J].矿山测量,2005(3):65-66.

[94] 吴刚,张义平,曾照凯.正交试验法优化胶结充填体强度参数设计[J].矿业工程,2010,8(3):24-26.

[95] 吴立新,王金庄,刘延安,等.建(构)筑物下压煤条带开采理论与实践[M].徐州:中国矿业大学出版社,1995.

[96] 武龙飞,周华强,李锋,等.充填开采引起地表沉陷的影响因素探讨[J].能源技术与管理,2008(1):21-23.

[97] 肖广哲,谭艳花,何锦龙.东乡铜矿全尾膏体充填材料与充填体强度关系研究[J].江西

理工大学学报,2010,31(1):23-25.

[98] 谢龙水.矿山胶结充填技术的发展[J].湖南有色金属,2003,19(4):1-5.

[99] 谢文兵,史振凡.部分充填开采围岩活动规律分析[J].中国矿业大学学报,2004,33(2):162-165.

[100] 辛益军.方差分析与实验设计[M].北京:中国财政经济出版社,2001.

[101] 徐法奎,李凤明.我国"三下"压煤及开采中若干问题浅析[J].煤炭经济研究,2005(5):26-27.

[102] 徐琳.煤矸石的物理化学性能与煤矸石烧结砖的产品质量[J].砖瓦,2010(2):28-30.

[103] 徐永圻.煤矿开采学[M].徐州:中国矿业大学出版社,1993.

[104] 杨耀亮,邓代强,惠林,等.深部高大采场全尾砂胶结充填理论分析[J].矿业研究与开发,2007,27(4):3-4,20.

[105] 杨映涛,李抗抗.用物理相似模拟技术研究煤层底板突水机制[J].煤田地质与勘探,1997,25(增):33-36.

[106] 杨中.提高产业水平是煤矿安全生产的治本之策[J].煤炭经济研究,2005(7):6-7.

[107] 姚建,王新民,田冬梅,等.磷石膏和粉煤灰胶结充填料的性能试验研究[J].矿业研究与开发,2006,26(2):44-48.

[108] 尹全.张东峰.煤矸石资源化现状的分析与探讨[J].山西煤炭,2009,29(1):49-51.

[109] 于洪涛.王文勇.浅谈未来十年我国煤炭工业的发展趋势[J].采矿技术,2010,10(4):144-146.

[110] 曾照凯,张义平,吴刚.基于正交优化的胶结充填体强度试验研究[J].有色金属(矿山部分),2010,6(3):6-13.

[111] 张华兴,郭惟嘉."三下"采煤新技术[M].徐州:中国矿业大学出版社,2008.

[112] 张吉雄,缪协兴.煤矸石井下处理的研究[J].中国矿业大学学报,2006,35(2):197-200.

[113] 张吉雄.矸石直接充填综采岩层移动控制及其应用研究[D].徐州:中国矿业大学,2008.

[114] 张宁,李术才,李明田,等.新型岩石相似材料的研制[J].山东大学学报,2009,39(4):149-154.

[115] 张世超,姚中亮.安庆铜矿特大型采场充填体稳定性分析[J].矿业研究与开发,2001,21(4):12-15.

[116] 张新国.煤矿固体废弃物膏体充填关键技术研究[D].青岛:山东科技大学,2012.

[117] 赵才智,周华强,柏建彪,等.粉煤灰全尾砂膏体充填试验研究[J].金属矿山,2006(12):4-6.

[118] 赵才智,周华强,柏建彪,等.膏体充填材料强度影响因素分析[J].辽宁工程技术大学学报(自然科学版),2006,25(6):904-906.

[119] 赵才智,周华强,瞿群迪,等.膏体充填料浆流变性能的实验研究[J].煤炭科学技术,2006,34(8):54-56.

[120] 赵才智,周华强.膏体充填材料力学性能的初步实验[J].中国矿业大学学报,2007,25(6):123-127.

［121］赵德深,范学理.矿区地面塌陷控制技术研究现状与发展方向［J］.中国地质灾害与防治学报,2001,12(1):86-89.

［122］赵国堂,李化建.高速铁路高性能混凝土应用管理技术［M］.北京:中国铁道出版社,2009.

［123］赵经彻,何满潮.建筑物下煤炭资源可持续开采战略［M］.徐州:中国矿业大学出版社,1997.

［124］赵连友,刘阳军,马军.太平煤矿充填支架综采工作面设备配套与工艺［J］.煤矿开采,2008,13(4):43-46.

［125］周爱民,何者祥,鲍爱华.矿山充填技术的发展及其新观念［C］.第四届全国充填采矿会议论文集,1999:1-5.

［126］周爱民.矿山废料胶结充填［M］.北京:冶金工业出版社,2007.

［127］周闯,单松.煤矸石的危害性与资源化利用技术研究［J］.内蒙古环境科学 2008,20(4):51-55.

［128］周华强,侯朝炯,孙希奎,等.固体废弃物膏体充填不迁村采煤［J］.中国矿业大学学报,2004,33(2):154-159.

［129］周建保,齐胜春,王占川.太平煤矿膏体绿色充填开采技术实践［J］.山东煤炭科技,2009(03):23-24.

［130］周生,惠林.尾矿特性对充填工艺及胶结强度的影响［J］.中国矿山工程,2011,40(3):10-12,33.

［131］周士琼,李益进.超细粉煤灰的性能研究［J］.硅酸盐学报,2003,31(5):513-516.

［132］朱德仁.煤炭工业的主要问题及对策建议［J］.煤矿支护,2005(4):16-18.

［133］朱华根,衣德强.铁矿尾矿烧结制砖试验研究［J］.中国资源综合利用,2008,26(12):19-21.

［134］Anon. Backfilling in German coal mines［J］. Australian Mining,1988(80):24.

［135］Archibald J F,Chew J L,Lausch P. Use of ground waste glass and normal portland cement mixtures for improving slurry and paste backfill support performance［J］. CIM Bulletin,1999,92(10):74-80.

［136］Aubertin M, Bussiere B. Meeting environmental challenges for mine waste management［J］. Geotechnical News, 2001,19(3): 21-26.

［137］Connors C. Methods to reduce Portland Cement Consumption in Backfill at Jerritt Canyons' Underground Mines［M］. In: Stone D, eds. MINRFILL 2001,Sciety for Mining, Metallurgy,and Exploration,2001:31-309.

［138］De Souza E,Archibald J F,Degagne D. Glassfill an environmental alternative for waste glass disposal［J］. CIM Bulletin, 1997,90(10):58-64.

［139］Robert H,Andrew T,Laxminaraya H. Review of stowing and packing practices in coal mining［J］. Bulletin and Proceedings Australasian Institute of Mining and Metallurgy,1987(292):79-86.

［140］Yanaguchi U, Yantomi J. A consideration on the effect of the ground stability［C］. Pro. of the Internet. Symp, on Mi ning with Backfill,Lulea. 7-9 June,1984.